北大社普通高等教育"十三五"数字化建设规划教材
大学数学基础教材

高 等 数 学

（经管类）

（第二版）

（下）

主　编　林伟初

副主编　郭安学　祖　力　高　卓

本书资源使用说明

北京大学出版社

PEKING UNIVERSITY PRESS

内 容 简 介

本书共有 11 章,分上、下册.上册内容包括函数、极限与连续、导数与微分、微分中值定理与导数的应用、不定积分、定积分,下册内容包括空间解析几何基础、多元函数微分学、二重积分、无穷级数、微分方程与差分方程初步等.上册书末附有初等数学常用公式、常见曲线和积分表,下册书末附有数学实验与数学模型简介,上、下册书末均附有习题参考答案和历年考研真题.

本书的主要特点是:保证知识的科学性、系统性与严密性,突出应用与实用,坚持直观、深入浅出,以新领域内的实例为主线,贯穿于概念的引入、例题的配置与习题的选择,淡化纯数学的抽象,注重实际;特别根据应用型高等学校学生思想活跃等特点,举例富有时代性和吸引力,通俗易懂,注重培养学生解决实际问题的能力;注重知识的拓广,针对不同院校课程设置的情况,设置的内容和知识点可组合取舍,便于教师使用.

本书可作为应用型高等学校经济与管理等非数学专业本科的高等数学或微积分课程的教材使用,也可作为部分专科的同类课程教材使用.

图书在版编目(CIP)数据

高等数学:经管类.下/林伟初主编.-- 2 版.

北京:北京大学出版社,2024.8.-- ISBN 978-7-301
-35334-9

I. O13

中国国家版本馆 CIP 数据核字第 2024KW9673 号

书　　　名	高等数学(经管类)(第二版)(下)	
	GAODENG SHUXUE (JINGGUANLEI) (DI-ER BAN) (XIA)	
著作责任者	林伟初　主编	
责 任 编 辑	潘丽娜	
标 准 书 号	ISBN 978-7-301-35334-9	
出 版 发 行	北京大学出版社	
地　　　址	北京市海淀区成府路 205 号　100871	
网　　　址	http://www.pup.cn	
电 子 邮 箱	zpup@pup.cn	
新 浪 微 博	@北京大学出版社	
电　　　话	邮购部 010-62752015　发行部 010-62750672　编辑部 010-62752021	
印 刷 者	长沙超峰印刷有限公司	
经 销 者	新华书店	
	787 毫米×1092 毫米　16 开本　12.5 印张　319 千字	
	2018 年 7 月第 1 版	
	2024 年 8 月第 2 版　2024 年 8 月第 1 次印刷	
定　　　价	48.00 元	

总　序

　　数学是人一生中学得最多的一门功课.中小学里就已开设了很多数学课程,涉及算术、平面几何、三角、代数、立体几何、解析几何等众多科目,看起来洋洋大观、琳琅满目,但均属于初等数学的范畴,实际上只能用来解决一些相当简单的问题,面对现实世界中一些复杂的情况则往往无能为力.正因为如此,在大学学习阶段,专攻数学专业的学生不必说了,就是对于广大非数学专业的大学生,也都必须选学一些数学基础课程,花相当多的时间和精力学习高等数学,这就对非数学专业的大学数学基础教材提出了迫切的需求.

　　这些年来,各种大学数学基础教材已经林林总总地出版了许多,但平心而论,除少数精品以外,大多均偏于雷同,难以使人满意.而学习数学这门学科,关键又在于理解与熟练,同一种类型的教材只须精读一本好的就足够了.这样,精选并推出一些优秀的大学数学基础教材,就理所当然地成为编辑出版这一丛书的宗旨.

　　大学数学基础课程的名目并不多,所涵盖的内容又大体相似,但教材的编写不仅仅是材料的堆积和梳理,更体现编写者的教学思想和理念.同一门课程,应该鼓励有不同风格的教材来诠释和体现;针对不同程度的教学对象,也应该有不同层次的教材来使用和适应.特别是,大学非数学专业是一个相当广泛的概念,对分属工程类、财经管理类、医药类、农林类、社科类甚至文史类的众多大学生,不分青红皂白、一刀切地采用统一的数学教材进行教学,很难密切联系有关专业的实际,很难充分针对有关专业的迫切需要和特殊要求,是不值得提倡的.相反,通过教材编写者和相应专业工作者的密切结合和协作,针对该专业的特点编写出来的教材,才能特色鲜明、有血有肉,才能深受欢迎,并产生重要而深远的影响.这是专业类大学数学基础教材所应有的定位和标准,也是大家的迫切期望,但却是当前明显的短板,因而使我们对这套丛书可以大有作为有了足够的信心和依据.

　　说得更远一些,我们一些教师往往把数学看成一堆定义、公式、定理及证明的堆积,千方百计地要把这些知识灌输到学生头脑中去,却忘记了有关数学最根本的三件事.一是数学知识的来龙去脉——从哪儿来,又可以到哪儿去.割断数学与生动活泼的现实世界的血肉联系,学生就不会有学习数学持续的积极性.二是数学的精神实质和思想方法.只讲知识,不讲精神;只讲技巧,不讲思想,学生就不可能学到数学的精髓,不能对数学有真正的领悟.三是数学的人文内涵.数学在人类认识世界和改造世界的过程中起着关键的、不可代替的作用,是人类文明的坚实基础和重要支柱.不自觉地接受数学文化的熏陶,是不可能真正走近数学、了解数学、领悟数学并热爱数学的.在数学教学中抓住了上面这三点,就抓住了数学的灵魂,学生对数学的学习就一定会更有成效.但客观地说,现有的大学数学基础教材,能够真正体现这三方面要求的,恐怕为数不多.这一现实为大学数学基础教材的编写提供了广阔的发展空间,很多探索有待进行,很多经验有待总结,可以说是任重而道远.从这个意义上说,由北京大学出版社推出的这套大学数学丛书实际上已经为一批有特色、高品质的大学数学基础教材的面世,搭建了一个很好的平台,特别值得称道,也相信一定会得到各方面广泛而大力的支持.

特为之序.

李大潜

2015 年 1 月 28 日

第二版前言

目前应用型高等学校所用教材大多直接选自传统普通高校教材,无法直接有效地满足实际教学需要.根据新时代应用型高等学校经济与管理以及更多专业学生的人才培养目标和所开设的高等数学或微积分等课程的实际情况,为了适应国家的教育教学改革,适应新文科和新工科的人才培养,符合应用型大学的新教学要求,更好地培养经济、管理和更多领域应用型人才,提高学生的实际应用能力与综合素质,以保证理论基础、注重应用、彰显特色为基本原则,参照国家有关教育部门所规定教学内容的广度和深度,作者在多年从事高等教育特别是应用型高等学校教育教学实践的基础上,再行修订编写本教材.

本教材坚持以学生为本、为教师服务,在保证知识的科学性、系统性和严密性的基础上,具有如下特点:

(1)坚持直观理解与严密性的结合,深入浅出.

(2)以新领域内的实例为主线,贯穿于概念的引入、例题的配置与习题的选择,注重实际内容及解决各种具体问题.

(3)注意趣味性,使学生在学习知识的同时切实感受所学知识的作用,获得利用所学知识解决各种实际问题的技能.

(4)注意知识的拓广,引进常用的数学软件,使学生感受用现代计算机技术求解复杂问题,增强其"做数学"的意识和能力.

(5)便于教师使用和学生自主学习,每章末的小结,可帮助读者对每章知识内容的梳理和重点内容的把握.在此,建议读者学完每章内容之后,根据自己的学习情况自行小结,培养自身的总结归纳能力.

(6)为学生深造打好基础,在复习题的选取上,分为 A,B 两级,A 级以基本、够用为度,B级复习题重新整合,与考研的最新要求接轨.

(7)便于不同类型学校和不同学时的专业课程设置使用.本教材分为上、下两册,对应 8至 12 学分的课程设置,在学时分配上,本教材的讲授以每周 4 至 6 学时共两学期的教学为参考.上册以一元微积分为主,考虑到学生的实际基础情况,在上册后面附有预备知识,供教师复习选用或学生查阅.下册着重介绍二元函数的微积分、无穷级数、微分方程及其在经济与管理等领域的应用.为提高学生素质,满足学生参加数学建模活动的需求,在下册最后简单介绍了数学实验和数学建模.

(8)加入数学文化和数学美等元素,在每章之首加入数学家、科学家、政治家等名人的语录,以激发学生对数学的学习兴趣,知道数学的作用.

(9)在线课程教学资源丰富,结构与配置合理,适合线上、线下混合式教学,实现教学资源的信息化,符合新时代的教学需求.

本教材可作为应用型高等学校经济与管理等非数学专业本科的高等数学或微积分课程的教材使用,也可作为部分专科的同类课程教材使用.

本教材由林伟初主编,第二版的修订工作由林伟初主要负责,在修订过程中,许多教材使用者提出了自己的宝贵意见和建议,在此表示感谢! 特别要感谢郭安学老师以及多位提出详细修改意见的老师,他们用很多时间和精力对教材进行了讨论和研究,使修订工作得以顺利完成. 曾政杰、苏梓涵、刘佳琦、戴陈成、苏娟构思并设计了全书的数字资源. 在此一并表示衷心的感谢. 书中难免有疏漏与错误之处,真心希望广大教师和学生不吝赐正并多提宝贵建议.

编 者

2024 年 3 月

目　　录

第7章　空间解析几何基础 ··· 1

§7.1　空间直角坐标系 ··· 2

7.1.1　基本概念/2　7.1.2　空间两点间的距离/4　习题 7-1/5

§7.2　空间平面和直线 ··· 5

7.2.1　空间平面及其方程/5　7.2.2　空间直线及其方程/8　习题 7-2/9

§7.3　空间曲面及其方程 ··· 9

7.3.1　空间曲面方程的概念/9　7.3.2　几种常见的二次曲面/12　习题 7-3/13

本章小结 ··· 14

复习题 7 ··· 15

第8章　多元函数微分学 ··· 16

§8.1　多元函数的概念 ··· 17

8.1.1　平面区域/17　8.1.2　多元函数的基本概念/19　8.1.3　二元函数的极限/21

8.1.4　二元函数的连续性/23　习题 8-1/25

§8.2　偏导数及其在经济学中的应用 ··· 26

8.2.1　偏导数的定义与计算/26　8.2.2　偏导数的几何意义/29

8.2.3　偏导数存在与函数连续性的关系/30　8.2.4　高阶偏导数/30

8.2.5　偏导数在经济学中的应用/32　习题 8-2/36

§8.3　全微分及其应用 ··· 37

8.3.1　全微分的定义/37　8.3.2　可微与连续、偏导数存在之间的关系/38

8.3.3　全微分的计算/39　8.3.4　全微分在近似计算中的应用/40　习题 8-3/41

§8.4　多元复合函数与隐函数的微分法 ··· 42

8.4.1　多元复合函数微分法/42　8.4.2　全微分形式不变性/46

*8.4.3　隐函数微分法/48　习题 8-4/52

§8.5　多元函数的极值及其应用 ··· 53

8.5.1　二元函数的极值/53　8.5.2　二元函数的最大值与最小值/55

8.5.3　条件极值　拉格朗日乘数法/56　习题 8-5/60

本章小结 ··· 60

复习题 8 ·· 63

第9章　二重积分 ·· 66

§9.1　二重积分的概念与性质 ·· 67
9.1.1　二重积分的概念/67　9.1.2　二重积分的性质/69　习题 9-1/71

§9.2　直角坐标系中二重积分的计算 ··· 71
习题 9-2/76

§9.3　极坐标系中二重积分的计算 ··· 77
习题 9-3/80

§9.4　无界区域上简单反常二重积分的计算 ·· 80
习题 9-4/82

本章小结 ·· 82
复习题 9 ·· 84

第10章　无穷级数 ·· 86

§10.1　常数项级数的概念和性质 ·· 87
10.1.1　常数项级数的概念/87　10.1.2　常数项级数的性质/89
10.1.3　级数收敛的必要条件/91　习题 10-1/92

§10.2　正项级数及其审敛法 ··· 93
10.2.1　比较判别法/93　10.2.2　比值判别法/96　10.2.3　根值判别法/98
习题 10-2/99

§10.3　任意项级数 ··· 100
10.3.1　交错级数及其审敛法/100　10.3.2　绝对收敛与条件收敛/102
习题 10-3/103

§10.4　幂级数 ·· 104
10.4.1　函数项级数/104　10.4.2　幂级数及其敛散性/105
10.4.3　幂级数的运算/108　习题 10-4/110

§10.5　函数展开为幂级数 ··· 110
10.5.1　泰勒级数/111　10.5.2　函数展开为幂级数/112　习题 10-5/116

§10.6　级数的应用 ·· 116
10.6.1　巧智的农夫分牛问题/116　10.6.2　近似计算问题/117
10.6.3　经济学上的应用实例/120　习题 10-6/121

本章小结 ·· 122
复习题 10 ··· 125

第11章　微分方程与差分方程初步 ·············· 127

§11.1　微分方程的基本概念·············· 128

　11.1.1　典型实例/128　11.1.2　基本概念/129　习题 11-1/131

§11.2　一阶微分方程的分离变量法·············· 132

　11.2.1　可分离变量的微分方程/132　11.2.2　齐次方程/136

　*11.2.3　可化为齐次方程的微分方程/138　习题 11-2/140

§11.3　一阶线性微分方程·············· 141

　11.3.1　一阶线性微分方程及其解法/141

　11.3.2　伯努利方程及其解法/145

　习题 11-3/146

§11.4　可降阶的高阶微分方程·············· 147

　11.4.1　类型Ⅰ　$y^{(n)}=f(x)$/147

　11.4.2　类型Ⅱ（不显含 y 的微分方程）　$y''=f(x,y')$/148

　11.4.3　类型Ⅲ（不显含 x 的微分方程）　$y''=f(y,y')$/149　习题 11-4/150

§11.5　二阶常系数线性微分方程·············· 151

　11.5.1　二阶常系数齐次线性微分方程解的结构/151

　11.5.2　二阶常系数齐次线性微分方程的通解求法/152

　11.5.3　二阶常系数非齐次线性微分方程解的结构/155

　11.5.4　3种特殊形式的二阶常系数非齐次线性微分方程的特解求法/156

　习题 11-5/159

§11.6　差分方程的基本概念·············· 159

　11.6.1　差分的概念与性质/160　11.6.2　差分方程的概念/163　习题 11-6/164

§11.7　一阶常系数线性差分方程及其应用·············· 165

　11.7.1　一阶常系数齐次线性差分方程的通解求法/165

　11.7.2　一阶常系数非齐次线性差分方程的通解求法/166

　11.7.3　差分方程在经济学中的应用/169　习题 11-7/174

本章小结·············· 174

复习题 11·············· 177

附录Ⅰ　习题参考答案·············· 179

附录Ⅱ　数学实验与数学模型简介·············· 190

历年考研真题·············· 190

第7章 空间解析几何基础

在上册中，一元函数微积分建立在平面解析几何的基础上. 为后面学习多元函数微积分，需要学习空间解析几何基础知识. 空间解析几何是用代数的方法研究空间几何图形，本章先建立空间直角坐标系，给出空间两点间的距离公式，并介绍平面和直线方程、空间曲面及其方程等基本概念.

一门科学，只有当它成功地运用数学时，才能达到真正完善的地步.

——马克思（Marx,马克思主义创始人）

课程思政

知识框图

§7.1 空间直角坐标系

7.1.1 基本概念

在平面解析几何中，应用平面直角坐标系，将平面上一点 P 与有序数组 (x,y) 建立了一一对应的关系，由此，平面的直线及曲线与方程也建立了一一对应的关系. 以此类推，为了建立空间图形与方程的联系，需要建立空间的点与有序数组之间的一一对应关系，这种对应关系可通过建立空间直角坐标系来加以实现.

在空间取定一点 O，过点 O 作 3 条具有长度单位且两两相互垂直的数轴：x 轴（横轴）、y 轴（纵轴）、z 轴（竖轴），统称为**坐标轴**. 规定 3 条坐标轴的正向构成**右手系**，如图 7-1 所示，由此构成一个**空间直角坐标系**，称为 **$Oxyz$ 直角坐标系**，点 O 称为该坐标系的**原点**.

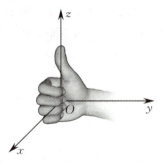

图 7-1

任意两条坐标轴均可确定一个平面，称为**坐标平面**（简称**坐标面**）. 由 x 轴和 y 轴确定的平面称为 **xOy 面**，类似地，有 **yOz 面**和 **zOx 面**. 3 个坐标面把空间分成 8 个部分，每一部分称为一个**卦限**. 8 个卦限分别用罗马数字 Ⅰ，Ⅱ，Ⅲ，Ⅳ，Ⅴ，Ⅵ，Ⅶ，Ⅷ 表示，分别表示第 1 至第 8 卦限. 位于 xOy 面的上方，含有 3 个正半轴的卦限是 Ⅰ 卦限，在 xOy 面的上方，按逆时针方向排列着的是 Ⅱ，Ⅲ，Ⅳ 卦限. 与之对应地，在 xOy 面下方的 4 个卦限依次是 Ⅴ，Ⅵ，Ⅶ，Ⅷ 卦限，如图 7-2 所示.

任给空间中的一点 M，过点 M 作 3 个平面分别垂直于 x 轴、y 轴和 z 轴并与 x 轴、y 轴和 z 轴的交点依次为 P,Q,R，如图 7-3 所示. 这 3 个点在各坐标轴的坐标依次为 x,y,z，于是，点 M 唯一确定了一个三元有序数组 (x,y,z). 反之，任给一个三元有序数组 (x,y,z)，在 x 轴、y 轴和 z 轴上分别取点 P,Q,R，使其坐标分

别为 x,y,z，然后过点 P,Q,R 分别作 x 轴、y 轴和 z 轴的垂直平面，这3个平面的交点 M 就是由三元有序数组 (x,y,z) 唯一确定的点. 因此，空间的点 M 与三元有序数组 (x,y,z) 之间建立了一一对应的关系. 称 (x,y,z) 为**点 M 的坐标**，依次称 x,y 和 z 为**横坐标、纵坐标**和**竖坐标**，点 M 可记为 $M(x,y,z)$.

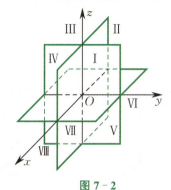

图 7-2

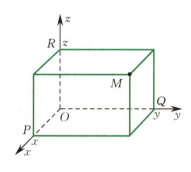

图 7-3

例 1 坐标轴上、坐标面上及卦限中点的坐标各有什么特点？

解 （1）x 轴上的点，有 $y=z=0$；y 轴上的点，有 $x=z=0$；z 轴上的点，有 $x=y=0$.

（2）xOy 面上的点，有 $z=0$；yOz 面上的点，有 $x=0$；zOx 面上的点，有 $y=0$.

（3）考察 8 个卦限中点的坐标的正负号，有如下特点：

$$\text{I}(+,+,+),\quad \text{II}(-,+,+),\quad \text{III}(-,-,+),\quad \text{IV}(+,-,+),$$
$$\text{V}(+,+,-),\quad \text{VI}(-,+,-),\quad \text{VII}(-,-,-),\quad \text{VIII}(+,-,-).$$

例 2 指出下列各点所在的坐标轴、坐标面或卦限：

$$A(1,-2,-3),\quad B(0,0,3),\quad C(1,0,-2),\quad D(-1,-2,3).$$

解 根据例 1 讨论的坐标轴上、坐标面上及卦限中点的坐标特点.

点 $A(1,-2,-3)$ 坐标的正负对应 $(+,-,-)$，故在 VIII 卦限.

点 $B(0,0,3)$ 的坐标 $x=y=0$，所以是 z 轴上的点.

点 $C(1,0,-2)$ 的坐标 $y=0$，所以是 zOx 面上的点.

点 $D(-1,-2,3)$ 坐标的正负对应 $(-,-,+)$，故在 III 卦限.

例 3 已知点 $M(1,-2,3)$，求点 M 关于原点、各坐标轴及各坐标面的对称点的坐标.

解 设所求对称点的坐标为 (x,y,z)，则

（1）由 $x+1=0,y+(-2)=0,z+3=0$，得到点 M 关于原点的对称点的坐标为 $(-1,2,-3)$.

（2）由 $x=1,y+(-2)=0,z+3=0$，得到点 M 关于 x 轴的对称点的坐标为 $(1,2,-3)$. 同理，可得点 M 关于 y 轴的对称点的坐标为 $(-1,-2,-3)$，关于 z 轴的对称点的坐标为 $(-1,2,3)$.

（3）由 $x=1,y=-2,z+3=0$，得到点 M 关于 xOy 面的对称点的坐标为 $(1,-2,-3)$.

同理，可得 M 关于 yOz 面的对称点的坐标为 $(-1,-2,3)$，关于 zOx 面的对称点的坐标为 $(1,2,3)$.

7.1.2　空间两点间的距离

设 $M_1(x_1,y_1,z_1)$，$M_2(x_2,y_2,z_2)$ 是空间任意两点，分别过点 M_1 和 M_2 作 3 个垂直于坐标轴的平面，这 6 个平面构成了以 M_1M_2 为对角线的长方体，如图 7-4 所示. 易见，该长方体的棱长分别是

$$|x_2-x_1|,\quad |y_2-y_1|,\quad |z_2-z_1|.$$

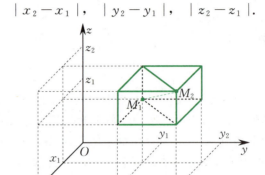

图 7-4

于是，得到空间两点 M_1,M_2 的距离公式为

$$d=|M_1M_2|=\sqrt{(x_2-x_1)^2+(y_2-y_1)^2+(z_2-z_1)^2}. \qquad (7-1)$$

特殊地，点 $M(x,y,z)$ 与原点 $O(0,0,0)$ 的距离为

$$d=|OM|=\sqrt{x^2+y^2+z^2}.$$

例 4　求证：以 $A(1,2,3),B(2,1,5),C(3,3,4)$ 这 3 点为顶点的三角形是一个等边三角形.

证　因为

$$|AB|=\sqrt{(2-1)^2+(1-2)^2+(5-3)^2}=\sqrt{6},$$

$$|BC|=\sqrt{(3-2)^2+(3-1)^2+(4-5)^2}=\sqrt{6},$$

$$|AC|=\sqrt{(3-1)^2+(3-2)^2+(4-3)^2}=\sqrt{6},$$

所以 $|AB|=|BC|=|AC|$，即 $\triangle ABC$ 是一个等边三角形.

例 5　求点 $M(1,2,3)$ 到各坐标轴的距离.

解　点 $M(1,2,3)$ 在 x 轴、y 轴和 z 轴的垂足坐标分别为

$$M_1(1,0,0), \quad M_2(0,2,0), \quad M_3(0,0,3),$$

所以点 $M(1,2,3)$ 到各坐标轴的距离分别为

x 轴：$|M_1M| = \sqrt{(1-1)^2 + (2-0)^2 + (3-0)^2} = \sqrt{13}$，

y 轴：$|M_2M| = \sqrt{(1-0)^2 + (2-2)^2 + (3-0)^2} = \sqrt{10}$，

z 轴：$|M_3M| = \sqrt{(1-0)^2 + (2-0)^2 + (3-3)^2} = \sqrt{5}$.

例 6 在 z 轴上求与两点 $A(4,-2,2)$ 和 $B(1,6,-3)$ 等距离的点.

解 设所求的点为 $M(0,0,z)$，依题意有 $|MA|^2 = |MB|^2$，即

$$(4-0)^2 + (-2-0)^2 + (2-z)^2 = (1-0)^2 + (6-0)^2 + (-3-z)^2,$$

解得 $z = -\dfrac{11}{5}$. 故所求的点为 $M\left(0,0,-\dfrac{11}{5}\right)$.

习题 7-1

1. 在空间直角坐标系中，指出下列各点所在的卦限：
$$A(2,1,-6), \quad B(1,-2,3), \quad C(-3,4,5), \quad D(1,-1,-7).$$

2. 根据坐标轴上和坐标面上点的坐标特征，指出下列各点所在的坐标轴或坐标面：
$$A(2,3,0), \quad B(0,-2,3), \quad C(5,0,0), \quad D(0,-1,0).$$

3. 已知点 $M(-1,2,3)$，求点 M 关于原点、各坐标轴及各坐标面的对称点的坐标.

4. 求点 $M(3,4,-5)$ 到各坐标轴的距离.

5. 在 z 轴上求与两点 $A(-4,1,7)$ 和 $B(3,5,-2)$ 等距离的点.

6. 证明：以 $M_1(4,3,1), M_2(7,1,2), M_3(5,2,3)$ 这 3 点为顶点的三角形是一个等腰三角形.

§7.2 空间平面和直线

7.2.1 空间平面及其方程

在平面解析几何中，我们根据直线的几何特征可以建立直线的方程. 以此类推，在空间解析几何中，可以根据平面的几何特征建立含有 x,y,z 的空间平面的方程.

先看一个例子.

例1 已知两点 $M_1(1,-2,0)$, $M_2(-1,0,3)$, 求 M_1M_2 的垂直平分面的方程.

解 设 $M(x,y,z)$ 是所求垂直平分面上的任意一点, 则点 M 必与 M_1, M_2 的距离相等, 即

$$|MM_1|=|MM_2|.$$

因此, 由公式(7-1)有

$$\sqrt{(x-1)^2+(y+2)^2+(z-0)^2}=\sqrt{(x+1)^2+(y-0)^2+(z-3)^2}.$$

整理可得所求垂直平分面的方程为

$$4x-4y-6z+5=0.$$

可以证明, 空间中任一平面的方程为三元一次方程

$$Ax+By+Cz+D=0, \tag{7-2}$$

其中 A, B, C, D 均为常数, 且 A, B, C 不全为 0. 方程(7-2)称为**平面的一般方程**.

例2 一平面过 3 个点 $M_1(1,2,2)$, $M_2(2,0,1)$ 和 $M_3(-1,0,0)$, 求该平面的方程.

解 设该平面的方程为

$$Ax+By+Cz+D=0.$$

把点 M_1, M_2 和 M_3 的坐标代入, 得到

$$\begin{cases} A+2B+2C+D=0, \\ 2A+C+D=0, \\ -A+D=0. \end{cases}$$

由此可得关系式 $A=D$, $B=2D$, $C=-3D$, 代入方程得

$$Dx+2Dy-3Dz+D=0.$$

显然 $D\neq0$, 消去 D 可得所求平面的方程为

$$x+2y-3z+1=0.$$

例3 设一平面与 x 轴、y 轴、z 轴的交点依次为 $P(a,0,0)$, $Q(0,b,0)$, $R(0,0,c)$ 这 3 点, 求此平面的方程(a, b, c 均不为 0).

解 设所求平面的方程为 $Ax+By+Cz+D=0$. 由于点 P, Q, R 在平面上, 因此其坐标满足所设方程, 即有

$$a\cdot A+D=0, \quad b\cdot B+D=0, \quad c\cdot C+D=0,$$

解得

$$A=-\frac{D}{a}, \quad B=-\frac{D}{b}, \quad C=-\frac{D}{c}.$$

显然 $D\neq0$, 代入所设方程, 整理得所求平面的方程为

$$\frac{x}{a} + \frac{y}{b} + \frac{z}{c} = 1. \tag{7-3}$$

方程(7-3)称为**平面的截距式方程**,a,b,c 依次称为平面在 x 轴、y 轴、z 轴的**截距**.

注 利用平面的截距式方程作不过原点的平面很简单,只要定出平面与 3 条坐标轴的交点,连接这 3 个交点,即可画出平面的图形.

例 4 写出平面 $2x + y + 4z - 4 = 0$ 的截距式方程,并画图.

解 将平面的一般方程 $2x + y + 4z - 4 = 0$ 化为

$$2x + y + 4z = 4.$$

两边除以 4,得到平面的截距式方程

$$\frac{x}{2} + \frac{y}{4} + z = 1.$$

这表明该平面在 x 轴、y 轴和 z 轴的截距依次为 $2,4,1$,即该平面过点 $P(2,0,0)$,$Q(0,4,0)$,$R(0,0,1)$.在空间直角坐标系中作出这 3 点并连接,即得所要画的图形,如图 7-5 所示.

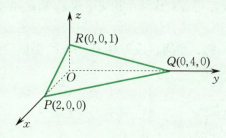

图 7-5

有几种特殊的平面方程:

(1) 过原点的平面.

当 $D = 0$ 时,$Ax + By + Cz = 0$ 表示过原点的平面.

(2) 平行于坐标轴的平面.

当 $C = 0$ 时,$Ax + By + D = 0$ 表示平行于 z 轴的平面.事实上,因为方程不含 z 项,即不论空间点 (x,y,z) 的竖坐标如何变化,只要 x,y 满足方程,点 (x,y,z) 就在该平面上,所以该平面必平行于 z 轴.

同理可知:

$By + Cz + D = 0$ 表示平行于 x 轴的平面;

$Ax + Cz + D = 0$ 表示平行于 y 轴的平面.

（3）平行于坐标面的平面.

$Ax + D = 0$ 表示平行于 yOz 面的平面，$By + D = 0$ 表示平行于 zOx 面的平面，$Cz + D = 0$ 表示平行于 xOy 面的平面.

例 5 求平行于 z 轴且过 $M_1(1,0,0)$，$M_2(0,1,0)$ 两点的平面的方程.

解 因所求平面平行于 z 轴，故可设其方程为

$$Ax + By + D = 0.$$

又点 M_1 和 M_2 都在所求平面上，于是

$$\begin{cases} A + D = 0, \\ B + D = 0. \end{cases}$$

解得关系式 $A = B = -D$，代入方程，得

$$-Dx - Dy + D = 0.$$

显然 $D \neq 0$，消去 D 并整理可得所求平面的方程为 $x + y - 1 = 0$.

7.2.2 空间直线及其方程

空间直线 L 可以看作两个相交平面 π_1 和 π_2 的交线（见图 7-6）. 如果两个相交平面 π_1 和 π_2 的方程分别为 $A_1 x + B_1 y + C_1 z + D_1 = 0$ 和 $A_2 x + B_2 y + C_2 z + D_2 = 0$，那么空间直线 L 上任一点的坐标应同时满足这两个平面的方程，即满足方程组

$$\begin{cases} A_1 x + B_1 y + C_1 z + D_1 = 0, \\ A_2 x + B_2 y + C_2 z + D_2 = 0. \end{cases} \tag{7-4}$$

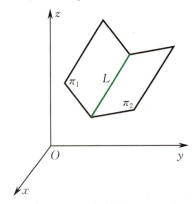

图 7-6

反之，如果空间上有一点 M 不在直线 L 上，那么点 M 不可能同时在平面 π_1 和 π_2 上，所以该点的坐标不满足方程组(7-4). 于是，直线 L 可以用方程组(7-4)来表示，方程组(7-4)称为**空间直线的一般方程**.

例 6　已知空间直线 L 的方程为

$$\begin{cases} x-2y+3z-3=0, \\ 3x+y-2z+5=0, \end{cases}$$

问点 $A(0,0,1)$，$B(-1,-2,0)$，$C(-1,0,1)$ 是否在直线 L 上?

解　分别将点 A,B,C 的坐标代入方程组.

点 $A(0,0,1)$ 满足第 1 个方程但不满足第 2 个方程，故不在直线 L 上.

点 $B(-1,-2,0)$ 满足方程组，故在直线 L 上.

点 $C(-1,0,1)$ 不满足第 1 个方程，满足第 2 个方程，故不在直线 L 上.

习题 7-2

1. 求过 3 个点 $(1,0,1)$，$(0,1,2)$ 和 $(1,1,4)$ 的平面的方程.

2. 求过原点和点 $(1,2,1)$，$(2,1,0)$ 的平面的方程.

3. 设平面在各坐标轴的截距分别为 $a=2$，$b=-3$，$c=5$，求这个平面的截距式方程和一般方程.

4. 写出平面 $6x+2y+3z-6=0$ 的截距式方程，并画图.

5. 求通过 x 轴和点 $(4,-3,-1)$ 的平面的方程.

6. 求平行于 y 轴且过 $M_1(1,0,0)$，$M_2(0,0,1)$ 两点的平面的方程.

7. 已知空间直线 L 的方程为

$$\begin{cases} 2x-y+3z-3=0, \\ x+3y-z-6=0, \end{cases}$$

问点 $A(0,0,1)$，$B(2,2,2)$，$C(1,2,1)$ 是否在直线 L 上?

§7.3　空间曲面及其方程

 7.3.1　空间曲面方程的概念

在平面解析几何中，平面上的曲线可以看作平面上满足一定条件的动点的轨迹.同样，空间曲面也是由动点的几何轨迹形成的，如球面就可看成与一定点等距离的点的轨迹. 在空间解析几何中, 曲面上任意一点 $M(x,y,z)$ 都满足一定条件, 则可用含有 x,y,z 的方程表示.

定义 1　在空间直角坐标系中, 如果曲面 S 上任一点的坐标都满足方程 $F(x,y,z)=0$, 而不在曲面 S 上的任何点的坐标都不满足该方程, 则称方程 $F(x,y,z)=0$ 为**曲面 S 的方程**, 而曲面 S 就称为方程 $F(x,y,z)=0$ 的**图形**, 如图 7-7 所示.

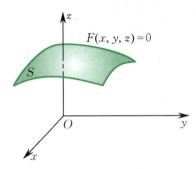

图 7-7

关于空间曲面的两个基本问题是:

(1) 已知曲面上的点所满足的条件, 建立曲面的方程;

(2) 已知曲面方程, 研究曲面的几何形状.

现在我们来建立几个常见曲面的方程.

1. 球面

例 1　建立球心在点 $M_0(x_0,y_0,z_0)$、半径为 R 的球面方程.

解　设 $M(x,y,z)$ 是球面上的任意一点, 那么
$$|M_0M|=R,$$
即
$$\sqrt{(x-x_0)^2+(y-y_0)^2+(z-z_0)^2}=R$$
或
$$(x-x_0)^2+(y-y_0)^2+(z-z_0)^2=R^2.$$
这就是球面上的点的坐标所满足的方程, 而不在球面上的点的坐标都不满足这个方程. 因此, 方程
$$(x-x_0)^2+(y-y_0)^2+(z-z_0)^2=R^2 \tag{7-5}$$
就是球心在点 $M_0(x_0,y_0,z_0)$、半径为 R 的**球面的方程**.

特别地, $x^2+y^2+z^2=R^2$ 表示球心为原点的球面; $z=\sqrt{R^2-x^2-y^2}$ 表示球面的上半部, 如图 7-8(a) 所示; $z=-\sqrt{R^2-x^2-y^2}$ 表示球面的下半部, 如图 7-8(b) 所示.

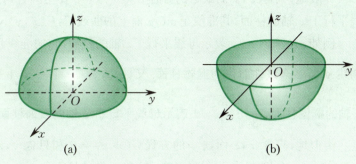

图 7-8

例 2 方程 $x^2 + y^2 + z^2 - 6x + 8y = 0$ 表示怎样的曲面?

解 通过配方,原方程可以改写成

$$(x-3)^2 + (y+4)^2 + z^2 = 25.$$

由方程(7-5)可知,$x^2 + y^2 + z^2 - 6x + 8y = 0$ 表示球心在点 $M_0(3, -4, 0)$、半径为 $R = 5$ 的球面.

2. 柱面

定义 2 平行于某定直线 l 并沿定曲线 C 移动的直线 L 所形成的曲面称为**柱面**.这条定曲线 C 称为柱面的**准线**,动直线 L 称为柱面的**母线**,如图 7-9 所示.

例 3 方程 $x^2 + y^2 = R^2$ 表示怎样的曲面?

解 在 xOy 面上,方程 $x^2 + y^2 = R^2$ 表示圆心在原点 O、半径为 R 的圆.

在空间直角坐标系中,方程 $x^2 + y^2 = R^2$ 不含竖坐标 z,即不论空间点的竖坐标 z 怎样变化,只要 x 和 y 能满足方程,那么这些点就在该曲面上.

于是,过 xOy 面上的圆 $x^2 + y^2 = R^2$,且平行于 z 轴的直线一定在 $x^2 + y^2 = R^2$ 表示的曲面上.

所以,方程 $x^2 + y^2 = R^2$ 表示由平行于 z 轴的直线沿准线为 xOy 面上的圆 $x^2 + y^2 = R^2$ 移动而成的**圆柱面**,如图 7-10 所示.

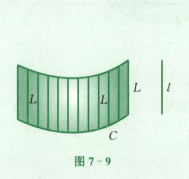

图 7-9

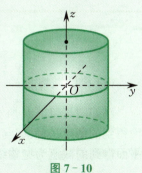

图 7-10

一般地，只含 x,y 而缺 z 的方程 $F(x,y)=0$ 在空间直角坐标系中表示母线平行于 z 轴的柱面，其准线是 xOy 面上的曲线 $C:F(x,y)=0$.

例如，方程 $y^2=2x$ 表示母线平行于 z 轴的柱面，它的准线是 xOy 面上的抛物线 $y^2=2x$，该柱面称为**抛物柱面**. 又如，方程 $\dfrac{x^2}{3}+\dfrac{y^2}{4}=1$ 表示母线平行于 z 轴的**椭圆柱面**，$\dfrac{x^2}{3}-\dfrac{y^2}{4}=1$ 表示母线平行于 z 轴的**双曲柱面**.

类似地，只含 x,z 而缺 y 的方程 $G(x,z)=0$ 和只含 y,z 而缺 x 的方程 $H(y,z)=0$ 分别表示母线平行于 y 轴和 x 轴的柱面.

7.3.2　几种常见的二次曲面

与平面解析几何中规定的二次曲线相类似，变量 x,y,z 的三元二次方程所表示的曲面称为**二次曲面**.

研究一般的三元二次方程 $F(x,y,z)=0$ 所表示的曲面的方法是：用坐标面和平行于坐标面的平面与曲面相截，考察其交线的形状，然后综合分析，从而了解曲面的立体形状. 这种方法称为**截痕法**.

常见的二次曲面有如下几种.

(1) **椭球面** $\dfrac{x^2}{a^2}+\dfrac{y^2}{b^2}+\dfrac{z^2}{c^2}=1\ (a>0,b>0,c>0)$.

显然，令 $z=0$，即知该曲面与 xOy 面的交线（即截痕）为 xOy 面上的椭圆 $\dfrac{x^2}{a^2}+\dfrac{y^2}{b^2}=1$. 类似地，可得各坐标面及平行于坐标面的平面与该曲面的截痕都是椭圆，如图 7-11 所示.

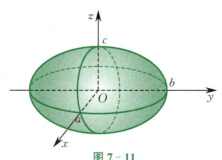

图 7-11

(2) **椭圆抛物面** $z=\dfrac{x^2}{2p}+\dfrac{y^2}{2q}$　（p 与 q 同号）.

对如图 7-12(a) 所示的椭圆抛物面（$p>0,q>0$），用平行于 xOy 面的平面得到的截痕是椭圆（与 xOy 面的交点为原点），用平行于 yOz 面和 zOx 面的平面得到的截痕为抛物线.

(3) **双曲抛物面（马鞍面）** $z=-\dfrac{x^2}{2p}+\dfrac{y^2}{2q}$　（p 与 q 同号）.

如图 7 - 12(b) 所示.

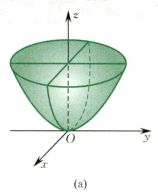

(a)

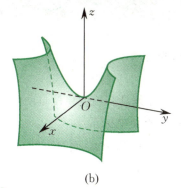

(b)

图 7 - 12

(4) **单叶双曲面** $\dfrac{x^2}{a^2}+\dfrac{y^2}{b^2}-\dfrac{z^2}{c^2}=1\ (a>0,b>0,c>0)$.

如图 7 - 13(a) 所示.

(5) **双叶双曲面** $\dfrac{x^2}{a^2}-\dfrac{y^2}{b^2}+\dfrac{z^2}{c^2}=-1\ (a>0,b>0,c>0)$.

如图 7 - 13(b) 所示.

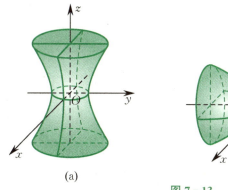

(a)

(b)

图 7 - 13

习题 7 - 3

1. 求出下列方程所表示的球面的球心和半径:

    (1) $x^2+y^2+z^2-2x+4y=0$;

    (2) $4x^2+4y^2+4z^2+16x-8y+4z+5=0$.

2. 下列方程表示怎样的曲面?

    (1) $z=\sqrt{1-x^2-y^2}$;   (2) $z=-\sqrt{4-x^2-y^2}$.

3. 下列方程在平面解析几何与空间解析几何中分别表示什么几何图形?

    (1) $x-2y=1$;   (2) $x^2+y^2=1$;

    (3) $2x^2+3y^2=1$;   (4) $y=x^2$.

本章小结

一、空间直角坐标系

1. 基本概念.

过空间一定点 O 作 3 条具有长度单位且两两相互垂直的数轴：x 轴、y 轴、z 轴，并符合右手系，由此构成一个空间直角坐标系.

坐标面：xOy 面、yOz 面和 zOx 面.

8 个卦限（卦限中点的坐标）：Ⅰ $(+,+,+)$，Ⅱ $(-,+,+)$，Ⅲ $(-,-,+)$，Ⅳ $(+,-,+)$，Ⅴ $(+,+,-)$，Ⅵ $(-,+,-)$，Ⅶ $(-,-,-)$，Ⅷ $(+,-,-)$.

2. 空间两点 $M_1(x_1,y_1,z_1)$，$M_2(x_2,y_2,z_2)$ 的距离公式.

$$d=|M_1M_2|=\sqrt{(x_2-x_1)^2+(y_2-y_1)^2+(z_2-z_1)^2}.$$

二、空间平面和直线

1. 平面.

（1）一般方程：$Ax+By+Cz+D=0$.

（2）截距式方程：$\dfrac{x}{a}+\dfrac{y}{b}+\dfrac{z}{c}=1$，其中 a,b,c 依次称为平面在 x 轴、y 轴、z 轴的截距.

（3）3 种特殊的平面方程：

$Ax+By+Cz=0$ 表示过原点的平面.

$Ax+By+D=0$ 表示平行于 z 轴的平面.

$Ax+D=0$ 表示平行于 yOz 面的平面.

2. 直线.

空间直线 L 可以看作两个相交平面 π_1 和 π_2 的交线. 空间直线的一般方程为

$$\begin{cases} A_1x+B_1y+C_1z+D_1=0, \\ A_2x+B_2y+C_2z+D_2=0. \end{cases}$$

三、空间曲面

1. 球心在点 $M_0(x_0,y_0,z_0)$、半径为 R 的球面的方程.

$$(x-x_0)^2+(y-y_0)^2+(z-z_0)^2=R^2.$$

2. 柱面.

只含 x,y 而缺 z 的方程 $F(x,y)=0$ 表示母线平行于 z 轴的柱面，其准线是 xOy 面上的曲线 $C:F(x,y)=0$.

例如，$x^2+y^2=R^2$ 表示平行于 z 轴的直线沿准线为 xOy 面上的圆 $x^2+y^2=R^2$ 移动而成的圆柱面.

3. 常见的二次曲面.

（1）椭球面 $\dfrac{x^2}{a^2}+\dfrac{y^2}{b^2}+\dfrac{z^2}{c^2}=1$.

（2）椭圆抛物面 $z = \dfrac{x^2}{2p} + \dfrac{y^2}{2q}$（$p$ 与 q 同号）.

（3）双曲抛物面（马鞍面）$z = -\dfrac{x^2}{2p} + \dfrac{y^2}{2q}$（$p$ 与 q 同号）.

复习题7

1. 自点 $M(1,2,3)$ 分别作各坐标轴及各坐标面的垂线，写出各垂足的坐标.
2. 证明：以 $A(2,4,3)$，$B(4,1,9)$，$C(10,-1,6)$ 这 3 点为顶点的三角形是一个等腰直角三角形.
3. 求 3 个平面 $x - 2y - 2z + 3 = 0$，$x + 2y + z - 2 = 0$，$2x - y - z = 0$ 的交点.
4. 设平面过点 $(1,-1,2)$，且在 x 轴、y 轴的截距均为 z 轴截距的两倍，求此平面的方程.
5. 建立以点 $(1,-2,3)$ 为球心，且经过原点的球面的方程.

第8章　多元函数微分学

在上册中，涉及的函数都只有一个自变量，这种函数称为一元函数. 但在社会、经济、管理、科技等领域中，经常需要研究多个变量之间的关系，这在数学上，就表现为一个变量与另外多个变量的相互依赖关系. 因而，需要研究多元函数的概念及其微分与积分问题.

一元函数微积分建立在平面解析几何的基础上，过渡到二元函数，会出现新的实质性问题. 在上一章已经学习了空间解析几何的基础上，本章进一步讨论以二元函数为主要对象的多元函数微分学.

中国要成为经济强国，首先必须成为科技强国，而数学是科学之母，中国只有成为数学强国，才能成为科学强国.

——丘成桐(国际著名数学家)

课程思政

知识框图

§8.1 多元函数的概念

 8.1.1 平面区域

1. 邻域

以 $\mathbf{R}^2 = \{(x,y) \mid x,y \in \mathbf{R}\}$ 表示坐标面,设 $P_0(x_0,y_0)$ 是 $\mathbf{R}^2$ 上的一个点, δ 是某一正数. 与点 $P_0(x_0,y_0)$ 距离小于 δ 的点 $P(x,y)$ 的全体称为**点 P_0 的 δ 邻域**,简称**邻域**,记为 $U(P_0,\delta)$,即

$$U(P_0,\delta) = \{P \in \mathbf{R}^2 \mid \mid PP_0 \mid < \delta\}$$

或

$$U(P_0,\delta) = \{(x,y) \mid \sqrt{(x-x_0)^2 + (y-y_0)^2} < \delta\}.$$

注 邻域 $U(P_0,\delta)$ 的几何意义是:xOy 面上以点 $P_0(x_0,y_0)$ 为中心、 $\delta(\delta > 0)$ 为半径的圆的内部的点 $P(x,y)$ 的全体,如图 8-1 所示.

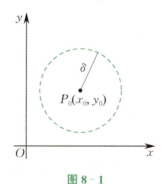

图 8-1

$U(P_0,\delta)$ 中除去点 P_0 后的部分称为**点 P_0 的去心 δ 邻域**,记为 $\overset{\circ}{U}(P_0,\delta)$,即

$$\overset{\circ}{U}(P_0,\delta) = \{P \mid 0 < \mid P_0P \mid < \delta\}.$$

注 如果不需要强调邻域的半径 δ,则用 $U(P_0)$ 或 $\overset{\circ}{U}(P_0)$ 分别表示点 P_0 的某一邻域或某一去心邻域.

2. 内点、边界点与聚点

设 E 是 $\mathbf{R}^2$ 中的一个点集,P 是 $\mathbf{R}^2$ 上的任意一点.

(1) **内点**:如果存在点 P 的某一邻域 $U(P)$,使得 $U(P) \subset E$,则称 P 为 E

的**内点**,如图 8 - 2 所示.

（2）**边界点**:如果点 P 的任一邻域内既有属于 E 的点,也有不属于 E 的点,则称 P 为 E 的**边界点**,如图 8 - 3 所示.

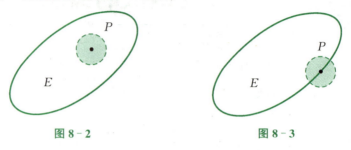

图 8 - 2   图 8 - 3

E 的边界点的全体,称为 E 的**边界**,记为 ∂E.

注　E 的内点必属于 E,而 E 的边界点可能属于 E,也可能不属于 E.

（3）**聚点**:如果对于任意给定的 $\delta > 0$,点 P 的去心邻域 $\mathring{U}(P,\delta)$ 内总有 E 中的点,则称 P 为 E 的**聚点**.

注　聚点 P 本身可以属于 E,也可以不属于 E.

例如,设平面点集 $E = \{(x,y) \mid 1 < x^2 + y^2 \leqslant 4\}$,则满足 $1 < x^2 + y^2 < 4$ 的一切点 (x,y) 都是 E 的内点;满足 $x^2 + y^2 = 1$ 的一切点 (x,y) 都是 E 的边界点,它们都不属于 E;满足 $x^2 + y^2 = 4$ 的一切点 (x,y) 也是 E 的边界点,它们都属于 E;边界 $\partial E = \{(x,y) \mid x^2 + y^2 = 1 \text{ 或 } x^2 + y^2 = 4\}$;点集 E 及它的边界 ∂E 上的一切点都是 E 的聚点.

3. 区域与闭区域

如果点集 E 中的每一点都是内点,且 E 中任何两点都可用全在 E 内的折线连接起来,则称 E 为**开区域**（简称**区域**）.开区域连同其边界一起所构成的点集称为**闭区域**.

例如,集合 $\{(x,y) \mid 1 < x^2 + y^2 < 4\}$ 是开区域,如图 8 - 4(a) 所示,集合 $\{(x,y) \mid 1 \leqslant x^2 + y^2 \leqslant 4\}$ 是闭区域.

若区域 E 包含在某个圆内,则称 E 为**有界区域**;否则,称为**无界区域**.

注　有界区域不能等同于闭区域,无界区域不能等同于开区域.

例如,集合 $\{(x,y) \mid 1 \leqslant x^2 + y^2 \leqslant 4\}$ 是有界闭区域;集合 $\{(x,y) \mid 1 < x^2 + y^2 < 4\}$ 是有界开区域,如图 8 - 4(a) 所示;集合 $\{(x,y) \mid x + y > 0\}$ 是无界开区域,如图 8 - 4(b) 所示;集合 $\{(x,y) \mid x + y \geqslant 0\}$ 是无界闭区域.

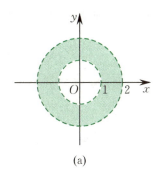
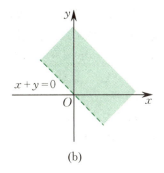

$$(a) \qquad\qquad (b)$$

图 8 - 4

以上概念均可推广到 n 维空间 $\mathbf{R}^n = \{(x_1, x_2, \cdots, x_n) \mid x_i \in \mathbf{R}, i = 1, 2, \cdots, n\}$ 中去.

8.1.2 多元函数的基本概念

一元函数研究的是一个自变量对一个因变量的关系,但在很多实际问题中,需要研究多个变量之间的依赖关系. 例如,圆柱体的体积 V 和它的底半径 r、高 h 之间具有关系

$$V = \pi r^2 h.$$

当 r, h 在一定范围内($r > 0, h > 0$)取定一组值(r, h)时,对应的 V 值就随之确定. 这里,自变量有两个:r 和 h,故称 V 是 r 和 h 的**二元函数**.

又如,某工厂生产的三种产品日产量分别为 x, y, z(件),其价格分别为 4,5,6(元 / 件),则其日产值为

$$u = 4x + 5y + 6z(元).$$

这里,u 是 x, y, z 的**三元函数**.

二元及二元以上的函数统称为**多元函数**. 由于二元以上的函数与二元函数的所有特性没有本质差别,因此着重讨论二元函数.

定义 1　设 D 是平面上的一个非空点集. 如果对于 D 内的每一点(x, y),按照某种法则 f,都有唯一的实数 z 与之对应,则称 f 是 D 上的**二元函数**,记为

$$z = f(x, y),$$

其中 x, y 称为**自变量**,z 称为**因变量**. 点集 D 称为该函数的**定义域**,数集 $\{z \mid z = f(x, y), (x, y) \in D\}$ 称为该函数的**值域**.

类似地,可定义三元及三元以上的函数.

在经济学中,著名的柯布-道格拉斯(Cobb - Douglas)生产函数

$$y = AK^\alpha L^\beta \quad (A, \alpha, \beta \text{ 均为正常数}, K > 0, L > 0)$$

就是一个二元函数,产量 y 是因变量,投入资金 K 和劳动力 L 是自变量.

如同一元函数一样,多元函数的两个基本要素也是定义域和对应法则.

与一元函数类似,对二元函数的定义域做如下约定:

(1) 若函数与实际问题有关,则其定义域由问题的实际意义确定. 例如,圆柱体的体积 $V = \pi r^2 h$ 的定义域为$\{(r, h) \mid r > 0, h > 0\}$.

（2）若用某一公式表示函数（不须考虑实际意义），则其定义域为使函数表达式有意义的自变量的变化范围.

例如，函数 $z = \ln(x + y)$ 的定义域为 $\{(x, y) \mid x + y > 0\}$，它在几何上表示 xOy 面上不包含直线 $x + y = 0$ 的右侧半平面，这是一个无界开区域，如图 8 - 4(b) 所示.

又如，函数 $z = \arcsin(x^2 + y^2)$ 的定义域为 $\{(x, y) \mid x^2 + y^2 \leqslant 1\}$，它在几何上表示圆心在原点、半径为 1 的单位圆，这是一个有界闭区域，如图 8 - 5 所示.

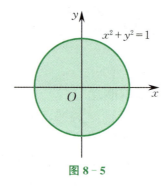

图 8 - 5

例 1　求二元函数 $f(x, y) = \dfrac{\ln(x^2 + y^2 - 1)}{\sqrt{4 - x^2 - y^2}}$ 的定义域.

解　由

$$\begin{cases} x^2 + y^2 - 1 > 0, \\ 4 - x^2 - y^2 > 0, \end{cases}$$

得

$$\begin{cases} x^2 + y^2 > 1, \\ x^2 + y^2 < 4. \end{cases}$$

故所求定义域为 $D = \{(x, y) \mid 1 < x^2 + y^2 < 4\}$，它在几何上表示不包含圆周的圆环域，如图 8 - 4(a) 所示.

例 2　已知函数 $f(x + y, x - y) = \dfrac{x^2 - y^2}{x^2 + y^2}$，求 $f(x, y)$.

解　设 $u = x + y, v = x - y$，则

$$x = \frac{u + v}{2}, \quad y = \frac{u - v}{2},$$

代入得

$$f(u, v) = \frac{\left(\dfrac{u + v}{2}\right)^2 - \left(\dfrac{u - v}{2}\right)^2}{\left(\dfrac{u + v}{2}\right)^2 + \left(\dfrac{u - v}{2}\right)^2} = \frac{2uv}{u^2 + v^2}.$$

故有

$$f(x,y) = \frac{2xy}{x^2 + y^2}.$$

由第 7 章可知,二元函数 $z = f(x,y)$ 的图形是空间直角坐标系中的一张曲面. 例如,函数 $z = ax + by + c$ 的图形是一张平面;函数 $z = \sqrt{R^2 - x^2 - y^2}$ 表示球面的上半部,如图 7-8(a) 所示;函数 $z = -x^2 + y^2$ 的图形是双曲抛物面(马鞍面),如图 7-12(b) 所示.

8.1.3 二元函数的极限

定义 2 设函数 $z = f(x,y)$ 在点 $P_0(x_0,y_0)$ 的某一去心邻域内有定义. 如果当点 $P(x,y)$ 趋向于点 $P_0(x_0,y_0)$ 时,函数 $f(x,y)$ 无限接近于一个常数 A,则称 A 为**函数 $z = f(x,y)$ 当 $(x,y) \to (x_0,y_0)$ 时的极限**,记为

$$\lim_{\substack{x \to x_0 \\ y \to y_0}} f(x,y) = A$$

或

$$\lim_{(x,y) \to (x_0,y_0)} f(x,y) = A$$

或

$$f(x,y) \to A \quad [(x,y) \to (x_0,y_0)],$$

也记为

$$\lim_{P \to P_0} f(P) = A \quad \text{或} \quad f(P) \to A \quad (P \to P_0).$$

注 定义 2 作为二元函数极限的描述性定义比较直观易懂.

二元函数极限的精确定义可做如下表述.

定义 2′ 设二元函数 $f(P) = f(x,y)$ 的定义域为 D,$P_0(x_0,y_0)$ 是 D 的聚点. 如果存在常数 A,对于任意给定的正数 ε,总存在正数 δ,使得当 $P(x,y) \in D \bigcap \mathring{U}(P_0,\delta)$ 时,都有

$$|f(P) - A| = |f(x,y) - A| < \varepsilon$$

成立,则称 A 为**函数 $f(x,y)$ 当 $(x,y) \to (x_0,y_0)$ 时的极限**.

二元函数的极限与一元函数的极限具有相同的性质和运算法则,为了区别于一元函数的极限,称二元函数的极限为**二重极限**.

由二元函数的极限定义可推广到 $n(n \geqslant 3)$ 元函数的极限定义.

例 3 证明：

$$\lim_{\substack{x \to 0 \\ y \to 0}} (x^2 + y^2) \sin \frac{1}{x^2 + y^2} = 0.$$

证 1（依据定义 2′） 设 $f(x, y) = (x^2 + y^2) \sin \frac{1}{x^2 + y^2}$，因为

$$|f(x, y) - 0| = \left| (x^2 + y^2) \sin \frac{1}{x^2 + y^2} - 0 \right|$$

$$= |x^2 + y^2| \cdot \left| \sin \frac{1}{x^2 + y^2} \right| \leqslant x^2 + y^2,$$

可见 $\forall \varepsilon > 0$，取 $\delta = \sqrt{\varepsilon}$，则当

$$0 < \sqrt{(x-0)^2 + (y-0)^2} < \delta,$$

即 $P(x, y) \in D \bigcap \mathring{U}(0, \delta)$ 时，总有

$$|f(x, y) - 0| < \varepsilon.$$

所以

$$\lim_{\substack{x \to 0 \\ y \to 0}} f(x, y) = \lim_{\substack{x \to 0 \\ y \to 0}} (x^2 + y^2) \sin \frac{1}{x^2 + y^2} = 0.$$

证 2 令 $u = x^2 + y^2$，则

$$\lim_{\substack{x \to 0 \\ y \to 0}} (x^2 + y^2) \sin \frac{1}{x^2 + y^2} = \lim_{u \to 0} u \sin \frac{1}{u} = 0.$$

注 上式的证明过程简单快捷，依照一元函数求极限的方法，采用代入法求极限.

例 4 求 $\lim\limits_{\substack{x \to 3 \\ y \to 0}} \dfrac{\sin(xy)}{y}$.

解 $\lim\limits_{\substack{x \to 3 \\ y \to 0}} \dfrac{\sin(xy)}{y} = \lim\limits_{\substack{x \to 3 \\ y \to 0}} \dfrac{\sin(xy)}{xy} \cdot x = \lim\limits_{\substack{x \to 3 \\ y \to 0}} \dfrac{\sin(xy)}{xy} \cdot \lim\limits_{x \to 3} x$

$$= 1 \times 3 = 3.$$

根据二重极限的定义，需要特别注意以下两点：

（1）二重极限存在，是指点 P 以任何方式趋向于点 P_0 时，函数都无限接近于 A.

（2）如果当点 P 以两种不同方式趋向于点 P_0 时，函数趋向于不同的值，则函数的极限不存在.

例 5　讨论函数

$$f(x,y)=\begin{cases}\dfrac{xy}{x^2+y^2}, & x^2+y^2\neq 0,\\[2mm] 0, & x^2+y^2=0\end{cases}$$

在点 $(0,0)$ 处的极限是否存在.

解　(1) 当点 $P(x,y)$ 沿 x 轴趋向于点 $(0,0)$ 时,有

$$\lim_{\substack{x\to 0\\ y\to 0}}f(x,y)=\lim_{x\to 0}f(x,0)=\lim_{x\to 0}0=0.$$

(2) 当点 $P(x,y)$ 沿 y 轴趋向于点 $(0,0)$ 时,有

$$\lim_{\substack{x\to 0\\ y\to 0}}f(x,y)=\lim_{y\to 0}f(0,y)=\lim_{y\to 0}0=0.$$

(3) 当点 $P(x,y)$ 沿直线 $y=kx$ 趋向于点 $(0,0)$ 时,有

$$\lim_{\substack{x\to 0\\ y\to 0\\ y=kx}}\frac{xy}{x^2+y^2}=\lim_{x\to 0}\frac{kx^2}{x^2+k^2x^2}=\frac{k}{1+k^2}.$$

显然,此时的极限值随 k 的变化而变化.

因此,函数 $f(x,y)$ 在点 $(0,0)$ 处的极限不存在.

需要注意的是,不能因为(1) 和(2) 的两种情形极限相同而得出极限存在的结论!

例 6　证明: $\lim\limits_{\substack{x\to 0\\ y\to 0}}\dfrac{x^2y}{x^4+y^2}$ 不存在.

证　取 $y=kx^2$,则

$$\lim_{\substack{x\to 0\\ y\to 0}}\frac{x^2y}{x^4+y^2}=\lim_{\substack{x\to 0\\ y=kx^2}}\frac{x^2\cdot kx^2}{x^4+k^2x^4}=\frac{k}{1+k^2},$$

其值随 k 的不同而不同. 故极限不存在.

8.1.4　二元函数的连续性

定义 3　设二元函数 $z=f(x,y)$ 在点 (x_0,y_0) 的某一邻域内有定义.
如果

$$\lim_{\substack{x\to x_0\\ y\to y_0}}f(x,y)=f(x_0,y_0),\qquad\qquad(8\text{-}1)$$

则称**函数 $z=f(x,y)$ 在点 (x_0,y_0) 处连续**,并称 (x_0,y_0) 为 $z=f(x,y)$ 的**连续点**.

如果函数 $z=f(x,y)$ 在点 (x_0,y_0) 处不连续,则称 $z=f(x,y)$ 在点 (x_0,y_0) 处**间断**,并称 (x_0,y_0) 为 $z=f(x,y)$ 的**间断点**.

例 7 讨论点 $O(0,0)$ 是否为函数

$$f(x,y)=\begin{cases} (x^2+y^2)\sin\dfrac{1}{x^2+y^2}, & x^2+y^2\neq 0, \\ 0, & x^2+y^2=0 \end{cases}$$

的连续点.

解 由例 3 可知,

$$\lim_{\substack{x\to 0\\y\to 0}}f(x,y)=\lim_{\substack{x\to 0\\y\to 0}}(x^2+y^2)\sin\frac{1}{x^2+y^2}=0,$$

又 $f(0,0)=0$,于是

$$\lim_{\substack{x\to 0\\y\to 0}}f(x,y)=f(0,0)=0.$$

故点 $O(0,0)$ 是连续点.

由例 5 可知,点 $O(0,0)$ 是函数 $f(x,y)=\begin{cases} \dfrac{xy}{x^2+y^2}, & x^2+y^2\neq 0, \\ 0, & x^2+y^2=0 \end{cases}$ 的间断点.

与一元函数类似,二元连续函数经过四则运算和复合运算后仍为二元连续函数. 由 x 和 y 的基本初等函数及常数经过有限次的四则运算和复合运算所构成的可用一个式子表示的二元函数称为**二元初等函数**. 例如,$\dfrac{x+x^2-y^2}{1+y^2}$,$\ln(1-x+y)$,$\mathrm{e}^{x^2+y^2}$ 都是二元初等函数.

可得结论:**一切二元初等函数在其定义区域内都是连续的**. 这里定义区域是指包含在定义域内的区域或闭区域.

这个结论表明,若要计算某一二元初等函数在其定义区域内一点处的极限,则只要算出函数在该点处的函数值即可.

例 8 求 $\lim\limits_{\substack{x\to 0\\y\to 1}}\dfrac{y\mathrm{e}^x}{x^2+y^2+2}$.

解 因初等函数 $f(x,y)=\dfrac{y\mathrm{e}^x}{x^2+y^2+2}$ 在点 $(0,1)$ 处连续,故有

$$\lim_{\substack{x\to 0\\y\to 1}}\frac{y\mathrm{e}^x}{x^2+y^2+2}=\frac{1\times\mathrm{e}^0}{0^2+1^2+2}=\frac{1}{3}.$$

例 9 求 $\lim\limits_{\substack{x\to 0\\y\to 0}}\dfrac{\sqrt{xy+1}-1}{xy}$.

解
$$\lim_{\substack{x\to 0\\y\to 0}}\frac{\sqrt{xy+1}-1}{xy}=\lim_{\substack{x\to 0\\y\to 0}}\frac{(\sqrt{xy+1}-1)(\sqrt{xy+1}+1)}{xy(\sqrt{xy+1}+1)}$$
$$=\lim_{\substack{x\to 0\\y\to 0}}\frac{1}{\sqrt{xy+1}+1}=\frac{1}{2}.$$

类似于一元连续函数在闭区间上的性质,在有界闭区域 D 上连续的二元函数也有如下对应的性质.

性质 1（最大值和最小值定理）　有界闭区域 D 上的二元连续函数在 D 上至少取得它的最大值和最小值各一次.

性质 2（有界性定理）　有界闭区域 D 上的二元连续函数在 D 上一定有界.

性质 3（介值定理）　若有界闭区域 D 上的二元连续函数在 D 上取得两个不同的函数值,则它在 D 上取得介于这两个值之间的任何值至少一次.

习题 8-1

1. 求下列各函数表达式:

　(1) 已知 $f(x,y)=x^2+y^2$,求 $f(x-y,\sqrt{xy})$.

　(2) 已知 $f(x-y,\sqrt{xy})=x^2+y^2$,求 $f(x,y)$.

2. 求下列函数的定义域,并指出其在平面直角坐标系中的图形:

　(1) $z=\sin\dfrac{1}{x^2+y^2-1}$;　　　　(2) $z=\sqrt{1-x^2}+\sqrt{y^2-1}$;

　(3) $f(x,y)=\sqrt{1-x}\ln(x-y)$;　　　(4) $f(x,y)=\dfrac{\arcsin(3-x^2-y^2)}{\sqrt{x-y^2}}$.

3. 证明下列极限不存在:

　(1) $\lim\limits_{\substack{x\to 0\\y\to 0}}\dfrac{x-y}{x+y}$;　　　　　(2) $\lim\limits_{\substack{x\to 0\\y\to 0}}\dfrac{x^3y}{x^6+y^2}$.

4. 计算下列极限:

　(1) $\lim\limits_{\substack{x\to 0\\y\to 1}}\dfrac{e^x+y}{x+y}$;　　　　　(2) $\lim\limits_{\substack{x\to 0\\y\to 3}}\dfrac{\sin(xy)}{x}$;

　(3) $\lim\limits_{\substack{x\to 0\\y\to 0}}\dfrac{\sin(x^3+y^3)}{x+y}$;　　　(4) $\lim\limits_{\substack{x\to 0\\y\to 0}}\dfrac{\sqrt{xy+4}-2}{xy}$.

5. 讨论下列函数的连续性:

$$(1) \ f(x,y) = \begin{cases} \dfrac{x^2 - y^2}{x + y}, & (x,y) \neq (0,0), \\ 0, & (x,y) = (0,0); \end{cases}$$

$$(2) \ f(x,y) = \begin{cases} \dfrac{x^2 - y^2}{x^2 + y^2}, & (x,y) \neq (0,0), \\ 0, & (x,y) = (0,0). \end{cases}$$

6. 下列函数在何处间断?

$$(1) \ z = \frac{1}{x^2 - y^2};$$

$$(2) \ z = \ln\sqrt{1 - x^2 - y^2}.$$

§8.2 偏导数及其在经济学中的应用

一元函数的导数刻画了函数相对于自变量的变化率. 多元函数的自变量有两个或两个以上,函数对自变量的变化率问题将更为复杂,但亦有规律可循. 例如,某新产品上市的销售量 Q 与定价 P 和广告投入费用 S 两大因素有关,在研究每种因素对销售量的影响时,分析在广告投入费用 S 一定的前提下,销售量 Q 对定价 P 的变化率;反之,也分析在定价 P 一定的前提下,销售量 Q 对广告投入费用 S 的变化率. 这就是本节要研究的多元函数的偏导数问题.

8.2.1 偏导数的定义与计算

定义 1 设函数 $z = f(x,y)$ 在点 (x_0, y_0) 的某一邻域内有定义,当 y 固定在 y_0,而 x 在 x_0 处有改变量 Δx 时,相应地,函数有改变量

$$f(x_0 + \Delta x, y_0) - f(x_0, y_0).$$

如果极限

$$\lim_{\Delta x \to 0} \frac{f(x_0 + \Delta x, y_0) - f(x_0, y_0)}{\Delta x}$$

存在,则称此极限值为函数 $z = f(x,y)$ 在点 (x_0, y_0) 处**对 x 的偏导数**,记为 $f_x(x_0, y_0)$,即

$$f_x(x_0, y_0) = \lim_{\Delta x \to 0} \frac{f(x_0 + \Delta x, y_0) - f(x_0, y_0)}{\Delta x}. \tag{8-2}$$

函数 $z = f(x,y)$ 在点 (x_0, y_0) 处**对 y 的偏导数** $f_y(x_0, y_0)$ 可类似定义,即

$$f_y(x_0,y_0) = \lim_{\Delta y \to 0} \frac{f(x_0,y_0+\Delta y) - f(x_0,y_0)}{\Delta y}. \tag{8-3}$$

对 $f_x(x_0,y_0)$，还可使用以下记号：

$$\left.\frac{\partial z}{\partial x}\right|_{\substack{x=x_0\\y=y_0}}, \quad \left.\frac{\partial f}{\partial x}\right|_{(x_0,y_0)}, \quad \left.z_x\right|_{\substack{x=x_0\\y=y_0}}, \quad z_x(x_0,y_0).$$

对 $f_y(x_0,y_0)$，还可使用以下记号：

$$\left.\frac{\partial z}{\partial y}\right|_{\substack{x=x_0\\y=y_0}}, \quad \left.\frac{\partial f}{\partial y}\right|_{(x_0,y_0)}, \quad \left.z_y\right|_{\substack{x=x_0\\y=y_0}}, \quad z_y(x_0,y_0).$$

定义 2　如果函数 $z=f(x,y)$ 在区域 D 内每一点 (x,y) 处对 x 的偏导数都存在，那么这个偏导数就是 x,y 的函数，称为 $z=f(x,y)$ **对 x 的偏导函数**，记为

$$\frac{\partial z}{\partial x}, \quad \frac{\partial f}{\partial x}, \quad z_x \quad \text{或} \quad f_x(x,y).$$

显然有

$$f_x(x,y) = \lim_{\Delta x \to 0} \frac{f(x+\Delta x,y) - f(x,y)}{\Delta x}. \tag{8-4}$$

类似地，可定义函数 $z=f(x,y)$ **对 y 的偏导函数**，记为

$$\frac{\partial z}{\partial y}, \quad \frac{\partial f}{\partial y}, \quad z_y \quad \text{或} \quad f_y(x,y),$$

即

$$f_y(x,y) = \lim_{\Delta y \to 0} \frac{f(x,y+\Delta y) - f(x,y)}{\Delta y}. \tag{8-5}$$

注　在不产生误解的情况下，偏导函数也简称偏导数. 从式(8-4)可看出，$f_x(x,y)$ 实际上是将 y 看作常数而对 x 求导数，因而本质上是一元函数的导数. 所谓"偏"，就是指偏于某个变量求导，而将其余变量看作常数.

偏导数的概念还可推广到二元以上的函数. 例如，三元函数 $u=f(x,y,z)$ 在点 (x,y,z) 处对 x 的偏导数为

$$f_x(x,y,z) = \lim_{\Delta x \to 0} \frac{f(x+\Delta x,y,z) - f(x,y,z)}{\Delta x}.$$

注　由于偏导数本质上是一元函数的导数，因此在求多元函数对某个自变量的偏导数时，只须把其余自变量看作常数，然后直接利用一元函数的求导法则进行计算.

例 1　求函数 $f(x,y) = x^2 + 3xy - y^2$ 在点 $(2,1)$ 处的偏导数.

解 把 y 看作常数, 对 x 求导, 得到
$$f_x(x,y) = 2x + 3y,$$
把 x 看作常数, 对 y 求导, 得到
$$f_y(x,y) = 3x - 2y.$$
代入 $x = 2, y = 1$, 故所求偏导数为
$$f_x(2,1) = 2 \times 2 + 3 \times 1 = 7,$$
$$f_y(2,1) = 3 \times 2 - 2 \times 1 = 4.$$

注 例 1 的解法是先求出函数的偏导数, 再代入点 (x,y) 的值, 求出该点处的偏导数.

例 2 已知函数 $f(x,y) = e^{\arctan\frac{x}{y}} \ln(x^3 + y^3)$, 求 $f_y(0,1)$.

解 (如果沿用例 1 的解法比较繁杂.) 根据定义, 把 x 固定在 $x = 0$, 则
$$f(0,y) = \ln y^3 = 3\ln y,$$
因此
$$f_y(0,1) = (3\ln y)' \Big|_{y=1} = \frac{3}{y} \Big|_{y=1} = 3.$$

例 3 求函数 $z = x^2 \sin 3y$ 的偏导数.

解 $\dfrac{\partial z}{\partial x} = 2x \sin 3y,$ $\quad \dfrac{\partial z}{\partial y} = 3x^2 \cos 3y.$

例 4 设函数 $z = x^y (x > 0, x \neq 1)$, 求证: $\dfrac{x}{y} \cdot \dfrac{\partial z}{\partial x} + \dfrac{1}{\ln x} \cdot \dfrac{\partial z}{\partial y} = 2z.$

证 求偏导数, 得
$$\frac{\partial z}{\partial x} = yx^{y-1}, \quad \frac{\partial z}{\partial y} = x^y \ln x,$$
故
$$\frac{x}{y} \cdot \frac{\partial z}{\partial x} + \frac{1}{\ln x} \cdot \frac{\partial z}{\partial y} = \frac{x}{y} yx^{y-1} + \frac{1}{\ln x} x^y \ln x = x^y + x^y = 2z.$$

例 5 求函数 $r = \sqrt{x^2 + y^2 + z^2}$ 的偏导数.

解 把 y 和 z 看作常数, 对 x 求导, 得
$$\frac{\partial r}{\partial x} = \frac{x}{\sqrt{x^2 + y^2 + z^2}} = \frac{x}{r}.$$
利用函数关于自变量的对称性, 可推断得到

$$\frac{\partial r}{\partial y} = \frac{y}{r}, \quad \frac{\partial r}{\partial z} = \frac{z}{r}.$$

例 6 已知理想气体的状态方程为 $pV = RT$(R 为常数),求证:

$$\frac{\partial p}{\partial V} \cdot \frac{\partial V}{\partial T} \cdot \frac{\partial T}{\partial p} = -1.$$

证 因为 $p = \dfrac{RT}{V}$,将 p 看作 T,V 的二元函数,于是

$$\frac{\partial p}{\partial V} = -\frac{RT}{V^2}.$$

同理,由 $V = \dfrac{RT}{p}$,知 $\dfrac{\partial V}{\partial T} = \dfrac{R}{p}$;由 $T = \dfrac{pV}{R}$,知 $\dfrac{\partial T}{\partial p} = \dfrac{V}{R}$. 所以

$$\frac{\partial p}{\partial V} \cdot \frac{\partial V}{\partial T} \cdot \frac{\partial T}{\partial p} = -\frac{RT}{V^2} \cdot \frac{R}{p} \cdot \frac{V}{R} = -\frac{RT}{pV} = -1.$$

注 例 6 的证明过程表明,偏导数的记号 $\dfrac{\partial f}{\partial x}$ 是一个整体记号,不能像导数 $\dfrac{\mathrm{d}y}{\mathrm{d}x}$ 一样,看作分子 ∂f 与分母 ∂x 的商,单独的记号 ∂f,∂x 没有任何意义.

8.2.2　偏导数的几何意义

偏导数的几何意义可直接由一元函数导数的几何意义得出. 由于 $f_x(x_0, y_0)$ 就是 $z = f(x, y_0)$ 在 $x = x_0$ 处的导数,而 $z = f(x, y_0)$ 在几何上可以看作平面 $y = y_0$ 截曲面 $S: z = f(x, y)$ 得到的截线 C_x,因此,$f_x(x_0, y_0)$ 的几何意义是:截线 C_x 在点 $M_0(x_0, y_0, z_0)$ 处的切线 $M_0 T_x$ 对 x 轴的斜率,如图 8-6 所示.

动画视频

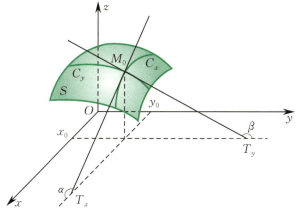

图 8-6

同理,若 C_y 是平面 $x = x_0$ 截曲面 $S: z = f(x, y)$ 得到的截线,则偏导数

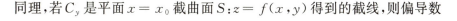

$f_y(x_0,y_0)$ 的几何意义是：截线 C_y 在点 $M_0(x_0,y_0,z_0)$ 处的切线 M_0T_y 对 y 轴的斜率，如图 8-6 所示.

例如，函数 $z=\dfrac{x^2+y^2}{4}$ 在点 $(2,4)$ 处的偏导数 $z_x(2,4)=\dfrac{x}{2}\Big|_{x=2}=1$ 的几何意义是：椭圆抛物面被平面 $y=4$ 截得的抛物线在点 $M_0(2,4,5)$ 处的切线 M_0T_x 对 x 轴的斜率.

8.2.3 偏导数存在与函数连续性的关系

在一元函数的情形下，可导必定连续，而多元函数的偏导数存在并不能保证函数连续.

 例 7 考察函数

$$f(x,y)=\begin{cases} \dfrac{xy}{x^2+y^2}, & (x,y)\neq(0,0), \\ 0, & (x,y)=(0,0) \end{cases}$$

在点 $(0,0)$ 处的偏导数与连续性.

解 由公式 $(8-2)$ 与公式 $(8-3)$ 可得到函数 $f(x,y)$ 在点 $(0,0)$ 处的偏导数为

$$f_x(0,0)=\lim_{\Delta x\to 0}\frac{f(0+\Delta x,0)-f(0,0)}{\Delta x}=\lim_{\Delta x\to 0}\frac{0}{\Delta x}=0,$$

$$f_y(0,0)=\lim_{\Delta y\to 0}\frac{f(0,0+\Delta y)-f(0,0)}{\Delta y}=\lim_{\Delta y\to 0}\frac{0}{\Delta y}=0.$$

但从 §8.1 例 5 知道，函数 $f(x,y)$ 在点 $(0,0)$ 处的极限不存在，从而 $f(x,y)$ 在点 $(0,0)$ 处不连续.

注 偏导数存在但不连续的原因是：偏导数只是刻画了函数沿坐标轴方向的变化率，不足以反映函数沿所有方向的动态.

8.2.4 高阶偏导数

设函数 $z=f(x,y)$ 在区域 D 内具有偏导数 $f_x(x,y)$ 和 $f_y(x,y)$. 如果这两个函数又存在偏导数，则称之为函数 $z=f(x,y)$ 的**二阶偏导数**. 按照对变量求导次序的不同，共有下列 4 种不同的二阶偏导数（等号右边为记号）：

$$\frac{\partial}{\partial x}\left(\frac{\partial z}{\partial x}\right)=\frac{\partial^2 z}{\partial x^2}=f_{xx}(x,y), \qquad \frac{\partial}{\partial y}\left(\frac{\partial z}{\partial x}\right)=\frac{\partial^2 z}{\partial x\partial y}=f_{xy}(x,y),$$

$$\frac{\partial}{\partial x}\left(\frac{\partial z}{\partial y}\right)=\frac{\partial^2 z}{\partial y \partial x}=f_{yx}(x,y), \qquad \frac{\partial}{\partial y}\left(\frac{\partial z}{\partial y}\right)=\frac{\partial^2 z}{\partial y^2}=f_{yy}(x,y),$$

其中 $f_{xy}(x,y)$ 与 $f_{yx}(x,y)$ 称为**二阶混合偏导数**.

类似地,可以定义三阶、四阶 $\cdots\cdots n$ 阶偏导数. 把二阶及二阶以上的偏导数统称为**高阶偏导数**.

例 8 验证函数 $z=\ln\sqrt{x^2+y^2}$ 满足方程 $\dfrac{\partial^2 z}{\partial x^2}+\dfrac{\partial^2 z}{\partial y^2}=0$.

证 因为 $z=\ln\sqrt{x^2+y^2}=\dfrac{1}{2}\ln(x^2+y^2)$,所以

$$\frac{\partial z}{\partial x}=\frac{x}{x^2+y^2}, \qquad \frac{\partial z}{\partial y}=\frac{y}{x^2+y^2},$$

$$\frac{\partial^2 z}{\partial x^2}=\frac{(x^2+y^2)-x \cdot 2x}{(x^2+y^2)^2}=\frac{y^2-x^2}{(x^2+y^2)^2},$$

$$\frac{\partial^2 z}{\partial y^2}=\frac{(x^2+y^2)-y \cdot 2y}{(x^2+y^2)^2}=\frac{x^2-y^2}{(x^2+y^2)^2}.$$

因此

$$\frac{\partial^2 z}{\partial x^2}+\frac{\partial^2 z}{\partial y^2}=\frac{y^2-x^2}{(x^2+y^2)^2}+\frac{x^2-y^2}{(x^2+y^2)^2}=0.$$

例 9 设函数 $z=\mathrm{e}^{-x}\cos 2y$,求二阶偏导数.

解 因为 $\dfrac{\partial z}{\partial x}=-\mathrm{e}^{-x}\cos 2y,\dfrac{\partial z}{\partial y}=-2\mathrm{e}^{-x}\sin 2y$,所以

$$\frac{\partial^2 z}{\partial x^2}=\mathrm{e}^{-x}\cos 2y, \qquad \frac{\partial^2 z}{\partial y^2}=-4\mathrm{e}^{-x}\cos 2y,$$

$$\frac{\partial^2 z}{\partial x \partial y}=2\mathrm{e}^{-x}\sin 2y, \qquad \frac{\partial^2 z}{\partial y \partial x}=2\mathrm{e}^{-x}\sin 2y.$$

从例 9 观察到两个混合偏导数相等:$\dfrac{\partial^2 z}{\partial x \partial y}=\dfrac{\partial^2 z}{\partial y \partial x}$,这并非偶然,下面的定理说明了原因所在(定理的证明从略).

定理 1 如果函数 $z=f(x,y)$ 的两个二阶混合偏导数 $\dfrac{\partial^2 z}{\partial y \partial x}$ 及 $\dfrac{\partial^2 z}{\partial x \partial y}$ 在**区域 D 内连续**,则在 D 内有 $\dfrac{\partial^2 z}{\partial y \partial x}=\dfrac{\partial^2 z}{\partial x \partial y}$.

注 定理 1 表明,二阶混合偏导数在连续的条件下与求导的次序无关,该定理可推广到高阶混合偏导数的情形. 至于偏导数是否连续,只要考察其是否有意义即可.

例 10 验证函数 $u = \dfrac{1}{\sqrt{x^2 + y^2 + z^2}}$ 满足拉普拉斯(Laplace)方程

$$\frac{\partial^2 u}{\partial x^2} + \frac{\partial^2 u}{\partial y^2} + \frac{\partial^2 u}{\partial z^2} = 0.$$

证 令 $r = \sqrt{x^2 + y^2 + z^2}$，则 $u = \dfrac{1}{r}$，$\dfrac{\partial r}{\partial x} = \dfrac{x}{r}$. 于是

$$\frac{\partial u}{\partial x} = -\frac{1}{r^2} \cdot \frac{\partial r}{\partial x} = -\frac{1}{r^2} \cdot \frac{x}{r} = -\frac{x}{r^3},$$

$$\frac{\partial^2 u}{\partial x^2} = -\frac{1}{r^3} + \frac{3x}{r^4} \cdot \frac{\partial r}{\partial x} = -\frac{1}{r^3} + \frac{3x^2}{r^5}.$$

由函数关于自变量的对称性，可推断

$$\frac{\partial^2 u}{\partial y^2} = -\frac{1}{r^3} + \frac{3y^2}{r^5}, \quad \frac{\partial^2 u}{\partial z^2} = -\frac{1}{r^3} + \frac{3z^2}{r^5}.$$

因此

$$\frac{\partial^2 u}{\partial x^2} + \frac{\partial^2 u}{\partial y^2} + \frac{\partial^2 u}{\partial z^2} = -\frac{3}{r^3} + \frac{3(x^2 + y^2 + z^2)}{r^5} = -\frac{3}{r^3} + \frac{3r^2}{r^5} = 0.$$

注 拉普拉斯方程可以描述很多物理现象，对解决热传导、静电学等问题有着重要作用.

8.2.5 偏导数在经济学中的应用

在上册第4章§4.6中，通过边际分析和弹性分析，知道了导数在经济学中的广泛应用，由此可推广到多元函数微分学中，并赋予更丰富的含义.

1. 边际分析

定义 3 设函数 $z = f(x, y)$ 在点 (x_0, y_0) 处的偏导数存在，称

$$f_x(x_0, y_0) = \lim_{\Delta x \to 0} \frac{f(x_0 + \Delta x, y_0) - f(x_0, y_0)}{\Delta x}$$

为 $z = f(x, y)$ 在点 (x_0, y_0) 处对 x 的边际，称 $f_x(x, y)$ 为对 x 的边际函数.

类似地，称 $f_y(x_0, y_0)$ 为函数 $z = f(x, y)$ 在点 (x_0, y_0) 处对 y 的边际，称 $f_y(x, y)$ 为对 y 的边际函数.

边际 $f_x(x_0, y_0)$ 的经济含义是：在点 (x_0, y_0) 处，当 y 保持不变而 x 多生产一个单位时，$z = f(x, y)$ 近似改变 $f_x(x_0, y_0)$ 个单位.

例 11　某汽车生产商生产 A,B 两种型号的小汽车,其日产量分别用 x,y(单位:百辆) 表示,总成本(单位:百万元) 为
$$C(x,y)=10+5x^2+xy+2y^2.$$
求当 $x=5,y=3$ 时,两种型号的小汽车的边际成本,并解释其经济含义.

解　求总成本函数的偏导数,得
$$C_x(x,y)=10x+y,\quad C_y(x,y)=x+4y.$$

当 $x=5,y=3$ 时,A 型小汽车的边际成本为
$$C_x(5,3)=10\times 5+3=53(百万元),$$
B 型小汽车的边际成本为
$$C_y(5,3)=5+4\times 3=17(百万元).$$

其经济含义是:在 A 型小汽车日产量为 5 百辆,B 型小汽车日产量为 3 百辆的条件下,

(1) 如果 B 型小汽车日产量不变而 A 型小汽车日产量增加 1 百辆,则总成本大约增加 53 百万元;

(2) 如果 A 型小汽车日产量不变而 B 型小汽车日产量增加 1 百辆,则总成本大约增加 17 百万元.

2. 偏弹性分析

定义 4　设函数 $z=f(x,y)$ 在点 (x_0,y_0) 处的偏导数存在,$z=f(x,y)$ 对 x 的偏改变量记为
$$\Delta_x z=f(x_0+\Delta x,y_0)-f(x_0,y_0).$$

称 $\Delta_x z$ 的相对改变量 $\dfrac{\Delta_x z}{z_0}$ 与自变量 x 的相对改变量 $\dfrac{\Delta x}{x_0}$ 之比
$$\frac{\Delta_x z}{z_0}\Big/\frac{\Delta x}{x_0}=\frac{\Delta_x z}{\Delta x}\cdot\frac{x_0}{z_0} \tag{8-6}$$
为函数 $z=f(x,y)$ 在点 (x_0,y_0) 处对 x 从 x_0 到 $x_0+\Delta x$ 两点间的弹性.

令 $\Delta x\to 0$,则式(8-6)的极限称为函数 $z=f(x,y)$ 在点 (x_0,y_0) 处对 x 的偏弹性,记为 E_x,即
$$E_x=\lim_{\Delta x\to 0}\frac{\Delta_x z}{\Delta x}\cdot\frac{x_0}{z_0}=f_x(x_0,y_0)\cdot\frac{x_0}{f(x_0,y_0)}. \tag{8-7}$$

注　偏弹性 E_x 反映了 $f(x,y)$ 在点 (x_0,y_0) 处随 x 变化的强弱程度. 其经济含义是:在 (x_0,y_0) 处,当 y 不变而 x 产生1%的改变时,$f(x,y)$ 近似改变 E_x%.

类似地,可定义函数 $z=f(x,y)$ 在点 (x_0,y_0) 处对 y 的偏弹性,记为 E_y,

即

$$E_y = \lim_{\Delta y \to 0} \frac{\Delta_y z}{\Delta y} \cdot \frac{y_0}{z_0} = f_y(x_0, y_0) \cdot \frac{y_0}{f(x_0, y_0)}.$$

一般地，称

$$E_x = f_x(x, y) \cdot \frac{x}{f(x, y)} \quad 及 \quad E_y = f_y(x, y) \cdot \frac{y}{f(x, y)}$$

为 $f(x, y)$ 分别对 x 和 y 的偏弹性函数.

（1）需求偏弹性分析.

设某种产品的需求量 $Q = Q(P, y)$，其中 P 为产品的价格，y 为消费者收入，则称

$$E_P = \lim_{\Delta P \to 0} \frac{\Delta_P Q}{Q} \bigg/ \frac{\Delta P}{P} = \frac{\partial Q}{\partial P} \cdot \frac{P}{Q}$$

为需求 Q 对价格 P 的偏弹性，称

$$E_y = \lim_{\Delta y \to 0} \frac{\Delta_y Q}{Q} \bigg/ \frac{\Delta y}{y} = \frac{\partial Q}{\partial y} \cdot \frac{y}{Q}$$

为需求 Q 对消费者收入 y 的偏弹性.

例 12 设某城市计划建设一批经济住房，如果价格（单位：百元 $/\text{m}^2$）为 P，需求量（单位：百间）为 Q，当地居民年均收入（单位：万元）为 y，根据调研分析，得到需求函数

$$Q = 10 + Py - \frac{P^2}{10}.$$

求当 $P = 30, y = 3$ 时，需求 Q 对价格 P 和收入 y 的偏弹性，并解释其经济含义.

解 因 $\dfrac{\partial Q}{\partial P} = y - \dfrac{2P}{10}, \dfrac{\partial Q}{\partial y} = P$，代入 $P = 30, y = 3$，得

$$\frac{\partial Q}{\partial P}\bigg|_{(30, 3)} = 3 - \frac{2 \times 30}{10} = -3, \quad \frac{\partial Q}{\partial y}\bigg|_{(30, 3)} = 30.$$

又 $Q(30, 3) = 10 + 30 \times 3 - \dfrac{30^2}{10} = 10$，因此需求 Q 对价格 P 和收入 y 的偏弹性分别为

$$E_P = -3 \cdot \frac{30}{10} = -9, \quad E_y = 30 \cdot \frac{3}{10} = 9.$$

其经济含义是：在价格定为每平方米 3 000 元，人均年收入为 3 万元的条件下，若价格每平方米提高 1% 而人均年收入不变，则需求量将减少 9%；若价格不变而人均年收入增加 1%，则需求量将增加 9%.

（2）交叉弹性分析.

设有 A，B 两种相关的商品，价格分别为 P_1 和 P_2，消费者对这两种商品的需求量 Q_1 和 Q_2 由这两种商品的价格决定，需求函数分别表示为

$$Q_1 = Q_1(P_1, P_2), \quad Q_2 = Q_2(P_1, P_2).$$

对于需求函数 $Q_1 = Q_1(P_1, P_2)$，当 P_2 不变时，需求量 Q_1 对价格 P_1 的偏

弹性 E_{P_1} 称为 **直接价格弹性**,即

$$E_{P_1} = \frac{\partial Q_1}{\partial P_1} \cdot \frac{P_1}{Q_1}.$$

注 直接价格弹性用于度量商品对自身价格变化所引起的需求反应.

对于需求函数 $Q_1 = Q_1(P_1, P_2)$,当 P_1 不变时,需求量 Q_1 对价格 P_2 的偏弹性 E_{P_2} 称为 **交叉价格弹性**,即

$$E_{P_2} = \frac{\partial Q_1}{\partial P_2} \cdot \frac{P_2}{Q_1}.$$

注 交叉价格弹性用于度量商品对与之相关的商品的价格变化所引起的需求反应.

需求量 Q_1 的交叉价格弹性 E_{P_2},可用于分析两种商品的相互关系.

(1) 若 $E_{P_2} < 0$,则表示当商品 A 的价格 P_1 不变,而商品 B 的价格 P_2 上升时,商品 A 的需求量将相应地减少. 这时称商品 A 和 B 是 **相互补充关系**.

(2) 若 $E_{P_2} > 0$,则表示当商品 A 的价格 P_1 不变,而商品 B 的价格 P_2 上升时,商品 A 的需求量将相应地增加. 这时称商品 A 和 B 是 **相互竞争(替代)关系**.

(3) 若 $E_{P_2} = 0$,则称两种商品 **相互独立**.

例 13 某品牌数码相机的需求量 Q,除与自身价格 P_1(单位:百元)有关外,还与彩色喷墨打印机的价格 P_2(单位:百元)有关,需求函数为

$$Q = 120 + \frac{100}{P_1} - 10P_2 - P_2^2.$$

求当 $P_1 = 20, P_2 = 5$ 时,需求量 Q 的直接价格弹性和交叉价格弹性,并说明数码相机和彩色喷墨打印机是相互补充关系还是相互竞争关系.

解 当 $P_1 = 20, P_2 = 5$ 时,需求量及其偏导数分别为

$$Q(20, 5) = 120 + \frac{100}{20} - 10 \times 5 - 5^2 = 50,$$

$$\left. \frac{\partial Q}{\partial P_1} \right|_{(20,5)} = -\frac{100}{P_1^2} \bigg|_{(20,5)} = -\frac{1}{4},$$

$$\left. \frac{\partial Q}{\partial P_2} \right|_{(20,5)} = (-10 - 2P_2) \big|_{(20,5)} = -20.$$

故需求量 Q 的直接价格弹性为

$$E_{P_1} = \frac{\partial Q}{\partial P_1} \cdot \frac{P_1}{Q} = -\frac{1}{4} \cdot \frac{20}{50} = -0.1,$$

交叉价格弹性为

$$E_{P_2} = \frac{\partial Q}{\partial P_2} \cdot \frac{P_2}{Q} = -20 \cdot \frac{5}{50} = -2.$$

由 $E_{P_2} < 0$，知数码相机和彩色喷墨打印机是相互补充关系.

习题 8-2

1. 求下列函数的偏导数：

   (1) $z = x^3 + 3xy + y^3$;

   (2) $z = \dfrac{\sin y^2}{x}$;

   (3) $z = \ln(x - 3y)$;

   (4) $z = x^y + \ln xy \; (x > 0, y > 0, x \neq 1)$;

   (5) $u = x^{\frac{z}{y}}$;

   (6) $u = \cos(x^2 - y^2 + \mathrm{e}^{-z})$.

2. 求下列函数在指定点处的偏导数：

   (1) $f(x,y) = x^2 - xy + y^2$，求 $f_x(1,2), f_y(1,2)$;

   (2) $f(x,y) = \arctan \dfrac{x^2 + y^2}{x - y}$，求 $f_x(1,0)$;

   (3) $f(x,y) = \ln\sqrt{x^2 + y^2} + \sin(x^2 - 1)\mathrm{e}^{\arctan(x^2 + \sqrt{x^2 + y^2})}$，求 $f_y(1,2)$;

   (4) $f(x,y,z) = \ln(x - yz)$，求 $f_x(2,0,1), f_y(2,0,1), f_z(2,0,1)$.

3. 设函数 $r = \sqrt{x^2 + y^2 + z^2}$，证明：

   (1) $\left(\dfrac{\partial r}{\partial x}\right)^2 + \left(\dfrac{\partial r}{\partial y}\right)^2 + \left(\dfrac{\partial r}{\partial z}\right)^2 = 1$;

   (2) $\dfrac{\partial^2 r}{\partial x^2} + \dfrac{\partial^2 r}{\partial y^2} + \dfrac{\partial^2 r}{\partial z^2} = \dfrac{2}{r}$;

   (3) $\dfrac{\partial^2 (\ln r)}{\partial x^2} + \dfrac{\partial^2 (\ln r)}{\partial y^2} + \dfrac{\partial^2 (\ln r)}{\partial z^2} = \dfrac{1}{r^2}$.

4. 求下列函数的二阶偏导数 $\dfrac{\partial^2 z}{\partial x^2}, \dfrac{\partial^2 z}{\partial y^2}, \dfrac{\partial^2 z}{\partial y \partial x}$：

   (1) $z = 4x^3 + 3x^2 y - 3xy^2 - x + y$;

   (2) $z = x\ln(x + y)$.

5. 某水泥厂生产 A，B 两种标号的水泥，其日产量分别记为 x, y（单位：t），总成本（单位：元）为

   $$C(x,y) = 20 + 30x^2 + 10xy + 20y^2.$$

   求当 $x = 4, y = 3$ 时，两种标号水泥的边际成本，并解释其经济含义.

6. 设某种商品需求量 Q 与价格 P 和收入 y 的关系为

   $$Q = 400 - 2P + 0.03y.$$

   求当 $P = 25, y = 5\,000$ 时，Q 对价格 P 和收入 y 的偏弹性，并解释其经济含义.

§8.3　全微分及其应用

8.3.1　全微分的定义

在一元函数微分学中,如果函数 $y=f(x)$ 在点 x_0 处可微,意味着函数的改变量

$$\Delta y = f(x_0 + \Delta x) - f(x_0)$$

可表示为

$$\Delta y = A\Delta x + o(\Delta x),$$

其中 $A=f'(x_0)$ 是与 Δx 无关的常数.

类似地,可给出二元函数可微的定义.

定义 1　如果函数 $z=f(x,y)$ 在点 $P(x,y)$ 的某一邻域内有定义,并设点 $M(x+\Delta x,y+\Delta y)$ 为该邻域内的任意一点,则称

$$f(x+\Delta x,y+\Delta y)-f(x,y)$$

为 $z=f(x,y)$ 在点 $P(x,y)$ 对应于自变量增量 $\Delta x,\Delta y$ 的**全增量**,记为 Δz,即

$$\Delta z = f(x+\Delta x,y+\Delta y)-f(x,y). \tag{8-8}$$

一般来说,计算全增量比较复杂. 与一元函数的微分相类似,我们也希望利用关于自变量增量 $\Delta x,\Delta y$ 的线性函数来近似代替函数的全增量 Δz,由此引入关于二元函数全微分的定义.

定义 2　如果函数 $z=f(x,y)$ 在点 (x,y) 的某一邻域内有定义,全增量 Δz 可以表示为

$$\Delta z = A\Delta x + B\Delta y + o(\rho), \tag{8-9}$$

其中 A,B 不依赖于 $\Delta x,\Delta y$ 而仅与 x,y 有关,$\rho=\sqrt{(\Delta x)^2+(\Delta y)^2}$,则称 $z=f(x,y)$ 在点 (x,y) 处**可微**,$A\Delta x+B\Delta y$ 称为 $z=f(x,y)$ 在点 (x,y) 处的**全微分**,记为 $\mathrm{d}z$,即

$$\mathrm{d}z = A\Delta x + B\Delta y. \tag{8-10}$$

若函数 $z=f(x,y)$ 在区域 D 内各点处都可微,则称 $z=f(x,y)$ 在 D 内可微.

习惯将 Δx 与 Δy 写成 $\mathrm{d}x$ 与 $\mathrm{d}y$,并分别称为自变量 x 与 y 的微分. 于是,函数 $z=f(x,y)$ 的全微分可写成

$$\mathrm{d}z = A\mathrm{d}x + B\mathrm{d}y. \tag{8-11}$$

动画视频

8.3.2 可微与连续、偏导数存在之间的关系

定理 1（必要条件） 如果函数 $z = f(x, y)$ 在点 (x, y) 处可微，则

（1）$f(x, y)$ 在点 (x, y) 处连续；

（2）$f(x, y)$ 在点 (x, y) 处的偏导数 $\dfrac{\partial z}{\partial x}, \dfrac{\partial z}{\partial y}$ 必存在，且 $f(x, y)$ 在点 (x, y) 处的全微分为

$$\mathrm{d}z = \frac{\partial z}{\partial x}\mathrm{d}x + \frac{\partial z}{\partial y}\mathrm{d}y. \tag{8-12}$$

证（1）由已知条件，在式 $(8-9)$ 中，令 $\Delta x \to 0, \Delta y \to 0$，即 $\rho \to 0$，则 $\Delta z \to 0$. 再由式 $(8-8)$，即得

$$\lim_{\substack{\Delta x \to 0 \\ \Delta y \to 0}} f(x + \Delta x, y + \Delta y) = f(x, y).$$

因此，$f(x, y)$ 在点 (x, y) 处连续.

（2）在式 $(8-9)$ 中，令 $\Delta y = 0, \Delta x \neq 0, \rho = |\Delta x|$，有

$$f(x + \Delta x, y) - f(x, y) = A\Delta x + o(|\Delta x|).$$

上式两边各除以 Δx，再令 $\Delta x \to 0$ 而取极限，则可得到

$$\lim_{\Delta x \to 0} \frac{f(x + \Delta x, y) - f(x, y)}{\Delta x} = \lim_{\Delta x \to 0}\left[A + \frac{o(|\Delta x|)}{\Delta x}\right] = A,$$

从而 $\dfrac{\partial z}{\partial x}$ 存在，且 $\dfrac{\partial z}{\partial x} = A$.

同理，$\dfrac{\partial z}{\partial y}$ 存在，且 $\dfrac{\partial z}{\partial y} = B$. 所以 $\mathrm{d}z = \dfrac{\partial z}{\partial x}\mathrm{d}x + \dfrac{\partial z}{\partial y}\mathrm{d}y$.

注 偏导数 $\dfrac{\partial z}{\partial x}, \dfrac{\partial z}{\partial y}$ 存在是可微的必要条件，但不是充分条件（见本节例1）. 这要与一元函数区分开来，一元函数可微与可导是等价的.

例 1 考察函数

$$f(x, y) = \begin{cases} \dfrac{xy}{\sqrt{x^2 + y^2}}, & (x, y) \neq (0, 0), \\ 0, & (x, y) = (0, 0) \end{cases}$$

在点 $(0, 0)$ 处的偏导数、连续性和可微性.

解（1）由 §8.2 的例7，同理可得函数 $f(x, y)$ 在点 $(0, 0)$ 处的偏导数存在，且为 $f_x(0, 0) = 0, f_y(0, 0) = 0$.

（2）因

$$0 \leqslant \left| \frac{xy}{\sqrt{x^2+y^2}} \right| \leqslant \frac{1}{2} \cdot \frac{x^2+y^2}{\sqrt{x^2+y^2}} = \frac{1}{2}\sqrt{x^2+y^2}, \quad \text{且} \quad \lim_{\substack{x \to 0 \\ y \to 0}} \frac{1}{2}\sqrt{x^2+y^2} = 0,$$

故 $\lim\limits_{\substack{x \to 0 \\ y \to 0}} f(x,y) = 0 = f(0,0)$. 所以 $f(x,y)$ 在点 $(0,0)$ 处连续.

(3) 因为当 $(\Delta x, \Delta y)$ 沿直线 $y = x$ 趋向于 $(0,0)$ 时,

$$\begin{aligned}
\frac{\Delta z - [f_x(0,0)\Delta x + f_y(0,0)\Delta y]}{\rho} &= \frac{\Delta x \Delta y}{(\Delta x)^2 + (\Delta y)^2} \\
&= \frac{\Delta x \Delta x}{(\Delta x)^2 + (\Delta x)^2} \\
&= \frac{1}{2} \neq 0,
\end{aligned}$$

可知 $\Delta z - [f_x(0,0)\Delta x + f_y(0,0)\Delta y]$ 不是较 ρ 高阶的无穷小, 所以 $f(x,y)$ 在点 $(0,0)$ 处不可微.

由此可见, 对多元函数而言, 偏导数存在并不一定可微. 因为函数的偏导数仅描述了函数在一点处沿坐标轴方向的变化率, 而全微分描述了函数沿各个方向的变化情况. 但如果对偏导数再加些条件, 就可以保证函数的可微性.

一般地, 有如下定理.

定理 2（充分条件）　如果函数 $z = f(x,y)$ 的偏导数 $\dfrac{\partial z}{\partial x}$, $\dfrac{\partial z}{\partial y}$ 在点 (x,y) 处连续, 则 $z = f(x,y)$ 在点 (x,y) 处可微.

定理 2 的证明需要用到拉格朗日中值定理, 此处从略（可参考相关教材）.

8.3.3　全微分的计算

由定理 1 的式 $(8-12)$ 可知, 二元函数全微分的计算实质就是计算两个偏导数, 再分别与两个自变量微分的乘积之和.

关于二元函数全微分的定义和可微的必要条件及充分条件, 可以类似地推广到三元及三元以上的多元函数中去. 例如, 三元函数 $u = f(x,y,z)$ 的全微分可表示为

$$\mathrm{d}u = \frac{\partial u}{\partial x}\mathrm{d}x + \frac{\partial u}{\partial y}\mathrm{d}y + \frac{\partial u}{\partial z}\mathrm{d}z. \tag{8-13}$$

例 2　求函数 $z = 2xy^3 - x^2y^6$ 的全微分.

解　因为

$$\frac{\partial z}{\partial x} = 2y^3 - 2xy^6, \quad \frac{\partial z}{\partial y} = 6xy^2 - 6x^2y^5,$$

所以

$$dz = 2y^3(1-xy^3)dx + 6xy^2(1-xy^3)dy.$$

例 3 求函数 $z = e^{xy}$ 在点 $(1,2)$ 处的全微分.

解 因为

$$\frac{\partial z}{\partial x} = ye^{xy}, \quad \frac{\partial z}{\partial y} = xe^{xy},$$

则

$$\frac{\partial z}{\partial x}\bigg|_{\substack{x=1\\y=2}} = 2e^2, \quad \frac{\partial z}{\partial y}\bigg|_{\substack{x=1\\y=2}} = e^2,$$

所以

$$dz = 2e^2 dx + e^2 dy.$$

例 4 求函数 $u = xy + \cos 2y + e^{yz}$ 的全微分.

解 因

$$\frac{\partial u}{\partial x} = y, \quad \frac{\partial u}{\partial y} = x - 2\sin 2y + ze^{yz}, \quad \frac{\partial u}{\partial z} = ye^{yz},$$

故

$$du = ydx + (x - 2\sin 2y + ze^{yz})dy + ye^{yz}dz.$$

8.3.4 全微分在近似计算中的应用

由二元函数 $z = f(x,y)$ 全微分的定义及全微分存在的充分条件可知,如果二元函数 $z = f(x,y)$ 在点 $P(x,y)$ 处的两个偏导数 $f_x(x,y), f_y(x,y)$ 连续,且 $|\Delta x|, |\Delta y|$ 都较小,则有近似式

$$\Delta z \approx dz,$$

即

$$\Delta z \approx f_x(x,y)\Delta x + f_y(x,y)\Delta y.$$

由 $\Delta z = f(x+\Delta x, y+\Delta y) - f(x,y)$,即可得到近似计算公式

$$f(x+\Delta x, y+\Delta y) \approx f(x,y) + f_x(x,y)\Delta x + f_y(x,y)\Delta y. \quad (8-14)$$

例 5 计算 $(1.05)^{3.02}$ 的近似值.

解 设函数 $f(x,y) = x^y$. 因 $x=1, y=3, \Delta x = 0.05, \Delta y = 0.02$,则

$$f(1,3) = 1^3 = 1, \quad f_x(x,y) = yx^{y-1}, \quad f_y(x,y) = x^y\ln x,$$

$$f_x(1,3) = 3, \quad f_y(1,3) = 0,$$

故由近似计算公式 $(8-14)$,得

$$(1.05)^{3.02} \approx 1 + 3 \times 0.05 + 0 \times 0.02 = 1.15.$$

注 若用计算器计算,取小数点后 5 位,$(1.05)^{3.02}$ 的值为 1.158 76.

例 6 设计一个无盖的混凝土圆柱形蓄水池,要求内径 3 m,高 4 m,厚度 0.1 m,问大约需要多少立方米的混凝土?

解 设圆柱的直径和高分别用 x,y(单位:m)表示,则其体积为

$$V = f(x,y) = \pi\left(\frac{x}{2}\right)^2 y = \frac{1}{4}\pi x^2 y.$$

于是,将所需的混凝土量看作当 $x + \Delta x = 3 + 2 \times 0.1, y + \Delta y = 4 + 0.1$ 与 $x = 3, y = 4$ 时的两个圆柱体的体积之差 ΔV(不考虑底部的混凝土),因此可用近似计算公式

$$\Delta V \approx dV = f_x(x,y)\Delta x + f_y(x,y)\Delta y.$$

又 $f_x(x,y) = \frac{1}{2}\pi xy, f_y(x,y) = \frac{1}{4}\pi x^2$,代入 $x = 3, y = 4, \Delta x = 0.2, \Delta y = 0.1$,得到

$$\Delta V \approx dV = \frac{1}{2}\pi \times 3 \times 4 \times 0.2 + \frac{1}{4}\pi \times 3^2 \times 0.1$$

$$= 1.425\pi \approx 4.477(\mathrm{m}^3).$$

因此,大约需要 4.477 m³ 的混凝土.

习题 8 - 3

1. 求下列函数的全微分:

    (1) $z = 4xy^3 + 5x^2y^6$;   (2) $z = \sqrt{1 - x^2 - y^2}$;

    (3) $u = \ln(x - yz)$;   (4) $u = x + \sin\dfrac{y}{2} + e^{yz}$.

2. 求函数 $z = x^y$ 在点 $(3,1)$ 处的全微分.

3. 求函数 $z = xy$ 在点 $(2,3)$ 处关于 $\Delta x = 0.1, \Delta y = 0.2$ 的全增量与全微分.

4. 计算 $(1.04)^{2.02}$ 的近似值.

5. 设有一个无盖圆柱形玻璃容器,容器的内高为 20 cm,内半径为 4 cm,容器的壁与底的厚度均为 0.1 cm,求容器外壳体积的近似值.

§8.4 多元复合函数与隐函数的微分法

 8.4.1 多元复合函数微分法

在一元函数微分学中，求复合函数导数的链式法则有着直观而重要的作用（参考上册第 3 章 §3.2），现将其推广到多元复合函数的情形. 下面分几种情形来讨论.

1. 复合函数的中间变量为一元函数的情形

定理 1 如果函数 $u = u(t)$，$v = v(t)$ 都在点 t 处可导，函数 $z = f(u,v)$ 在对应点 (u,v) 处具有连续偏导数，则复合函数 $z = f(u(t),v(t))$ 在点 t 处可导，且有

$$\frac{\mathrm{d}z}{\mathrm{d}t} = \frac{\partial z}{\partial u} \cdot \frac{\mathrm{d}u}{\mathrm{d}t} + \frac{\partial z}{\partial v} \cdot \frac{\mathrm{d}v}{\mathrm{d}t}. \tag{8-15}$$

证 因为 $z = f(u,v)$ 具有连续偏导数，所以它是可微的，即有

$$\mathrm{d}z = \frac{\partial z}{\partial u}\mathrm{d}u + \frac{\partial z}{\partial v}\mathrm{d}v.$$

又因为 $u = u(t)$ 及 $v = v(t)$ 都可导，因而可微，即有

$$\mathrm{d}u = \frac{\mathrm{d}u}{\mathrm{d}t}\mathrm{d}t, \quad \mathrm{d}v = \frac{\mathrm{d}v}{\mathrm{d}t}\mathrm{d}t,$$

代入上式，得

$$\mathrm{d}z = \frac{\partial z}{\partial u} \cdot \frac{\mathrm{d}u}{\mathrm{d}t}\mathrm{d}t + \frac{\partial z}{\partial v} \cdot \frac{\mathrm{d}v}{\mathrm{d}t}\mathrm{d}t = \left(\frac{\partial z}{\partial u} \cdot \frac{\mathrm{d}u}{\mathrm{d}t} + \frac{\partial z}{\partial v} \cdot \frac{\mathrm{d}v}{\mathrm{d}t}\right)\mathrm{d}t,$$

从而

$$\frac{\mathrm{d}z}{\mathrm{d}t} = \frac{\partial z}{\partial u} \cdot \frac{\mathrm{d}u}{\mathrm{d}t} + \frac{\partial z}{\partial v} \cdot \frac{\mathrm{d}v}{\mathrm{d}t}.$$

定理 1 中的函数 z 通过中间变量 u,v 与自变量 t 相关联，其复合关系如图 8-7 所示.

图 8-7

定理 1 可推广到中间变量多于两个的情形. 设 $z = f(u,v,w)$，$u = u(t)$，$v = v(t)$，$w = w(t)$，则 $z = f(u(t),v(t),w(t))$ 对 t 的导数为

$$\frac{\mathrm{d}z}{\mathrm{d}t} = \frac{\partial z}{\partial u} \cdot \frac{\mathrm{d}u}{\mathrm{d}t} + \frac{\partial z}{\partial v} \cdot \frac{\mathrm{d}v}{\mathrm{d}t} + \frac{\partial z}{\partial w} \cdot \frac{\mathrm{d}w}{\mathrm{d}t}. \tag{8-16}$$

公式(8-15)和公式(8-16)中的导数$\dfrac{\mathrm{d}z}{\mathrm{d}t}$称为**全导数**.

例1 设函数$z=u\ln v$,而$u=\sin t$,$v=\cos t$,求全导数$\dfrac{\mathrm{d}z}{\mathrm{d}t}$.

解 因为

$$\frac{\partial z}{\partial u}=\ln v,\quad \frac{\partial z}{\partial v}=\frac{u}{v},\quad \frac{\mathrm{d}u}{\mathrm{d}t}=\cos t,\quad \frac{\mathrm{d}v}{\mathrm{d}t}=-\sin t,$$

所以由公式(8-15)得到

$$\frac{\mathrm{d}z}{\mathrm{d}t}=\frac{\partial z}{\partial u}\cdot\frac{\mathrm{d}u}{\mathrm{d}t}+\frac{\partial z}{\partial v}\cdot\frac{\mathrm{d}v}{\mathrm{d}t}=\ln v\cdot\cos t-\frac{u}{v}\sin t$$

$$=\cos t\cdot\ln(\cos t)-\tan t\cdot\sin t.$$

例2 设函数$z=u^2 v\sin t$,而$u=\mathrm{e}^t$,$v=\cos t$,求全导数$\dfrac{\mathrm{d}z}{\mathrm{d}t}$.

解

$$\frac{\mathrm{d}z}{\mathrm{d}t}=\frac{\partial z}{\partial u}\cdot\frac{\mathrm{d}u}{\mathrm{d}t}+\frac{\partial z}{\partial v}\cdot\frac{\mathrm{d}v}{\mathrm{d}t}+\frac{\partial z}{\partial t}$$

$$=2uv\sin t\cdot\mathrm{e}^t+u^2\sin t(-\sin t)+u^2 v\cos t$$

$$=2\mathrm{e}^t\cos t\cdot\sin t\cdot\mathrm{e}^t-\mathrm{e}^{2t}\sin^2 t+\mathrm{e}^{2t}\cos^2 t$$

$$=\mathrm{e}^{2t}(\cos 2t+\sin 2t).$$

2. 复合函数的中间变量均为多元函数的情形

定理2 如果函数$u=u(x,y)$,$v=v(x,y)$都在点(x,y)处具有对x及y的偏导数,函数$z=f(u,v)$在对应点(u,v)处具有连续偏导数,则复合函数$z=f(u(x,y),v(x,y))$在点(x,y)处的两个偏导数存在,且有

$$\frac{\partial z}{\partial x}=\frac{\partial z}{\partial u}\cdot\frac{\partial u}{\partial x}+\frac{\partial z}{\partial v}\cdot\frac{\partial v}{\partial x},\tag{8-17}$$

$$\frac{\partial z}{\partial y}=\frac{\partial z}{\partial u}\cdot\frac{\partial u}{\partial y}+\frac{\partial z}{\partial v}\cdot\frac{\partial v}{\partial y}.\tag{8-18}$$

定理2中的函数z通过中间变量u,v与自变量x,y相关联,其复合关系如图8-8所示.

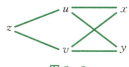

图8-8

定理2可看作定理1的推广,若将公式(8-15)中的t分别换成x和y,微分符号d换成∂,则立即得到公式(8-17)和公式(8-18).这再次提醒我们,如果函数的自变量只有一个,则求导时要用微分符号d;否则,就要用符号∂.

例 3 设函数 $z = e^u \sin v$，而 $u = xy, v = x + y$，求 $\dfrac{\partial z}{\partial x}$ 和 $\dfrac{\partial z}{\partial y}$.

解 直接应用公式（8 - 17）、公式（8 - 18），得

$$\frac{\partial z}{\partial x} = \frac{\partial z}{\partial u} \cdot \frac{\partial u}{\partial x} + \frac{\partial z}{\partial v} \cdot \frac{\partial v}{\partial x} = e^u \sin v \cdot y + e^u \cos v \cdot 1$$

$$= e^u (y \sin v + \cos v) = e^{xy}[y \sin(x + y) + \cos(x + y)],$$

$$\frac{\partial z}{\partial y} = \frac{\partial z}{\partial u} \cdot \frac{\partial u}{\partial y} + \frac{\partial z}{\partial v} \cdot \frac{\partial v}{\partial y} = e^u \sin v \cdot x + e^u \cos v \cdot 1$$

$$= e^u (x \sin v + \cos v) = e^{xy}[x \sin(x + y) + \cos(x + y)].$$

例 4 设函数 $z = x^n f\left(\dfrac{y}{x^2}\right)$，其中 f 是可微函数，证明：$x \dfrac{\partial z}{\partial x} + 2y \dfrac{\partial z}{\partial y} = nz$.

证 由 $z = x^n f\left(\dfrac{y}{x^2}\right)$，令 $u = \dfrac{y}{x^2}$，则 $\dfrac{\partial u}{\partial x} = -\dfrac{2y}{x^3}, \dfrac{\partial u}{\partial y} = \dfrac{1}{x^2}$. 因此

$$\frac{\partial z}{\partial x} = nx^{n-1} f(u) + x^n f'(u) \cdot \frac{\partial u}{\partial x}$$

$$= nx^{n-1} f(u) + x^n f'(u) \cdot \left(-\frac{2y}{x^3}\right),$$

$$\frac{\partial z}{\partial y} = x^n f'(u) \cdot \frac{\partial u}{\partial y} = x^n f'(u) \cdot \frac{1}{x^2},$$

所以

$$x \frac{\partial z}{\partial x} + 2y \frac{\partial z}{\partial y} = x \left[nx^{n-1} f(u) + x^n f'(u) \cdot \left(-\frac{2y}{x^3}\right)\right] + 2y \left[x^n f'(u) \cdot \frac{1}{x^2}\right]$$

$$= nx^n f(u) = nz.$$

定理 2 可进一步推广到多个中间变量的情形. 设 $z = f(u, v, w), u = u(x, y), v = v(x, y), w = w(x, y)$，则

$$\frac{\partial z}{\partial x} = \frac{\partial z}{\partial u} \cdot \frac{\partial u}{\partial x} + \frac{\partial z}{\partial v} \cdot \frac{\partial v}{\partial x} + \frac{\partial z}{\partial w} \cdot \frac{\partial w}{\partial x},$$

$$\frac{\partial z}{\partial y} = \frac{\partial z}{\partial u} \cdot \frac{\partial u}{\partial y} + \frac{\partial z}{\partial v} \cdot \frac{\partial v}{\partial y} + \frac{\partial z}{\partial w} \cdot \frac{\partial w}{\partial y}.$$

特别地，当 $v = x, w = y$ 时，$z = f(u(x, y), x, y)$ 对 x 和 y 的偏导数为

$$\frac{\partial z}{\partial x} = \frac{\partial f}{\partial u} \cdot \frac{\partial u}{\partial x} + \frac{\partial f}{\partial x}, \quad \frac{\partial z}{\partial y} = \frac{\partial f}{\partial u} \cdot \frac{\partial u}{\partial y} + \frac{\partial f}{\partial y}.$$

注 这里 $\dfrac{\partial z}{\partial x}$ 与 $\dfrac{\partial f}{\partial x}$ 是不同的，$\dfrac{\partial z}{\partial x}$ 是把复合函数 $z = f(u(x, y), x, y)$ 中的 y 看作常数而对 x 的偏导数，$\dfrac{\partial f}{\partial x}$ 是把函数 $z = f(u, x, y)$ 中的 u 及 y 看作常数而对 x 的偏导数. $\dfrac{\partial z}{\partial y}$ 与 $\dfrac{\partial f}{\partial y}$ 也有类似的区别.

例 5 设函数 $u = f(x,y,z) = \mathrm{e}^{x^2+y^2+z^2}, z = x^2 \sin y,$ 求 $\dfrac{\partial u}{\partial x}$ 和 $\dfrac{\partial u}{\partial y}$.

解 $\dfrac{\partial u}{\partial x} = \dfrac{\partial f}{\partial x} + \dfrac{\partial f}{\partial z} \cdot \dfrac{\partial z}{\partial x} = 2x\,\mathrm{e}^{x^2+y^2+z^2} + 2z\mathrm{e}^{x^2+y^2+z^2} \cdot 2x \sin y$

$\qquad = 2x(1+2x^2\sin^2 y)\mathrm{e}^{x^2+y^2+x^4\sin^2 y},$

$\dfrac{\partial u}{\partial y} = \dfrac{\partial f}{\partial y} + \dfrac{\partial f}{\partial z} \cdot \dfrac{\partial z}{\partial y} = 2y\mathrm{e}^{x^2+y^2+z^2} + 2z\mathrm{e}^{x^2+y^2+z^2} \cdot x^2 \cos y$

$\qquad = 2(y + x^4 \sin y \cos y)\mathrm{e}^{x^2+y^2+x^4\sin^2 y}.$

定理 2 还可推广到多个中间变量是三元及三元以上函数的情形. 设 $w = f(u,v), u = u(x,y,z), v = v(x,y,z),$ 则

$$\frac{\partial w}{\partial x} = \frac{\partial w}{\partial u} \cdot \frac{\partial u}{\partial x} + \frac{\partial w}{\partial v} \cdot \frac{\partial v}{\partial x},$$

$$\frac{\partial w}{\partial y} = \frac{\partial w}{\partial u} \cdot \frac{\partial u}{\partial y} + \frac{\partial w}{\partial v} \cdot \frac{\partial v}{\partial y},$$

$$\frac{\partial w}{\partial z} = \frac{\partial w}{\partial u} \cdot \frac{\partial u}{\partial z} + \frac{\partial w}{\partial v} \cdot \frac{\partial v}{\partial z}.$$

例 6 设函数 $w = f(x+y+z, xyz), f$ 具有二阶连续偏导数, 求 $\dfrac{\partial w}{\partial x}$ 及 $\dfrac{\partial^2 w}{\partial x \partial z}$.

解 令 $u = x + y + z, v = xyz,$ 则 $w = f(u,v).$

引入记号: $f_1 = \dfrac{\partial f(u,v)}{\partial u}, f_{12} = \dfrac{\partial^2 f(u,v)}{\partial u \partial v},$ 其中下标 1 表示对第 1 个变量 u 求偏导数, 下标 2 表示对第 2 个变量 v 求偏导数. 同理有 f_2, f_{11}, f_{22} 等 (这种记号的好处是简便, 不必写出中间变量).

由定理 2 可得

$$\frac{\partial w}{\partial x} = \frac{\partial f}{\partial u} \cdot \frac{\partial u}{\partial x} + \frac{\partial f}{\partial v} \cdot \frac{\partial v}{\partial x} = f_1 + yz f_2.$$

上式再对变量 z 求偏导数, 得到

$$\frac{\partial^2 w}{\partial x \partial z} = \frac{\partial}{\partial z}(f_1 + yz f_2) = \frac{\partial f_1}{\partial z} + yf_2 + yz \frac{\partial f_2}{\partial z}.$$

又

$$\frac{\partial f_1}{\partial z} = \frac{\partial f_1}{\partial u} \cdot \frac{\partial u}{\partial z} + \frac{\partial f_1}{\partial v} \cdot \frac{\partial v}{\partial z} = f_{11} + xy f_{12},$$

$$\frac{\partial f_2}{\partial z} = \frac{\partial f_2}{\partial u} \cdot \frac{\partial u}{\partial z} + \frac{\partial f_2}{\partial v} \cdot \frac{\partial v}{\partial z} = f_{21} + xy f_{22},$$

代入得到

$$\frac{\partial^2 w}{\partial x \partial z} = f_{11} + xyf_{12} + yf_2 + yzf_{21} + xy^2zf_{22}$$

$$= f_{11} + y(x+z)f_{12} + yf_2 + xy^2zf_{22}.$$

3. 复合函数的中间变量既有一元又有多元函数的情形

定理 3 如果函数 $u = u(x,y)$ 在点 (x,y) 处具有对 x 及 y 的偏导数，函数 $v = v(y)$ 在点 y 处可导，函数 $z = f(u,v)$ 在对应点 (u,v) 处具有连续偏导数，则复合函数 $z = f(u(x,y),v(y))$ 在对应点 (x,y) 处的两个偏导数存在，且有

$$\frac{\partial z}{\partial x} = \frac{\partial z}{\partial u} \cdot \frac{\partial u}{\partial x}, \tag{8-19}$$

$$\frac{\partial z}{\partial y} = \frac{\partial z}{\partial u} \cdot \frac{\partial u}{\partial y} + \frac{\partial z}{\partial v} \cdot \frac{dv}{dy}. \tag{8-20}$$

情形 3 可看作情形 2 的特例，在公式（8-17）中，若 v 与 x 无关，则 $\frac{\partial v}{\partial x} = 0$，从而公式（8-17）变成了公式（8-19）；在公式（8-18）中，若函数 $v = v(y)$ 是一元函数，则 $\frac{\partial v}{\partial y}$ 换成 $\frac{dv}{dy}$，从而公式（8-18）变成了公式（8-20）.

例 7 求函数 $z = (3x^2 + y^2)^{\cos2y}$ 的偏导数.

解 设 $u = 3x^2 + y^2, v = \cos2y$，则 $z = u^v$，且

$$\frac{\partial z}{\partial u} = v \cdot u^{v-1}, \quad \frac{\partial z}{\partial v} = u^v \cdot \ln u,$$

$$\frac{\partial u}{\partial x} = 6x, \quad \frac{\partial u}{\partial y} = 2y, \quad \frac{dv}{dy} = -2\sin2y,$$

则

$$\frac{\partial z}{\partial x} = \frac{\partial z}{\partial u} \cdot \frac{\partial u}{\partial x} = v \cdot u^{v-1} \cdot 6x = 6x(3x^2+y^2)^{\cos2y-1}\cos2y,$$

$$\frac{\partial z}{\partial y} = \frac{\partial z}{\partial u} \cdot \frac{\partial u}{\partial y} + \frac{\partial z}{\partial v} \cdot \frac{dv}{dy} = v \cdot u^{v-1} \cdot 2y + u^v \cdot \ln u \cdot (-2\sin2y)$$

$$= 2y(3x^2+y^2)^{\cos2y-1}\cos2y - 2(3x^2+y^2)^{\cos2y}\sin2y \cdot \ln(3x^2+y^2).$$

8.4.2　全微分形式不变性

由 §8.3 全微分的定义与计算可知，如果函数 $z = f(u,v)$ 具有连续偏导数，则有全微分

$$dz = \frac{\partial z}{\partial u}du + \frac{\partial z}{\partial v}dv.$$

如果 $z = f(u,v)$ 具有连续偏导数, 而 $u = u(x,y), v = v(x,y)$ 也具有连续偏导数, 则

$$dz = \frac{\partial z}{\partial x}dx + \frac{\partial z}{\partial y}dy$$

$$= \left(\frac{\partial z}{\partial u} \cdot \frac{\partial u}{\partial x} + \frac{\partial z}{\partial v} \cdot \frac{\partial v}{\partial x}\right)dx + \left(\frac{\partial z}{\partial u} \cdot \frac{\partial u}{\partial y} + \frac{\partial z}{\partial v} \cdot \frac{\partial v}{\partial y}\right)dy$$

$$= \frac{\partial z}{\partial u}\left(\frac{\partial u}{\partial x}dx + \frac{\partial u}{\partial y}dy\right) + \frac{\partial z}{\partial v}\left(\frac{\partial v}{\partial x}dx + \frac{\partial v}{\partial y}dy\right)$$

$$= \frac{\partial z}{\partial u}du + \frac{\partial z}{\partial v}dv.$$

由此可见, 无论 z 是自变量 u, v 的函数或中间变量 u, v 的函数, 它的全微分形式是一样的. 这个性质叫作**全微分形式不变性**.

例8 利用全微分形式不变性解本节的例3. 即设函数 $z = e^u \sin v$, 而 $u = xy, v = x + y$, 求 $\frac{\partial z}{\partial x}$ 和 $\frac{\partial z}{\partial y}$.

解 因为

$$dz = d(e^u \sin v) = e^u \sin v \, du + e^u \cos v \, dv.$$

又 $du = d(xy) = y dx + x dy, dv = d(x+y) = dx + dy$, 将其代入上式后合并含 dx 及 dy 的项, 得

$$dz = (e^u \sin v \cdot y + e^u \cos v)dx + (e^u \sin v \cdot x + e^u \cos v)dy,$$

即

$$\frac{\partial z}{\partial x}dx + \frac{\partial z}{\partial y}dy = e^{xy}[y \sin(x+y) + \cos(x+y)]dx$$
$$+ e^{xy}[x \sin(x+y) + \cos(x+y)]dy.$$

比较上式两边的 dx, dy 的系数, 得

$$\frac{\partial z}{\partial x} = e^{xy}[y \sin(x+y) + \cos(x+y)],$$

$$\frac{\partial z}{\partial y} = e^{xy}[x \sin(x+y) + \cos(x+y)].$$

它们与例3的结果一样.

例9 已知 $e^{-xy} - z^2 + e^z = 0$, 求 $\frac{\partial z}{\partial x}$ 和 $\frac{\partial z}{\partial y}$.

解 因为 $d(e^{-xy} - z^2 + e^z) = 0$, 所以

$$e^{-xy}d(-xy) - 2z dz + e^z dz = 0,$$
$$(e^z - 2z)dz = e^{-xy}(y dx + x dy),$$
$$dz = \frac{y e^{-xy}}{e^z - 2z}dx + \frac{x e^{-xy}}{e^z - 2z}dy.$$

故所求偏导数为

$$\frac{\partial z}{\partial x} = \frac{y e^{-xy}}{e^z - 2z}, \quad \frac{\partial z}{\partial y} = \frac{x e^{-xy}}{e^z - 2z}.$$

*8.4.3　隐函数微分法

在一元函数微分学中,已经知道由形如 $F(x,y)=0$ 的方程所确定的函数 $y=f(x)$ 称为隐函数,其求导的方法是利用复合函数的求导法则,不必经过显化而直接由方程求出导数(参见上册第 3 章 §3.3).这里将进一步从理论上阐明隐函数的存在性,并通过多元复合函数的求导法则建立隐函数的求导公式,给出一套所谓的"隐式"求导法.

定理 4（隐函数存在定理）　设函数 $F(x,y)$ 在点 $P(x_0,y_0)$ 的某一邻域内具有连续偏导数 F_x,F_y,且 $F_y(x_0,y_0)\neq 0,F(x_0,y_0)=0$,则方程 $F(x,y)=0$ 在点 $P(x_0,y_0)$ 的某一邻域内恒能唯一确定一个连续且具有连续导数的函数 $y=f(x)$,它满足 $y_0=f(x_0)$,并有

$$\frac{\mathrm{d}y}{\mathrm{d}x} = -\frac{F_x}{F_y}. \tag{8-21}$$

定理 4 的证明难点在于证明 $y=f(x)$ 存在且可微,这一部分的证明从略.至于公式(8-21)的推导则不困难:将等式 $F(x,f(x))=0$ 的左边看成 x 的复合函数,求其全导数,利用公式(8-15)可得

$$F_x + F_y \cdot \frac{\mathrm{d}y}{\mathrm{d}x} = 0.$$

由于 F_y 连续,且 $F_y(x_0,y_0)\neq 0$,因此存在 (x_0,y_0) 的一个邻域,在这个邻域内有 $F_y\neq 0$,于是得到

$$\frac{\mathrm{d}y}{\mathrm{d}x} = -\frac{F_x}{F_y}.$$

例 10　求由方程 $xy + e^{-x} - e^y = 0$ 所确定的隐函数 y 的导数 $\dfrac{\mathrm{d}y}{\mathrm{d}x}, \dfrac{\mathrm{d}y}{\mathrm{d}x}\Big|_{x=0}$.

解　此题在上册第 3 章 §3.3 例 2 中的解决方法是两边求导,这里直接用公式求之.令 $F = xy + e^{-x} - e^y$,则

$$F_x = y - e^{-x}, \quad F_y = x - e^y,$$

故

$$\frac{\mathrm{d}y}{\mathrm{d}x} = -\frac{F_x}{F_y} = \frac{e^{-x} - y}{x - e^y}.$$

由原方程知,$x=0$ 时,$y=0$,所以

$$\frac{\mathrm{d}y}{\mathrm{d}x}\bigg|_{x=0} = \frac{e^{-x}-y}{x-e^y}\bigg|_{\substack{x=0\\y=0}} = -1.$$

公式(8-21) 可往以下两个方向推广.

一是应用于 F 含两个以上变量的情况. 例如, 若方程 $F(x,y,z)=0$ 确定隐函数 $z=f(x,y)$, 则分别将 y 和 x 看作常数, 应用公式(8-21) 得到

$$\frac{\partial z}{\partial x} = -\frac{F_x}{F_z}, \quad \frac{\partial z}{\partial y} = -\frac{F_y}{F_z}, \tag{8-22}$$

其中 F_x 表示函数 $F(x,y,z)$ 对 x 求偏导数, F_y 与 F_z 的含义类似.

二是推广到由方程组确定的隐函数. 例如, 设由方程组

$$\begin{cases} F(x,u,v)=0, \\ G(x,u,v)=0 \end{cases}$$

确定一组隐函数 $u=u(x), v=v(x)$, 则与公式(8-21) 相应的求导公式为

$$\frac{\mathrm{d}u}{\mathrm{d}x} = -\frac{1}{J}\begin{vmatrix} F_x & F_v \\ G_x & G_v \end{vmatrix}, \quad \frac{\mathrm{d}v}{\mathrm{d}x} = -\frac{1}{J}\begin{vmatrix} F_u & F_x \\ G_u & G_x \end{vmatrix}, \tag{8-23}$$

其中行列式 $J = \begin{vmatrix} F_u & F_v \\ G_u & G_v \end{vmatrix} \neq 0$, 称 J 为**雅可比**(Jacobi) **行列式**.

注 行列式为算式 $\begin{vmatrix} a & b \\ c & d \end{vmatrix} = ad - bc.$

公式(8-22) 和公式(8-23) 成立的条件可类比隐函数存在定理导出, 这里不再详述. 事实上, 公式(8-22) 成立的证明比较简单: 将 $z=f(x,y)$ 代入 $F(x,y,z)=0$, 得 $F(x,y,f(x,y))\equiv 0$, 将上式两边分别对 x 和 y 求导, 得

$$F_x + F_z \cdot \frac{\partial z}{\partial x} = 0, \quad F_y + F_z \cdot \frac{\partial z}{\partial y} = 0.$$

移项即可证得公式(8-22).

公式(8-23) 的成立可由两个方程分别对 x 求偏导数而得到

$$\begin{cases} F_x + F_u \cdot \dfrac{\mathrm{d}u}{\mathrm{d}x} + F_v \cdot \dfrac{\mathrm{d}v}{\mathrm{d}x} = 0, \\[2mm] G_x + G_u \cdot \dfrac{\mathrm{d}u}{\mathrm{d}x} + G_v \cdot \dfrac{\mathrm{d}v}{\mathrm{d}x} = 0. \end{cases}$$

对上面的方程组按解二元一次方程组的方法, 求出导数 $\dfrac{\mathrm{d}u}{\mathrm{d}x}, \dfrac{\mathrm{d}v}{\mathrm{d}x}$.

公式(8-23) 还可推广到 u 和 v 是二元函数的情形, 即 $u=u(x,y), v=v(x,y)$, 在此不再赘述.

例 11 求由方程 $\dfrac{x}{z} = \ln\dfrac{z}{y}$ 所确定的隐函数 $z = f(x, y)$ 的偏导数 $\dfrac{\partial z}{\partial x}, \dfrac{\partial z}{\partial y}$.

解 令 $F(x, y, z) = \dfrac{x}{z} - \ln\dfrac{z}{y} = \dfrac{x}{z} - \ln z + \ln y$，则

$$F_x = \frac{1}{z}, \quad F_y = \frac{1}{y}, \quad F_z = -\frac{x}{z^2} - \frac{1}{z} = -\frac{x+z}{z^2}.$$

利用公式（8-22），得

$$\frac{\partial z}{\partial x} = -\frac{F_x}{F_z} = \frac{z}{x+z}, \quad \frac{\partial z}{\partial y} = -\frac{F_y}{F_z} = \frac{z^2}{y(x+z)}.$$

例 12 设函数 $z = f(x+y+z, xyz)$，求 $\dfrac{\partial z}{\partial x}, \dfrac{\partial z}{\partial y}$.

解 1 令 $F(x, y, z) = z - f(x+y+z, xyz)$，则

$$F_x = -f_1 - yzf_2, \quad F_y = -f_1 - xzf_2, \quad F_z = 1 - f_1 - xyf_2.$$

利用公式（8-22），得

$$\frac{\partial z}{\partial x} = -\frac{F_x}{F_z} = \frac{f_1 + yzf_2}{1 - f_1 - xyf_2}, \quad \frac{\partial z}{\partial y} = -\frac{F_y}{F_z} = \frac{f_1 + xzf_2}{1 - f_1 - xyf_2}.$$

解 2 将 z 看成 x, y 的函数，直接对 $z = f(x+y+z, xyz)$ 求关于 x 的偏导数，得

$$\frac{\partial z}{\partial x} = f_1 \cdot \left(1 + \frac{\partial z}{\partial x}\right) + f_2 \cdot \left(yz + xy\,\frac{\partial z}{\partial x}\right),$$

解得

$$\frac{\partial z}{\partial x} = \frac{f_1 + yzf_2}{1 - f_1 - xyf_2}.$$

同理，可得

$$\frac{\partial z}{\partial y} = \frac{f_1 + xzf_2}{1 - f_1 - xyf_2}.$$

注 在实际应用中，求由方程所确定的多元函数的偏导数时，不一定非得套公式，尤其在方程中含有抽象函数时，利用求偏导或求微分的过程则更为清楚.

例 13 设方程 $x + y - z = e^z$ 确定了隐函数 $z = z(x, y)$，求 $\dfrac{\partial^2 z}{\partial x^2}, \dfrac{\partial^2 z}{\partial x \partial y}, \dfrac{\partial^2 z}{\partial y^2}$.

解 方程两边分别对 x 和对 y 求偏导，得

$$1 - \frac{\partial z}{\partial x} = e^z\,\frac{\partial z}{\partial x}, \quad 1 - \frac{\partial z}{\partial y} = e^z\,\frac{\partial z}{\partial y},$$

解得

$$\frac{\partial z}{\partial x}=\frac{1}{\mathrm{e}^z+1}, \quad \frac{\partial z}{\partial y}=\frac{1}{\mathrm{e}^z+1}.$$

所以

$$\frac{\partial^2 z}{\partial x^2}=\frac{\partial}{\partial x}\left(\frac{\partial z}{\partial x}\right)=-\frac{1}{(\mathrm{e}^z+1)^2}\cdot \mathrm{e}^z\cdot\frac{\partial z}{\partial x}$$

$$=-\frac{\mathrm{e}^z}{(\mathrm{e}^z+1)^2}\cdot\frac{1}{\mathrm{e}^z+1}=-\frac{\mathrm{e}^z}{(\mathrm{e}^z+1)^3}.$$

同理,可得

$$\frac{\partial^2 z}{\partial y^2}=\frac{\partial^2 z}{\partial x\partial y}=-\frac{\mathrm{e}^z}{(\mathrm{e}^z+1)^3}.$$

例 14 设 $y=y(x)$ 与 $z=z(x)$ 由方程 $x+y+z=0$ 与 $x^2+y^2+z^2=1$ 确定,求 $\dfrac{\mathrm{d}y}{\mathrm{d}x},\dfrac{\mathrm{d}z}{\mathrm{d}x}$.

解 1 令 $F(x,y,z)=x+y+z$, $G(x,y,z)=x^2+y^2+z^2-1$,则

$$F_x=F_y=F_z=1, \quad G_x=2x, \quad G_y=2y, \quad G_z=2z.$$

又

$$\begin{vmatrix} F_x & F_z \\ G_x & G_z \end{vmatrix}=\begin{vmatrix} 1 & 1 \\ 2x & 2z \end{vmatrix}=2(z-x),$$

$$\begin{vmatrix} F_y & F_x \\ G_y & G_x \end{vmatrix}=\begin{vmatrix} 1 & 1 \\ 2y & 2x \end{vmatrix}=2(x-y),$$

$$J=\begin{vmatrix} F_y & F_z \\ G_y & G_z \end{vmatrix}=\begin{vmatrix} 1 & 1 \\ 2y & 2z \end{vmatrix}=2(z-y),$$

于是利用公式(8-23)即得

$$\frac{\mathrm{d}y}{\mathrm{d}x}=-\frac{1}{J}\begin{vmatrix} F_x & F_z \\ G_x & G_z \end{vmatrix}=\frac{z-x}{y-z},$$

$$\frac{\mathrm{d}z}{\mathrm{d}x}=-\frac{1}{J}\begin{vmatrix} F_y & F_x \\ G_y & G_x \end{vmatrix}=\frac{x-y}{y-z}.$$

解 2 分别在方程 $x+y+z=0$ 与 $x^2+y^2+z^2=1$ 两边对 x 求导,得

$$1+\frac{\mathrm{d}y}{\mathrm{d}x}+\frac{\mathrm{d}z}{\mathrm{d}x}=0, \quad 2x+2y\frac{\mathrm{d}y}{\mathrm{d}x}+2z\frac{\mathrm{d}z}{\mathrm{d}x}=0.$$

按二元一次方程组求解,即得

$$\frac{\mathrm{d}y}{\mathrm{d}x}=\frac{z-x}{y-z}, \quad \frac{\mathrm{d}z}{\mathrm{d}x}=\frac{x-y}{y-z}.$$

显然,解 2 的方法更加方便快捷.

习题 8 - 4

1. 求下列函数的全导数：

(1) 设函数 $z = e^{3u+2v}$，而 $u = t^2$，$v = \cos t$，求全导数 $\dfrac{dz}{dt}$；

(2) 设函数 $z = \arctan(u - v)$，而 $u = 3x$，$v = 4x^3$，求全导数 $\dfrac{dz}{dx}$；

(3) 设函数 $z = xy + \sin t$，而 $x = e^t$，$y = \cos t$，求全导数 $\dfrac{dz}{dt}$.

2. 求下列函数的偏导数（其中 f 具有连续偏导数）：

(1) 设 $z = u^2 v - uv^2$，而 $u = x \sin y$，$v = x \cos y$，求 $\dfrac{\partial z}{\partial x}$ 和 $\dfrac{\partial z}{\partial y}$；

(2) 设 $z = (3x^2 + y^2)^{4x+2y}$，求 $\dfrac{\partial z}{\partial x}$ 和 $\dfrac{\partial z}{\partial y}$；

(3) 设 $u = f(x, y, z) = e^{x+2y+3z}$，$z = x^2 \cos y$，求 $\dfrac{\partial u}{\partial x}$ 和 $\dfrac{\partial u}{\partial y}$；

(4) 设 $w = f(x, x^2 y, xy^2 z)$，求 $\dfrac{\partial w}{\partial x}, \dfrac{\partial w}{\partial y}, \dfrac{\partial w}{\partial z}$.

3. 应用全微分形式不变性，求函数 $z = \arctan \dfrac{x+y}{1-xy}$ 的全微分.

4. 已知 $\sin xy - 2z + e^z = 0$，求 $\dfrac{\partial z}{\partial x}$ 和 $\dfrac{\partial z}{\partial y}$.

5. 若 f 的导数存在，验证下列各式：

(1) 设 $u = yf(x^2 - y^2)$，则 $y^2 \dfrac{\partial u}{\partial x} + xy \dfrac{\partial u}{\partial y} = xu$；

(2) 设 $z = xy + xf\left(\dfrac{y}{x}\right)$，则 $x \dfrac{\partial z}{\partial x} + y \dfrac{\partial z}{\partial y} = z + xy$.

6. 求下列函数的二阶偏导数（其中 f 具有二阶连续偏导数）：

(1) $z = \arctan \dfrac{x+y}{1-xy}$；   (2) $z = y^{\ln x}$；

*(3) $z = f(xy, x^2 - y^2)$.

7. 求由下列方程所确定的隐函数 $z = f(x, y)$ 的偏导数 $\dfrac{\partial z}{\partial x}, \dfrac{\partial z}{\partial y}$：

(1) $x^2 + y^2 + z^2 - 4z = 0$；   (2) $z^3 - 3xyz = 1$.

*8. 求由下列方程组所确定的函数的偏导数：

(1) $\begin{cases} xu + yv = 0, \\ yu + xv = 1, \end{cases}$ 求 $\dfrac{\partial u}{\partial x}, \dfrac{\partial v}{\partial x}$；   (2) $\begin{cases} u^3 + xv = y, \\ v^3 + yu = x, \end{cases}$ 求 $\dfrac{\partial u}{\partial x}, \dfrac{\partial v}{\partial x}, \dfrac{\partial u}{\partial y}, \dfrac{\partial v}{\partial y}$.

§8.5 多元函数的极值及其应用

在大量经济和科技的实际问题中,常常需要解决多元函数的最大值和最小值的问题.与一元函数的情形类似,多元函数的最大值、最小值与极大值、极小值联系密切.下面以二元函数为例来讨论多元函数的极值问题.

8.5.1 二元函数的极值

定义 1 设函数 $z = f(x,y)$ 在点 (x_0, y_0) 的某一邻域内有定义.对于该邻域内异于点 (x_0, y_0) 的任意一点 (x,y),如果
$$f(x,y) < f(x_0, y_0),$$
则称函数 $z = f(x,y)$ 在点 (x_0, y_0) 处取得**极大值** $f(x_0, y_0)$;如果
$$f(x,y) > f(x_0, y_0),$$
则称函数 $z = f(x,y)$ 在点 (x_0, y_0) 处取得**极小值** $f(x_0, y_0)$.

极大值、极小值统称为**极值**.使函数取得极值的点称为**极值点**.

例 1 证明:函数 $z = \dfrac{x^2}{4} + \dfrac{y^2}{9}$ 在点 $(0,0)$ 处取得极小值.

证 当 $(x,y) = (0,0)$ 时,$z = 0$,而当 $(x,y) \neq (0,0)$ 时,$z > 0$,因此 $z = 0$ 是函数的极小值,点 $(0,0)$ 是极小值点.从几何上看,$z = \dfrac{x^2}{4} + \dfrac{y^2}{9}$ 表示一开口向上的椭圆抛物面,点 $(0,0,0)$ 是它的顶点.

例 2 证明:函数 $z = \sqrt{1 - x^2 - y^2}$ 在点 $(0,0)$ 处取得极大值.

证 当 $(x,y) = (0,0)$ 时,$z = 1$,而当 $(x,y) \neq (0,0)$ 时,$z < 1$,因此 $z = 1$ 是函数的极大值,点 $(0,0)$ 是极大值点.从几何上看,$z = \sqrt{1 - x^2 - y^2}$ 表示一开口向下的半球面,点 $(0,0,1)$ 是它的顶点.

例 3 证明:函数 $z = y^2 - x^2$ 在点 $(0,0)$ 处无极值.

证 因为在点 $(0,0)$ 处的函数值为 0,而在点 $(0,0)$ 的任一邻域内,总有使函数值为正的点,也有使函数值为负的点.从几何上看,$z = y^2 - x^2$ 表示双曲抛物面(马鞍面).

以上关于二元函数的极值概念,可推广到 $n(n \geqslant 3)$ 元函数.设 n 元函数 $u = f(P)$ 在点 P_0 的某一邻域内有定义.如果对于该邻域内任何异于 P_0 的点 P,都有

$$f(P) < f(P_0) \quad [\text{或} f(P) > f(P_0)],$$

则称函数 $f(P)$ 在点 P_0 处取得**极大值**（或**极小值**）$f(P_0)$.

在一元函数中，可导函数在点 x_0 处取得极值的必要条件是该点处的导数为 0，对于多元函数，也有类似的结论.

定理 1（必要条件） 设函数 $z = f(x, y)$ 在点 (x_0, y_0) 处具有偏导数，且在点 (x_0, y_0) 处取得极值，则它在该点处的偏导数必然为 0，即

$$f_x(x_0, y_0) = 0, \quad f_y(x_0, y_0) = 0.$$

证 由已知条件可知，一元函数 $z = f(x, y_0)$ 在点 x_0 的某一邻域内有定义且以点 x_0 为极值点，因此 $f_x(x_0, y_0) = 0$. 同理，可证 $f_y(x_0, y_0) = 0$.

称使 $f_x(x, y) = 0, f_y(x, y) = 0$ 同时成立的点 (x_0, y_0) 为函数 $z = f(x, y)$ 的**驻点**.

注 具有偏导数的函数的极值点必定是驻点，但函数的驻点不一定是极值点.

例如，函数 $f(x, y) = y^2 - x^2$ 在点 $(0, 0)$ 处的两个偏导数都为 0，即点 $(0, 0)$ 是 $f(x, y) = y^2 - x^2$ 的驻点，但 $f(x, y) = y^2 - x^2$ 在点 $(0, 0)$ 处无极值.

如同一元函数一样，为使驻点成为极值点，必须附加一定的条件. 下面的结果正好与上册第 4 章 §4.5 的定理 3 相对应.

定理 2（充分条件） 设函数 $z = f(x, y)$ 在点 (x_0, y_0) 的某一邻域内有直到二阶的连续偏导数，又点 (x_0, y_0) 是 $z = f(x, y)$ 的驻点，记

$$f_{xx}(x_0, y_0) = A, \ f_{xy}(x_0, y_0) = B, \ f_{yy}(x_0, y_0) = C, \ AC - B^2 = \Delta.$$

(1) 当 $\Delta > 0$ 时，函数 $z = f(x, y)$ 在点 (x_0, y_0) 处取得极值，且当 $A > 0$ 时为极小值，当 $A < 0$ 时为极大值；

(2) 当 $\Delta < 0$ 时，函数 $z = f(x, y)$ 在点 (x_0, y_0) 处没有极值；

(3) 当 $\Delta = 0$ 时，函数 $z = f(x, y)$ 在点 (x_0, y_0) 处可能有极值，也可能没有极值（须另做讨论）.

证明从略.

从结论 (1) 知道，只有当 A 和 C 同号时，才可能有极值；从结论 (2) 知道，若 A 和 C 异号，则函数 $z = f(x, y)$ 在点 (x_0, y_0) 处没有极值.

根据定理 1 与定理 2，如果函数 $f(x, y)$ 具有二阶连续偏导数，则求 $z = f(x, y)$ 的极值的一般步骤如下：

第一步，解方程组 $f_x(x, y) = 0, f_y(x, y) = 0$，求出 $f(x, y)$ 的所有驻点；

第二步，求出函数 $f(x, y)$ 的二阶偏导数的值 A, B, C；

第三步，根据 $AC - B^2 = \Delta$ 的符号逐一判定驻点是否为极值点，最后求出函数 $f(x, y)$ 在极值点处的极值.

例4 求函数 $f(x,y)=x^3-y^3+3x^2+3y^2-9x-1$ 的极值.

解 先解方程组

$$\begin{cases} f_x(x,y)=3x^2+6x-9=0, \\ f_y(x,y)=-3y^2+6y=0. \end{cases}$$

求得 $x=1$ 或 -3, $y=0$ 或 2, 于是驻点为 $(1,0),(1,2),(-3,0),(-3,2)$.

再求出二阶偏导数

$$f_{xx}(x,y)=6x+6, \quad f_{xy}(x,y)=0, \quad f_{yy}(x,y)=-6y+6.$$

在点 $(1,0)$ 处, $\Delta=AC-B^2=12\times6>0$, 又 $A>0$, 所以函数在点 $(1,0)$ 处取得极小值 $f(1,0)=-6$;

在点 $(1,2)$ 处, $\Delta=12\times(-6)<0$, 所以 $f(1,2)$ 不是极值;

在点 $(-3,0)$ 处, $\Delta=-12\times6<0$, 所以 $f(-3,0)$ 不是极值;

在点 $(-3,2)$ 处, $\Delta=-12\times(-6)>0$, 又 $A<0$, 所以函数在点 $(-3,2)$ 处取得极大值 $f(-3,2)=30$.

注 不是驻点的点也可能是极值点.

例如, 函数 $z=-\sqrt{x^2+y^2}$ 在点 $(0,0)$ 处取得极大值, 而该函数在点 $(0,0)$ 处的偏导数不存在, 即点 $(0,0)$ 不是该函数的驻点. 因此, 在考虑函数的极值问题时, 除了考虑函数的驻点外, 还要考虑偏导数不存在的点.

8.5.2 二元函数的最大值与最小值

由 §8.1 的性质1(最大值和最小值定理)可知, 在有界闭区域 D 上的二元连续函数一定有最大值和最小值. 求二元连续函数 $f(x,y)$ 在有界闭区域 D 上的最大值和最小值的一般步骤如下:

(1) 求 $f(x,y)$ 在 D 内所有驻点处的函数值;

(2) 求 $f(x,y)$ 在 D 的边界上的最大值和最小值;

(3) 将前两步得到的所有函数值进行比较, 其中最大者即为最大值, 最小者即为最小值.

在通常遇到的实际问题中, 如果根据问题的性质, 可以判断出函数 $f(x,y)$ 的最大值(最小值)一定在 D 的内部取得, 而 $f(x,y)$ 在 D 内只有一个驻点, 则可以肯定该驻点处的函数值就是 $f(x,y)$ 在 D 上的最大值(最小值).

例5 求二元函数 $f(x,y)=x^2y(4-x-y)$ 在由直线 $x+y=6$、x 轴和 y 轴所围成的三角形闭区域 D 上的最大值与最小值.

解 (1) 求 $f(x,y)$ 在 D 内的驻点处的函数值. 解方程组

$$\begin{cases} f_x(x,y)=2xy(4-x-y)-x^2y=xy(8-3x-2y)=0, \\ f_y(x,y)=x^2(4-x-y)-x^2y=x^2(4-x-2y)=0, \end{cases}$$

因在 D 内部，$x>0,y>0$，故得唯一驻点 $(2,1)$，如图 8-9 所示，且 $f(2,1)=4$.

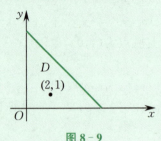

图 8-9

(2) 求 $f(x,y)$ 在 D 的边界上的最值. 在边界 $x+y=6$ 上，即 $y=6-x$，于是

$$f(x,y)=x^2(6-x)(-2).$$

由 $f_x=4x(x-6)+2x^2=0$，得 $x_1=0,x_2=4$. 又 $y=6-x\Big|_{x=4}=2$，因此在边界 $x+y=6$ 上，最值为 $f(4,2)=-64$. 而在 D 的两条直角边上，$f(x,y)=0$.

(3) 比较上述得到的函数值，从而得到 $f(2,1)=4$ 为最大值，$f(4,2)=-64$ 为最小值.

例 6　某工厂生产甲、乙两种产品，甲产品的售价为每吨 900 元，乙产品的售价为每吨 1 000 元，已知生产 x t 甲产品和 y t 乙产品的总成本（单位：元）为

$$C(x,y)=30\,000+300x+200y+3x^2+xy+3y^2.$$

问甲、乙两种产品的产量各为多少时，利润最大？

解　设 $L(x,y)$ 为生产 x t 甲产品和 y t 乙产品所获得的总利润（单位：元），则

$$\begin{aligned} L(x,y)&=900x+1\,000y-C(x,y) \\ &=-3x^2-xy-3y^2+600x+800y-30\,000. \end{aligned}$$

解方程组

$$\begin{cases} L_x(x,y)=-6x-y+600=0, \\ L_y(x,y)=-x-6y+800=0, \end{cases}$$

得 $x=80,y=120$，即得唯一驻点 $(80,120)$. 于是，根据实际问题的性质可知，$L(x,y)$ 在唯一驻点 $(80,120)$ 处取得最大值，即当生产 80 t 甲产品和 120 t 乙产品时，利润最大，且最大利润值为

$$L(80,120)=42\,000(元).$$

8.5.3　条件极值　拉格朗日乘数法

在例 5 的求解过程中，涉及求二元函数 $z=f(x,y)$ 在条件 $x+y=6(0\leqslant x\leqslant 6)$ 下的极值问题. 这种对自变量有**附加条件**（称为**约束条件**）的极值称为**条件极值**，而将无其他限制条件的极值称为**无条件极值**.

对于有些实际问题,可以把条件极值化为无条件极值. 例如,求表面积为 a^2 的长方体的最大体积问题,设长方体的三棱长分别为 x,y,z,这个问题就是求函数 $V=xyz$ 在约束条件 $2(xy+yz+xz)=a^2$ 下的最大值问题. 由条件 $2(xy+yz+xz)=a^2$,解得 $z=\dfrac{a^2-2xy}{2(x+y)}$,于是得 $V=\dfrac{xy(a^2-2xy)}{2(x+y)}$,故只须求 V 的无条件极值.

在很多情形下,将条件极值化为无条件极值并不容易,因而需要寻找另一种求条件极值的专用方法,这就是下面要着重介绍的比较巧妙的**拉格朗日乘数法**.

设二元函数 $z=f(x,y)$ 和 $\varphi(x,y)$ 在区域 D 内具有连续偏导数,则求 $z=f(x,y)$ 在 D 内满足条件 $\varphi(x,y)=0$ 的条件极值问题,可以转化为求**拉格朗日函数**

$$L(x,y,\lambda)=f(x,y)+\lambda\varphi(x,y)$$

的无条件极值问题,其中 λ 为某一常数,称为**拉格朗日乘数**.

用拉格朗日乘数法求函数 $z=f(x,y)$ 在条件 $\varphi(x,y)=0$ 下的极值的基本步骤如下:

(1) 构造拉格朗日函数

$$L(x,y,\lambda)=f(x,y)+\lambda\varphi(x,y);$$

(2) 由方程组

$$\begin{cases} L_x=f_x(x,y)+\lambda\varphi_x(x,y)=0, \\ L_y=f_y(x,y)+\lambda\varphi_y(x,y)=0, \\ L_\lambda=\varphi(x,y)=0 \end{cases}$$

解出 x,y,λ,其中 (x,y) 就是所求条件极值的可能极值点.

拉格朗日乘数法可推广到自变量多于两个而条件多于一个的情形. 例如,要求函数 $u=f(x,y,z)$ 在约束条件

$$\varphi(x,y,z)=0, \quad \psi(x,y,z)=0$$

下的极值问题,可以先构造拉格朗日函数

$$L(x,y,z,\lambda,\mu)=f(x,y,z)+\lambda\varphi(x,y,z)+\mu\psi(x,y,z),$$

其中 λ,μ 均为常数,再按类似的步骤求出可能极值点.

注 拉格朗日乘数法只给出函数取极值的必要条件,因此按照这种方法求出来的点是否为极值点,还需要加以讨论. 不过在实际问题中,往往可以根据问题本身的性质来判定所求的点是不是极值点.

例7 求函数 $z=xy$ 在圆周 $x^2+y^2=1$ 上的最小值.

解 这是一个条件极值问题,构造拉格朗日函数 $L(x,y,\lambda)=xy+\lambda(x^2+y^2-1)$. 写出方程组

$$\begin{cases} L_x = y + 2\lambda x = 0, \\ L_y = x + 2\lambda y = 0, \\ L_\lambda = x^2 + y^2 - 1 = 0. \end{cases}$$

第 1 个方程乘以 y 减去第 2 个方程乘以 x，得到 $y^2 = x^2$，再与第 3 个方程联立，解出 $x = \pm\dfrac{\sqrt{2}}{2}, y = \pm\dfrac{\sqrt{2}}{2}$，于是得到圆周 $x^2 + y^2 = 1$ 上的 4 个点：

$$P_1\left(\frac{\sqrt{2}}{2}, \frac{\sqrt{2}}{2}\right), \quad P_2\left(\frac{\sqrt{2}}{2}, -\frac{\sqrt{2}}{2}\right), \quad P_3\left(-\frac{\sqrt{2}}{2}, \frac{\sqrt{2}}{2}\right), \quad P_4\left(-\frac{\sqrt{2}}{2}, -\frac{\sqrt{2}}{2}\right).$$

因此，函数在点 P_2 和 P_3 处取得最小值 $z_{\min} = -\dfrac{1}{2}$。

例 8 求表面积为 a^2 而体积最大的长方体的体积。

解 设长方体的三棱长分别为 x, y, z，则问题就是在约束条件

$$2(xy + yz + xz) = a^2$$

下求函数 $V = xyz$ 的最大值。

构造拉格朗日函数

$$F(x, y, z, \lambda) = xyz + \lambda(2xy + 2yz + 2xz - a^2),$$

解方程组

$$\begin{cases} F_x = yz + 2\lambda(y + z) = 0, \\ F_y = xz + 2\lambda(x + z) = 0, \\ F_z = xy + 2\lambda(y + x) = 0, \\ 2xy + 2yz + 2xz - a^2 = 0, \end{cases}$$

得 $x = y = z = \dfrac{\sqrt{6}}{6}a$，这是唯一的可能极值点。

因为由问题本身可知，最大值一定存在，所以最大值就在这个可能极值点处取得，即在表面积为 a^2 的长方体中，以棱长为 $\dfrac{\sqrt{6}}{6}a$ 的正方体的体积为最大，最大体积 $V = \dfrac{\sqrt{6}}{36}a^3$。

例 9 设某公司销售收入 R（单位：万元）与花费在两种广告宣传的费用 x, y（单位：万元）之间的关系为

$$R = \frac{200x}{x + 5} + \frac{100y}{10 + y},$$

而利润额是销售收入的 2 成，并要扣除广告费用。已知广告费用总预算金额是 15 万元，试问如何分配两种广告费用，可使得利润最大？

解 设利润为 z（单位：万元），则问题是在约束条件 $x + y = 15 (x > 0, y > 0)$ 下求函数

$$z = \frac{1}{5}R - x - y = \frac{40x}{x + 5} + \frac{20y}{10 + y} - x - y$$

的最大值问题。令

$$L(x,y,\lambda)=\frac{40x}{x+5}+\frac{20y}{10+y}-x-y+\lambda(x+y-15),$$

从

$$L_x=\frac{200}{(5+x)^2}-1+\lambda=0,\quad L_y=\frac{200}{(10+y)^2}-1+\lambda=0,$$

解得 $(5+x)^2=(10+y)^2$. 又 $y=15-x$，故解得 $x=10,y=5$.

　　根据问题本身的意义及驻点的唯一性知，当投入两种广告的费用分别为 10 万元和 5 万元时，可使利润最大.

　　例 10　在经济学中有著名的柯布-道格拉斯生产函数模型

$$f(x,y)=cx^ay^{1-a},$$

其中 x 代表劳动力的数量，y 表示资本数量（确切地说是 y 个单位资本），c 与 $a(0<a<1)$ 是常数，由各企业的具体情形而定，函数值表示生产量.

　　现在已知某制造商的柯布-道格拉斯生产函数是

$$f(x,y)=100x^{\frac{3}{4}}y^{\frac{1}{4}},$$

每个劳动力与每单位资本的成本分别是 150 元及 250 元，该制造商的总预算是 50 000 元. 试问该如何分配这笔钱用于雇用劳动力与投入资本，以使生产量最高？

　　解　这是个条件极值问题：求目标函数

$$f(x,y)=100x^{\frac{3}{4}}y^{\frac{1}{4}}$$

在约束条件

$$150x+250y=50\,000$$

下的最大值.

　　令 $L(x,y,\lambda)=100x^{\frac{3}{4}}y^{\frac{1}{4}}+\lambda(50\,000-150x-250y)$，由方程组

$$\begin{cases}L_x=75x^{-\frac{1}{4}}y^{\frac{1}{4}}-150\lambda=0,\\ L_y=25x^{\frac{3}{4}}y^{-\frac{3}{4}}-250\lambda=0,\\ L_\lambda=50\,000-150x-250y=0\end{cases}$$

中的第 1 个方程解得 $\lambda=\frac{1}{2}x^{-\frac{1}{4}}y^{\frac{1}{4}}$，将其代入第 2 个方程中，得

$$25x^{\frac{3}{4}}y^{-\frac{3}{4}}-125x^{-\frac{1}{4}}y^{\frac{1}{4}}=0.$$

在该式两边同乘 $x^{\frac{1}{4}}y^{\frac{3}{4}}$，有 $25x-125y=0$，即 $x=5y$. 将此结果代入方程组的第 3 个方程，得 $x=250,y=50$，即该制造商应该雇用 250 个劳动力而把其余的 12 500 元作为资本投入，这时可获得最高生产量 $f(250,50)\approx16\,719$.

习题 8−5

1. 求下列函数的极值：

(1) $f(x,y)=x^2+y^3-6xy+18x-39y+16$;

(2) $f(x,y)=3xy-x^3-y^3+1$.

2. 求函数 $f(x,y)=x^2-2xy+2y$ 在矩形区域 $D=\{(x,y)\mid 0\leqslant x\leqslant 3,0\leqslant y\leqslant 2\}$ 上的最大值和最小值.

3. 求函数 $f(x,y)=3x^2+3y^2-x^3$ 在区域 $D:x^2+y^2\leqslant 16$ 上的最小值.

4. 求下列函数的条件极值：

(1) $z=xy,x+y=1$;

(2) $u=x-2y+2z,x^2+y^2+z^2=1$.

5. 要用铁板做成一个体积为 8 m³ 的有盖长方体水箱，问如何设计才能使用料最省？

6. 某工厂生产甲、乙两种产品的日产量（单位：件）分别为 x 和 y，总成本（单位：元）函数为
$$C(x,y)=1\,000+8x^2-xy+12y^2,$$
要求每天生产这两种产品的总量为 42 件，问甲、乙两种产品的日产量各为多少时，成本最低？

7. 某公司通过电视和报纸两种媒体做广告，已知销售收入 R（单位：万元）与电视广告费 x（单位：万元）和报纸广告费 y（单位：万元）之间的关系为
$$R(x,y)=15+14x+32y-8xy-2x^2-10y^2.$$

(1) 若广告费用不设限，求最佳广告策略.

(2) 若广告费用总预算是 2 万元，分别用求条件极值和无条件极值的方法求最佳广告策略.

*8. 设某电视机厂生产一台电视机的成本为 c，每台电视机的销售价格为 P，销售量为 x. 假设该厂电视机的生产量等于销售量. 根据市场预测，销售量 x 与销售价格 P 之间的关系为
$$x=Me^{-aP}\quad(M>0,a>0),$$
其中 M 为市场最大需求量，a 是价格系数. 同时，生产部门根据对生产环节的分析，对每台电视机的生产成本 c 有如下测算：
$$c=c_0-k\ln x\quad(k>0,x>1),$$
其中 c_0 是只生产一台电视机时的成本，k 是规模系数.

根据上述条件，应如何确定电视机的售价 P，才能使该厂获得最大利润？

本章小结

一、多元函数的概念、极限与连续

1. 多元函数的概念.

(1) 二元函数的几何意义：二元函数 $z=f(x,y)$ 的图形是空间直角坐标系中的一张曲面. 例如，函数 $z=ax+by+c$ 的图形是一张平面，函数 $z=\sqrt{R^2-x^2-y^2}$ 表示球面的上半部.

(2) 三元函数 $u=f(x,y,z)$，n 元函数 $u=f(x_1,x_2,\cdots,x_n)$.

2. 二元函数的极限.

$$\lim_{\substack{x\to x_0\\y\to y_0}}f(x,y)=A,\quad \lim_{(x,y)\to(x_0,y_0)}f(x,y)=A \text{ 或 } \lim_{P\to P_0}f(P)=A.$$

二元函数的极限比一元函数的极限复杂，须特别注意以下两点：

(1) 二元函数的极限存在，是指点 P 以任何方式趋向于点 P_0 时，函数都无限接近于 A.

(2) 如果当点 P 以两种不同方式趋向于点 P_0 时，函数趋向于不同的值，则函数的极限不存在.

3. 二元函数的连续性.

(1) 若 $\lim\limits_{\substack{x\to x_0\\y\to y_0}}f(x,y)=f(x_0,y_0)$，则称函数 $z=f(x,y)$ 在点 (x_0,y_0) 处连续，(x_0,y_0) 称

为 $z=f(x,y)$ 的连续点.

(2) 一切二元初等函数在其定义区域内连续.

(3) 有界闭区域上二元连续函数的性质：最大值和最小值定理、有界性定理、介值定理.

二、多元函数偏导数与全微分

1. 多元函数偏导数的概念与计算.

(1) $z=f(x,y)$ 对 x 的偏导数 $\dfrac{\partial z}{\partial x},\dfrac{\partial f}{\partial x},z_x$ 或 $f_x(x,y)$ 为

$$f_x(x,y)=\lim_{\Delta x\to 0}\frac{f(x+\Delta x,y)-f(x,y)}{\Delta x}.$$

(2) $z=f(x,y)$ 对 y 的偏导数 $\dfrac{\partial z}{\partial y},\dfrac{\partial f}{\partial y},z_y$ 或 $f_y(x,y)$ 为

$$f_y(x,y)=\lim_{\Delta y\to 0}\frac{f(x,y+\Delta y)-f(x,y)}{\Delta y}.$$

2. 二阶偏导数.

$$\frac{\partial}{\partial x}\left(\frac{\partial z}{\partial x}\right)=\frac{\partial^2 z}{\partial x^2}=f_{xx}(x,y),\quad \frac{\partial}{\partial y}\left(\frac{\partial z}{\partial x}\right)=\frac{\partial^2 z}{\partial x\partial y}=f_{xy}(x,y),$$

$$\frac{\partial}{\partial x}\left(\frac{\partial z}{\partial y}\right)=\frac{\partial^2 z}{\partial y\partial x}=f_{yx}(x,y),\quad \frac{\partial}{\partial y}\left(\frac{\partial z}{\partial y}\right)=\frac{\partial^2 z}{\partial y^2}=f_{yy}(x,y).$$

3. 全微分.

(1) 二元函数 $z=f(x,y)$ 的全微分：$\mathrm{d}z=\dfrac{\partial z}{\partial x}\mathrm{d}x+\dfrac{\partial z}{\partial y}\mathrm{d}y$.

(2) 三元函数 $u=f(x,y,z)$ 的全微分：$\mathrm{d}u=\dfrac{\partial u}{\partial x}\mathrm{d}x+\dfrac{\partial u}{\partial y}\mathrm{d}y+\dfrac{\partial u}{\partial z}\mathrm{d}z$.

(3) 全微分形式不变性：$\mathrm{d}z=\dfrac{\partial z}{\partial u}\mathrm{d}u+\dfrac{\partial z}{\partial v}\mathrm{d}v,z=f(u,v)$.

(4) 可微（全微分存在）与连续、偏导数存在之间的关系：

$f(x,y)$ 在点 (x,y) 处可微 $\Rightarrow f(x,y)$ 在点 (x,y) 处连续；

$f(x,y)$ 在点 (x,y) 处可微 $\Rightarrow f(x,y)$ 在点 (x,y) 处的偏导数 $\dfrac{\partial z}{\partial x},\dfrac{\partial z}{\partial y}$ 必存在；

$f(x,y)$ 在点 (x,y) 处可微 $\Leftarrow f(x,y)$ 的偏导数 $\dfrac{\partial z}{\partial x}, \dfrac{\partial z}{\partial y}$ 在点 (x,y) 处连续.

三、多元复合函数的求导法与隐函数的求导法

1. 多元复合函数的求导法 —— 链式法则.

模型 1. 设 $z = f(u,v), u = u(t), v = v(t)$，则

$$\frac{\mathrm{d}z}{\mathrm{d}t} = \frac{\partial z}{\partial u} \cdot \frac{\mathrm{d}u}{\mathrm{d}t} + \frac{\partial z}{\partial v} \cdot \frac{\mathrm{d}v}{\mathrm{d}t}.$$

模型 2. 设 $z = f(u,v), u = u(x,y), v = v(x,y)$，则

$$\frac{\partial z}{\partial x} = \frac{\partial z}{\partial u} \cdot \frac{\partial u}{\partial x} + \frac{\partial z}{\partial v} \cdot \frac{\partial v}{\partial x},$$

$$\frac{\partial z}{\partial y} = \frac{\partial z}{\partial u} \cdot \frac{\partial u}{\partial y} + \frac{\partial z}{\partial v} \cdot \frac{\partial v}{\partial y}.$$

模型 3. 设 $z = f(u,v,w), u = u(x,y), v = v(x,y), w = w(x,y)$，则

$$\frac{\partial z}{\partial x} = \frac{\partial z}{\partial u} \cdot \frac{\partial u}{\partial x} + \frac{\partial z}{\partial v} \cdot \frac{\partial v}{\partial x} + \frac{\partial z}{\partial w} \cdot \frac{\partial w}{\partial x},$$

$$\frac{\partial z}{\partial y} = \frac{\partial z}{\partial u} \cdot \frac{\partial u}{\partial y} + \frac{\partial z}{\partial v} \cdot \frac{\partial v}{\partial y} + \frac{\partial z}{\partial w} \cdot \frac{\partial w}{\partial y}.$$

模型 4. 设 $w = f(u,v), u = u(x,y,z), v = v(x,y,z)$，则

$$\frac{\partial w}{\partial x} = \frac{\partial w}{\partial u} \cdot \frac{\partial u}{\partial x} + \frac{\partial w}{\partial v} \cdot \frac{\partial v}{\partial x},$$

$$\frac{\partial w}{\partial y} = \frac{\partial w}{\partial u} \cdot \frac{\partial u}{\partial y} + \frac{\partial w}{\partial v} \cdot \frac{\partial v}{\partial y},$$

$$\frac{\partial w}{\partial z} = \frac{\partial w}{\partial u} \cdot \frac{\partial u}{\partial z} + \frac{\partial w}{\partial v} \cdot \frac{\partial v}{\partial z}.$$

模型 5. 设 $z = f(u,v), u = u(x,y), v = v(y)$，则

$$\frac{\partial z}{\partial x} = \frac{\partial z}{\partial u} \cdot \frac{\partial u}{\partial x}, \quad \frac{\partial z}{\partial y} = \frac{\partial z}{\partial u} \cdot \frac{\partial u}{\partial y} + \frac{\partial z}{\partial v} \cdot \frac{\mathrm{d}v}{\mathrm{d}y}.$$

2. 隐函数的求导法.

(1) 若方程 $F(x,y) = 0$ 确定隐函数 $y = f(x)$，则 $\dfrac{\mathrm{d}y}{\mathrm{d}x} = -\dfrac{F_x}{F_y}$.

(2) 若方程 $F(x,y,z) = 0$ 确定隐函数 $z = f(x,y)$，则 $\dfrac{\partial z}{\partial x} = -\dfrac{F_x}{F_z}, \dfrac{\partial z}{\partial y} = -\dfrac{F_y}{F_z}$.

四、多元函数的极值与最值

1. 求函数 $z = f(x,y)$ 的极值的一般步骤如下：

第一步，解方程组 $f_x(x,y) = 0, f_y(x,y) = 0$，求出 $f(x,y)$ 的所有驻点；

第二步，求出函数 $f(x,y)$ 的二阶偏导数的值：$f_{xx}(x_0,y_0) = A, f_{xy}(x_0,y_0) = B$，$f_{yy}(x_0,y_0) = C$；

第三步，根据 $AC - B^2 = \Delta$ 的符号逐一判定驻点是否为极值点.

(1) 当 $\Delta > 0$ 时，函数 $z = f(x,y)$ 在点 (x_0,y_0) 处有极值，且当 $A > 0$ 时为极小值，当 $A < 0$ 时为极大值；

(2) 当 $\Delta < 0$ 时，函数 $z = f(x,y)$ 在点 (x_0,y_0) 处没有极值；

(3) 当 $\Delta = 0$ 时,函数 $z = f(x,y)$ 在点 (x_0,y_0) 处可能有极值,也可能没有极值(须另做讨论).

2. 用拉格朗日乘数法求函数 $z = f(x,y)$ 在条件 $\varphi(x,y) = 0$ 下的极值的基本步骤如下:

(1) 构造拉格朗日函数 $L(x,y,\lambda) = f(x,y) + \lambda\varphi(x,y)$;

(2) 由方程组 $\begin{cases} L_x = f_x(x,y) + \lambda\varphi_x(x,y) = 0, \\ L_y = f_y(x,y) + \lambda\varphi_y(x,y) = 0, \\ L_\lambda = \varphi(x,y) = 0 \end{cases}$ 解出 x,y,λ,其中 (x,y) 就是所求条件

极值的可能极值点.

3. 求有界闭区域 D 上的二元连续函数 $f(x,y)$ 的最大值和最小值的一般步骤如下:

(1) 求出 $f(x,y)$ 在 D 内所有驻点处的函数值;

(2) 求出 $f(x,y)$ 在 D 的边界上的最大值和最小值;

(3) 比较前两步得到的所有函数值,最大者为最大值,最小者为最小值.

复习题 8

(A)

1. 设 $z = \sqrt{y} + f(\sqrt[3]{x} - 1)$,且已知 $y = 1$ 时,$z = x$,则 $f(x) = $ _____,$z = $ _____.

2. 设 $f(x,y) = \begin{cases} \dfrac{x^3}{x^2 + y^2}, & (x,y) \neq (0,0), \\ 0, & (x,y) = (0,0), \end{cases}$ 则 $f_x(0,0) = $ _____,$f_y(0,0) = $ _____.

3. 设 $z = \arctan\dfrac{x+y}{x-y}$,则 $\mathrm{d}z = $ _____.

4. 若函数 $z = f(x,y)$ 在点 (x_0,y_0) 处的偏导数存在,则在该点处 $z = f(x,y)$ _____.

   A. 有极限　　　　　　　　　　　B. 连续

   C. 可微　　　　　　　　　　　　D. 以上三项都不成立

5. 偏导数 $f_x(x_0,y_0)$,$f_y(x_0,y_0)$ 存在是函数 $z = f(x,y)$ 在点 (x_0,y_0) 处连续的 _____.

   A. 充分条件　　　　　　　　　　B. 必要条件

   C. 充要条件　　　　　　　　　　D. 既非充分也非必要条件

6. 设函数 $f(x,y) = 1 - x^2 + y^2$,则下列结论中正确的是 _____.

   A. 点 $(0,0)$ 是 $f(x,y)$ 的极小值点　　　B. 点 $(0,0)$ 是 $f(x,y)$ 的极大值点

   C. 点 $(0,0)$ 不是 $f(x,y)$ 的驻点　　　　D. $f(0,0)$ 不是 $f(x,y)$ 的极值

7. 求下列极限:

   (1) $\lim\limits_{\substack{x \to 0 \\ y \to 0}} (x^2 + y^2)\sin\dfrac{1}{xy}$;　　　　　　(2) $\lim\limits_{\substack{x \to 0 \\ y \to 0}} \dfrac{\sqrt{xy+9} - 3}{xy}$.

8. 设 $z = f(x,y)$ 由方程 $xy + yz + xz = 1$ 所确定,求 $\frac{\partial z}{\partial x}, \frac{\partial^2 z}{\partial x^2}, \frac{\partial^2 z}{\partial x \partial y}$.

9. 设函数 $f(u,v)$ 具有二阶连续偏导数,且满足 $\frac{\partial^2 f}{\partial u^2} + \frac{\partial^2 f}{\partial v^2} = 1$,又函数 $g(x,y) = f\left(xy, \frac{1}{2}(x^2 - y^2)\right)$,试证:

$$\frac{\partial^2 g}{\partial x^2} + \frac{\partial^2 g}{\partial y^2} = x^2 + y^2.$$

10. 求函数 $f(x,y) = x^2(2 + y^2) + y\ln y$ 的极值.

11. 设商品 A 及 B 的收入函数分别为

$$R_1 = 16x - 2x^2 + 4xy, \quad R_2 = 20y + 4xy - 10y^2,$$

总成本函数为 $C = 2x - 8y + 88$, x,y 分别为商品 A 及 B 的价格.试问价格取何值时,可以使总利润最大?

12. 某同学现有 400 元钱,他决定用来购买 x 张计算机磁盘和 y 盒录音磁带.每张磁盘 8 元,每盒磁带 10 元.设效用函数 $U(x,y) = \ln x + \ln y$,试用拉格朗日乘数法为该同学设计分配 400 元钱的最佳方案(使效用函数最大).

（B）

1. 设函数 $f(x,y)$ 可微,且函数 $f(x+1, e^x) = x(x+1)^2$, $f(x,x^2) = 2x^2\ln x$,则 $\mathrm{d}f(1,1) =$ _____.

    A. $\mathrm{d}x + \mathrm{d}y$ B. $\mathrm{d}x - \mathrm{d}y$

    C. $\mathrm{d}y$ D. $-\mathrm{d}y$

2. 求函数 $f(x,y) = 2\ln|x| + \frac{(x-1)^2 + y^2}{2x^2}$ 的极值.

3. 设函数 $z = \arctan[xy + \sin(x+y)]$,则 $\mathrm{d}z\Big|_{(0,\pi)} =$ _____.

4. 求函数 $f(x,y) = x^3 + 8y^3 - xy$ 的极值.

5. 设函数 $f(u,v)$ 具有二阶连续偏导数,函数 $g(x,y) = xy - f(x+y, x-y)$,求 $\frac{\partial^2 g}{\partial x^2} + \frac{\partial^2 g}{\partial x \partial y} + \frac{\partial^2 g}{\partial y^2}$.

6. 将长为 $2\,\mathrm{m}$ 的铁丝分成三段,依次围成圆形、正方形与正三角形,三个图形的面积之和是否存在最小值? 若存在,求出最小值.

7. 设函数 $f(t)$ 连续,$F(x,y) = \int_0^{x-y} (x-y-t)f(t)\mathrm{d}t$,则 _____.

    A. $F_x(x,y) = F_y(x,y), F_{xx}(x,y) = F_{yy}(x,y)$

B. $F_x(x,y)=F_y(x,y),F_{xx}(x,y)=-F_{yy}(x,y)$

C. $F_x(x,y)=-F_y(x,y),F_{xx}(x,y)=F_{yy}(x,y)$

D. $F_x(x,y)=-F_y(x,y),F_{xx}(x,y)=-F_{yy}(x,y)$

8. 某种产品产量 Q 由资本投入量 x 和劳动力投入量 y 决定,生产函数为 $Q=12x^{\frac{1}{2}}y^{\frac{1}{6}}$, 销售单价 P 与 Q 的关系为 $P=1\,160-1.5Q$.若单位资本投入和劳动力投入的价格分别为 6 和 8,求利润最大时的产量.

第9章　二重积分

我们已经知道，在一元函数积分学中，定积分是某种特定形式的和的极限. 本章我们把定积分的概念推广到定义在某个平面区域上的二元函数的情形，建立二重积分的概念，并讨论它的计算方法.

数学之所以比其他科学受到尊重，一个理由是因为它的命题是绝对可靠和无可争辩的，而其他的科学经常处于被新发现的事实推翻的危险.

——爱因斯坦(Einstein,现代物理学的开创者和奠基人)

课程思政

知识框图

§9.1 二重积分的概念与性质

 ## 9.1.1 二重积分的概念

1. 引例：求曲顶柱体的体积

设有一立体，它的底是 xOy 面上的有界闭区域 D，它的侧面是以 D 的边界曲线为准线而母线平行于 z 轴的柱面，它的顶是曲面 $z=f(x,y)$. 这里假设 $f(x,y)\geqslant 0$，且 $f(x,y)$ 在 D 上连续，如图 9-1(a) 所示. 现在我们来讨论如何求这个曲顶柱体的体积？

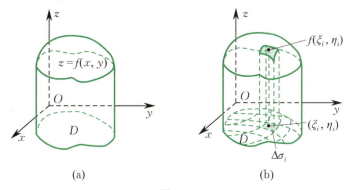

(a)　　　　　　　　　(b)

图 9-1

我们知道平顶柱体的高是不变的，它的体积可用公式

体积＝底面积×高

来计算. 但曲顶柱体的高是变化的，不能按上述公式来计算体积. 我们回忆一下在求曲边梯形的面积时，也曾遇到过这类问题. 当时我们是这样解决问题的：先在局部上"以直代曲"求得曲边梯形面积的近似值，然后通过取极限，由近似值得到精确值. 这里同样可以用"分割、近似、求和、取极限"的方法来求曲顶柱体的体积.

先将区域 D 分割成 n 个小区域 $\Delta\sigma_1,\Delta\sigma_2,\cdots,\Delta\sigma_n$，同时也用 $\Delta\sigma_i(i=1,2,\cdots,n)$ 表示第 i 个小区域的面积. 以每个小区域的边界曲线为准线，作母线平行于 z 轴的柱面，这样就把给定的曲顶柱体分割成了 n 个小曲顶柱体. 用 $d_i(i=1,2,\cdots,n)$ 表示第 i 个小区域内任意两点之间的距离的最大值（也称为第 i 个**小区域的直径**），并记

$$\lambda=\max\{d_1,d_2,\cdots,d_n\}.$$

当分割很细密，即 $\lambda\to 0$ 时，由于 $z=f(x,y)$ 是连续变化的，在每个小区域 $\Delta\sigma_i$ 上，各点高度变化不大，可以近似看作小平顶柱体；并在 $\Delta\sigma_i$ 中任意取一点

(ξ_i, η_i)，把这点的高度 $f(\xi_i, \eta_i)$ 作为这个小平顶柱体的高度，如图 $9-1(b)$ 所示. 因此，第 i 个小曲顶柱体的体积的近似值，即

$$\Delta V_i \approx f(\xi_i, \eta_i) \Delta \sigma_i.$$

将 n 个小平顶柱体的体积相加，得曲顶柱体体积的近似值，即

$$V = \sum_{i=1}^{n} \Delta V_i \approx \sum_{i=1}^{n} f(\xi_i, \eta_i) \Delta \sigma_i = V_n.$$

当分割越来越细，小区域 $\Delta \sigma_i$ 的直径越来越小，并逐渐收缩成接近一点时，V_n 就越来越接近 V. 若令 $\lambda \to 0$，对 V_n 取极限，该极限值就是曲顶柱体的体积 V，即

$$V = \lim_{\lambda \to 0} V_n = \lim_{\lambda \to 0} \sum_{i=1}^{n} f(\xi_i, \eta_i) \Delta \sigma_i.$$

许多实际问题都可按以上做法，归结为求和式 $\sum_{i=1}^{n} f(\xi_i, \eta_i) \Delta \sigma_i$ 的极限. 撇开上述问题的几何特征，可从这类问题抽象地概括出它们的共同数学本质，得出二重积分的定义.

2. 二重积分的定义

定义 1　设二元函数 $f(x, y)$ 在有界闭区域 D 上有界，将 D 任意划分成 n 个小区域 $\Delta \sigma_1, \Delta \sigma_2, \cdots, \Delta \sigma_n$，并以 $\Delta \sigma_i$ 和 d_i 分别表示第 i 个小区域的面积和直径，记 $\lambda = \max\{d_1, d_2, \cdots, d_n\}$. 在每个小区域 $\Delta \sigma_i$ 上任取一点 $(\xi_i, \eta_i)(i = 1, 2, \cdots, n)$，做乘积 $f(\xi_i, \eta_i) \Delta \sigma_i (i = 1, 2, \cdots, n)$，并做和 $\sum_{i=1}^{n} f(\xi_i, \eta_i) \Delta \sigma_i$. 如果极限

$$\lim_{\lambda \to 0} \sum_{i=1}^{n} f(\xi_i, \eta_i) \Delta \sigma_i$$

存在，则称此极限值为函数 $f(x, y)$ 在 D 上的**二重积分**，记为 $\iint\limits_{D} f(x, y) \mathrm{d}\sigma$，即

$$\iint\limits_{D} f(x, y) \mathrm{d}\sigma = \lim_{\lambda \to 0} \sum_{i=1}^{n} f(\xi_i, \eta_i) \Delta \sigma_i,$$

其中 $f(x, y)$ 称为**被积函数**，x, y 称为**积分变量**，$f(x, y)\mathrm{d}\sigma$ 称为**被积表达式**，$\mathrm{d}\sigma$ 称为**面积元素**，D 称为**积分区域**，而 $\sum_{i=1}^{n} f(\xi_i, \eta_i) \Delta \sigma_i$ 称为**积分和**.

注　(1) 这里积分和的极限存在与区域 D 分成小区域 $\Delta \sigma_i$ 的分法和点 (ξ_i, η_i) 的取法无关. 在直角坐标系中，常用平行于 x 轴和 y 轴的直线网来分割积分区域 D，这样得到的小区域 $\Delta \sigma_i$（除了包含边界点的一些小区域外，见图 $9-2$）都是小矩形. 这时小区域的面积 $\Delta \sigma_i = \Delta x_i \Delta y_i$，因此面积元素为 $\mathrm{d}\sigma = \mathrm{d}x \, \mathrm{d}y$，在直角坐标系下，有

$$\iint\limits_{D} f(x, y) \mathrm{d}\sigma = \iint\limits_{D} f(x, y) \mathrm{d}x \, \mathrm{d}y. \tag{9-1}$$

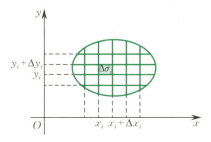

图 9-2

（2）可以证明，若函数 $f(x,y)$ 在有界闭区域 D 上连续，则二重积分 $\iint\limits_{D}f(x,y)\mathrm{d}\sigma$ 一定存在.

（3）当 $f(x,y)\geqslant 0$ 时，二重积分 $\iint\limits_{D}f(x,y)\mathrm{d}\sigma$ 在数值上等于以区域 D 为底、曲面 $z=f(x,y)$ 为顶的曲顶柱体的体积；当 $f(x,y)\leqslant 0$ 时，二重积分 $\iint\limits_{D}f(x,y)\mathrm{d}\sigma$ 表示该曲顶柱体体积的相反数；当 $f(x,y)$ 有正有负时，二重积分 $\iint\limits_{D}f(x,y)\mathrm{d}\sigma$ 表示以曲面 $z=f(x,y)$ 为顶、D 为底的被 xOy 面分成的上方和下方的曲顶柱体体积的代数和. 这就是二重积分的几何意义.

9.1.2 二重积分的性质

比较二重积分和定积分的定义，可以看出二重积分与定积分有类似的性质. 为了叙述简便，假设以下提到的二重积分都存在.

性质 1 若 α,β 为常数，则

$$\iint\limits_{D}(\alpha f(x,y)+\beta g(x,y))\mathrm{d}\sigma =\alpha\iint\limits_{D}f(x,y)\mathrm{d}\sigma +\beta\iint\limits_{D}g(x,y)\mathrm{d}\sigma.$$

性质 2 若闭区域 D 由 D_1,D_2 组成（其中 D_1 与 D_2 除边界外无公共点），则

$$\iint\limits_{D}f(x,y)\mathrm{d}\sigma =\iint\limits_{D_1}f(x,y)\mathrm{d}\sigma +\iint\limits_{D_2}f(x,y)\mathrm{d}\sigma.$$

性质 3 若闭区域 D 的面积为 σ，则 $\iint\limits_{D}\mathrm{d}\sigma =\sigma$.

性质 4 如果在闭区域 D 上总有 $f(x,y)\leqslant g(x,y)$，则

$$\iint\limits_{D}f(x,y)\mathrm{d}\sigma \leqslant \iint\limits_{D}g(x,y)\mathrm{d}\sigma.$$

特别地，有

$$\left|\iint\limits_D f(x,y)\mathrm{d}\sigma\right| \leqslant \iint\limits_D |f(x,y)|\,\mathrm{d}\sigma.$$

性质 5 设 M,m 分别是函数 $f(x,y)$ 在闭区域 D 上的最大值与最小值，σ 是 D 的面积，则

$$m\sigma \leqslant \iint\limits_D f(x,y)\mathrm{d}\sigma \leqslant M\sigma.$$

注 上式可用于二重积分的估计，称为**二重积分的估值不等式**.

性质 6（二重积分的中值定理） 设函数 $f(x,y)$ 在闭区域 D 上连续，σ 是 D 的面积，则在 D 内至少存在一点 (ξ,η)，使得

$$\iint\limits_D f(x,y)\mathrm{d}\sigma = f(\xi,\eta)\sigma.$$

以上性质证明从略.

例 1 比较积分 $\iint\limits_D [\ln(x+y)]^2\mathrm{d}\sigma$ 与 $\iint\limits_D [\ln(x+y)]^3\mathrm{d}\sigma$ 的大小，其中 D 是直角三角形闭区域，三顶点分别为 $(0,1),(1,1),(0,2)$.

解 由于 D 是直角三角形闭区域，斜边方程为 $x+y=2$，因此在 D 内有 $1 \leqslant x+y \leqslant 2 < \mathrm{e}$，从而 $0 \leqslant \ln(x+y) < 1$. 于是 $[\ln(x+y)]^2 > [\ln(x+y)]^3$，所以由性质 4 得

$$\iint\limits_D [\ln(x+y)]^2\mathrm{d}\sigma > \iint\limits_D [\ln(x+y)]^3\mathrm{d}\sigma.$$

例 2 估计二重积分 $I = \iint\limits_D \dfrac{\mathrm{d}\sigma}{x^2+y^2+2xy+4}$ 的值，其中积分区域 D 为矩形闭区域 $\{(x,y)\mid 0 \leqslant x \leqslant 3,0 \leqslant y \leqslant 1\}$.

解 $f(x,y) = \dfrac{1}{x^2+y^2+2xy+4} = \dfrac{1}{(x+y)^2+4}$，积分区域的面积 $\sigma = 3$.

在 D 上，当 $x=y=0$ 时，$f(x,y)$ 的最大值为 $M = \dfrac{1}{4}$；当 $x=3,y=1$ 时，$f(x,y)$ 的最小值为 $m = \dfrac{1}{4^2+4} = \dfrac{1}{20}$. 故由性质 5 得到二重积分的估计值为

$$\frac{3}{20} \leqslant I \leqslant \frac{3}{4}.$$

习题 9 - 1

1. 设有一平面薄片,在 xOy 面上形成闭区域 D,它在点 (x,y) 处的面密度为 $\mu(x,y)$,且 $\mu(x,y)$ 在 D 上连续,试用二重积分表示该薄片的质量.

2. 设 D 为圆环域: $1 \leqslant x^2 + y^2 \leqslant 4$,求 $\iint\limits_D \mathrm{d}x\,\mathrm{d}y$.

3. 设 $D = \{(x,y) \mid x^2 + y^2 \leqslant 2x\}$,求 $\iint\limits_D \mathrm{d}x\,\mathrm{d}y$.

4. 试比较下列二重积分的大小:

(1) $\iint\limits_D (x+y)^2 \mathrm{d}\sigma$ 与 $\iint\limits_D (x+y)^3 \mathrm{d}\sigma$,其中 D 是由 x 轴、y 轴及直线 $x+y=1$ 所围成的闭区域;

(2) $\iint\limits_D \ln(x+y) \mathrm{d}\sigma$ 与 $\iint\limits_D [\ln(x+y)]^2 \mathrm{d}\sigma$,其中 D 是以 $A(1,0)$,$B(1,1)$,$C(2,0)$ 为顶点的三角形闭区域.

§9.2 直角坐标系中二重积分的计算

一般情况下要用定义计算二重积分相当困难.下面从二重积分的几何意义出发,介绍计算二重积分的方法,该方法将二重积分的计算问题化为两次定积分的计算问题,称为**累次积分法**.

微课视频

在推导 $\iint\limits_D f(x,y)\mathrm{d}x\,\mathrm{d}y$ 的计算公式前,假定 $f(x,y)$ 连续,且 $f(x,y) \geqslant 0$.

设积分区域 D 由曲线 $y = \varphi_1(x)$,$y = \varphi_2(x)$ 及直线 $x = a$,$x = b$ 所围成,其中 $a < b$,$\varphi_1(x)$,$\varphi_2(x) \in \mathrm{C}[a,b]$,且 $\varphi_1(x) \leqslant \varphi_2(x)$,则 D 可表示为
$$D = \{(x,y) \mid a \leqslant x \leqslant b, \varphi_1(x) \leqslant y \leqslant \varphi_2(x)\}.$$
此时,称 D 为 **X- 型区域**,这种区域的特点是:穿过 D 内部且平行于 y 轴的直线与 D 的边界的交点不多于两个,如图 9 - 3 所示.

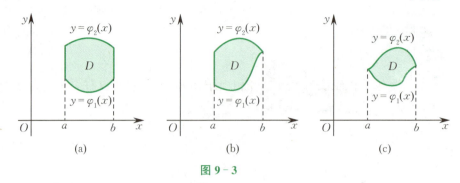

图 9-3

由二重积分的几何意义可知，$\iint\limits_{D} f(x,y)\mathrm{d}x\mathrm{d}y$ 的值等于以 D 为底、曲面 $z=f(x,y)$ 为顶的曲顶柱体的体积，如图 9-4 所示.

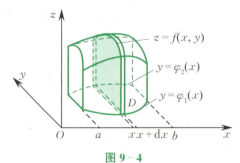

图 9-4

我们用"切片法"来求这个体积. 首先在区间 $[a,b]$ 上任取一小区间 $[x,x+\mathrm{d}x]$，用过点 $(x,0,0)$ 且平行于 yOz 面的平面去截曲顶柱体，截得的截面是以空间曲线 $z=f(x,y)$ 为曲边、$[\varphi_1(x),\varphi_2(x)]$ 为底边的曲边梯形，其面积为

$$A(x)=\int_{\varphi_1(x)}^{\varphi_2(x)} f(x,y)\mathrm{d}y.$$

再用过点 $(x+\mathrm{d}x,0,0)$ 且平行于 yOz 面的平面去截曲顶柱体，得一夹在两平行平面之间的小曲顶柱体. 它可近似看作以截面面积 $A(x)$ 为底面积、$\mathrm{d}x$ 为高的薄柱体，从而得体积元素为

$$\mathrm{d}V=A(x)\mathrm{d}x.$$

所以，曲顶柱体的体积为

$$V=\int_a^b A(x)\mathrm{d}x=\int_a^b\left(\int_{\varphi_1(x)}^{\varphi_2(x)} f(x,y)\mathrm{d}y\right)\mathrm{d}x,$$

或记为

$$V=\int_a^b \mathrm{d}x\int_{\varphi_1(x)}^{\varphi_2(x)} f(x,y)\mathrm{d}y.$$

于是得到二重积分的计算公式

$$\iint\limits_{D} f(x,y)\mathrm{d}x\mathrm{d}y=\int_a^b \mathrm{d}x\int_{\varphi_1(x)}^{\varphi_2(x)} f(x,y)\mathrm{d}y. \qquad (9-2)$$

上式右边是一个先对 y、后对 x 的**累次积分**. 求内层积分时，将 x 看作常数，y 是积分变量，积分上、下限可以是随 x 变化的函数，积分的结果是 x 的函

数.然后再对 x 求外层积分,这时积分上、下限为常数.

若积分区域 D 由曲线 $x=\varphi_1(y),x=\varphi_2(y)$ 及直线 $y=c,y=d$ 所围成, 其中 $c<d$,且 $\varphi_1(y)\leqslant\varphi_2(y)$,则 D 可表示为

$$D=\{(x,y)\mid c\leqslant y\leqslant d,\varphi_1(y)\leqslant x\leqslant\varphi_2(y)\}.$$

此时,称 D 为 Y-型区域,这种区域的特点是:穿过 D 内部且平行于 x 轴的直线与 D 的边界的交点不多于两个,如图 9-5 所示.

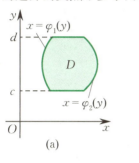 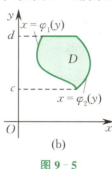 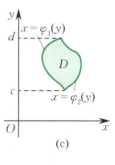

(a)　　　　　　　　(b)　　　　　　　　(c)

图 9-5

由类似的分析,可得

$$\iint\limits_{D}f(x,y)\mathrm{d}x\mathrm{d}y=\int_{c}^{d}\mathrm{d}y\int_{\varphi_1(y)}^{\varphi_2(y)}f(x,y)\mathrm{d}x. \tag{9-3}$$

从上述计算公式可以看出,将二重积分化为两次定积分,关键是确定积分限,而确定积分限又依赖于区域 D 的几何形状.因此,首先必须正确地画出 D 的图形,将 D 表示为 X-型区域或 Y-型区域.如果 D 不能直接表示成 X-型区域或 Y-型区域,则应将 D 划分成若干个无公共内点的小区域,并使每个小区域能表示成 X-型区域或 Y-型区域,如图 9-6 所示.再由二重积分对积分区域的可加性可知,区域 D 上的二重积分就是这些小区域上的二重积分之和.

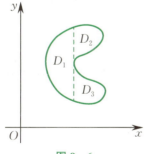

图 9-6

在以上讨论中做了 $f(x,y)\geqslant0$ 的假设,实际上把二重积分化为两次定积分时,并不需要被积函数满足此条件,只要 $f(x,y)$ 可积就行,即公式(9-2)、公式(9-3)对一般可积函数均成立.

例 1 计算 $\iint\limits_{D}xy^2\mathrm{d}x\mathrm{d}y$,其中 D 是由直线 $y=x,x=1$ 及 $y=0$ 所围成的区域.

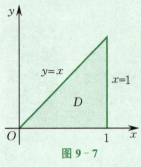

图 9-7

解 1 区域 D 如图 9-7 所示. 若将 D 表示为 X-型区域 $D = \{(x,y) \mid 0 \leqslant x \leqslant 1, 0 \leqslant y \leqslant x\}$，则由公式(9-2)，得

$$\iint_D xy^2 \mathrm{d}x\mathrm{d}y = \int_0^1 \mathrm{d}x \int_0^x xy^2 \mathrm{d}y = \int_0^1 x \cdot \left(\left.\frac{y^3}{3}\right|_0^x\right)\mathrm{d}x$$

$$= \int_0^1 \frac{1}{3}x^4 \mathrm{d}x = \frac{1}{15}.$$

解 2 将 D 表示为 Y-型区域 $D = \{(x,y) \mid 0 \leqslant y \leqslant 1, y \leqslant x \leqslant 1\}$，由公式(9-3)，得

$$\iint_D xy^2 \mathrm{d}x\mathrm{d}y = \int_0^1 \mathrm{d}y \int_y^1 xy^2 \mathrm{d}x = \int_0^1 y^2 \cdot \left(\left.\frac{x^2}{2}\right|_y^1\right)\mathrm{d}y$$

$$= \int_0^1 \left(\frac{y^2}{2} - \frac{y^4}{2}\right)\mathrm{d}y = \frac{1}{15}.$$

例 2 交换累次积分 $\int_0^1 \mathrm{d}x \int_{x^2}^x f(x,y)\mathrm{d}y$ 的积分次序.

解 由所给积分的上、下限可知，积分区域 D 用 X-型区域表示为

$$D = \{(x,y) \mid 0 \leqslant x \leqslant 1, x^2 \leqslant y \leqslant x\}.$$

改写 D 用 Y-型区域表示为

$$D = \{(x,y) \mid 0 \leqslant y \leqslant 1, y \leqslant x \leqslant \sqrt{y}\},$$

所以交换累次积分的积分次序，有

$$\int_0^1 \mathrm{d}x \int_{x^2}^x f(x,y)\mathrm{d}y = \int_0^1 \mathrm{d}y \int_y^{\sqrt{y}} f(x,y)\mathrm{d}x.$$

*例 3 交换累次积分 $\int_0^1 \mathrm{d}y \int_y^{1+\sqrt{1-y^2}} f(x,y)\mathrm{d}x$ 的积分次序.

解 由所给积分的上、下限可知，积分区域 D 用 Y-型区域表示为

$$D = \{(x,y) \mid 0 \leqslant y \leqslant 1, y \leqslant x \leqslant 1+\sqrt{1-y^2}\},$$

即 D 由 $y = 0, y = 1, y = x$ 及 $x = 1+\sqrt{1-y^2}$ 所围成，如图 9-8 阴影部分所示.

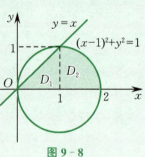

图 9-8

改写 D 用 X-型区域表示为

$$D = D_1 \bigcup D_2 = \{(x,y) \mid 0 \leqslant x \leqslant 1, 0 \leqslant y \leqslant x\}$$
$$\bigcup \{(x,y) \mid 1 \leqslant x \leqslant 2, 0 \leqslant y \leqslant \sqrt{2x-x^2}\},$$

所以

$$\int_0^1 \mathrm{d}y \int_y^{1+\sqrt{1-y^2}} f(x,y)\mathrm{d}x = \int_0^1 \mathrm{d}x \int_0^x f(x,y)\mathrm{d}y + \int_1^2 \mathrm{d}x \int_0^{\sqrt{2x-x^2}} f(x,y)\mathrm{d}y.$$

注 交换积分次序的关键是根据所给积分的上、下限准确地画出积分区域 D.

例4 计算 $\iint\limits_D xy\,dx\,dy$，其中 D 由 $y^2=x$ 及 $y=x-2$ 所围成．

解 联立方程组

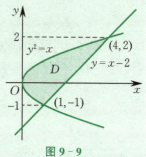

$$\begin{cases} y^2=x, \\ y=x-2, \end{cases}$$

得交点 $(1,-1),(4,2)$．画出区域 D，如图 9-9 所示．

将 D 表示为 Y-型区域

$$D=\{(x,y)\mid -1\leqslant y\leqslant 2, y^2\leqslant x\leqslant y+2\},$$

所以

图 9-9

$$\iint\limits_D xy\,dx\,dy=\int_{-1}^2 dy\int_{y^2}^{y+2} xy\,dx=\int_{-1}^2\left(\frac{y}{2}x^2\right)\Big|_{y^2}^{y+2}dy$$

$$=\frac{1}{2}\int_{-1}^2(-y^5+y^3+4y^2+4y)dy$$

$$=\frac{1}{2}\left(-\frac{1}{6}y^6+\frac{1}{4}y^4+\frac{4}{3}y^3+2y^2\right)\Big|_{-1}^2=\frac{45}{8}.$$

下面再用另外一种积分次序计算这个二重积分．

将 D 表示成 X-型区域

$$D=\{(x,y)\mid 0\leqslant x\leqslant 1, -\sqrt{x}\leqslant y\leqslant \sqrt{x}\}$$

$$\bigcup\{(x,y)\mid 1\leqslant x\leqslant 4, x-2\leqslant y\leqslant \sqrt{x}\},$$

所以

$$\iint\limits_D xy\,dx\,dy=\int_0^1 dx\int_{-\sqrt{x}}^{\sqrt{x}} xy\,dy+\int_1^4 dx\int_{x-2}^{\sqrt{x}} xy\,dy=\frac{45}{8}.$$

这里要计算两个累次积分．可见，积分次序的选取关系到二重积分计算的繁简程度．

例5 计算二重积分 $\iint\limits_D \dfrac{\sin y}{y}dx\,dy$，其中 D 由直线 $y=1,y=x$ 及 $x=0$ 所围成．

解 如图 9-10 所示，D 可表示为

$$D=\{(x,y)\mid 0\leqslant x\leqslant 1, x\leqslant y\leqslant 1\}$$

或

$$D=\{(x,y)\mid 0\leqslant y\leqslant 1, 0\leqslant x\leqslant y\}.$$

若先对 y 积分再对 x 积分，则

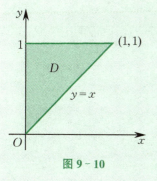

$$\iint\limits_D \frac{\sin y}{y}dx\,dy=\int_0^1 dx\int_x^1 \frac{\sin y}{y}dy.$$

由于 $\dfrac{\sin y}{y}$ 的原函数不能用初等函数表示，因此积分 $\int_x^1 \dfrac{\sin y}{y}dy$ 无法

图 9-10　　计算出来．改用先对 x 积分再对 y 积分，则

$$\iint\limits_{D} \frac{\sin y}{y} \mathrm{d}x \, \mathrm{d}y = \int_0^1 \mathrm{d}y \int_0^y \frac{\sin y}{y} \mathrm{d}x = \int_0^1 \frac{\sin y}{y} \left(x \Big|_0^y\right) \mathrm{d}y$$

$$= \int_0^1 \sin y \mathrm{d}y = 1 - \cos 1.$$

可见，积分次序的选取有时候会关系到积分能否算得出来.

例 6 计算二重积分 $\iint\limits_{D} |y - x^2| \mathrm{d}x \, \mathrm{d}y$，其中 D 为矩形闭区域：$-1 \leqslant x \leqslant 1, 0 \leqslant y \leqslant 1$.

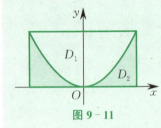

图 9-11

解 因 $|y - x^2| = \begin{cases} y - x^2, & y \geqslant x^2 \\ x^2 - y, & y < x^2 \end{cases}$，则将积分区域 D 划分为 D_1 与 D_2，如图 9-11 所示. 又

$$D_1 = \{(x, y) \mid -1 \leqslant x \leqslant 1, x^2 \leqslant y \leqslant 1\},$$
$$D_2 = \{(x, y) \mid -1 \leqslant x \leqslant 1, 0 \leqslant y \leqslant x^2\},$$

于是

$$\iint\limits_{D} |y - x^2| \mathrm{d}x \, \mathrm{d}y = \iint\limits_{D_1} (y - x^2) \mathrm{d}x \, \mathrm{d}y + \iint\limits_{D_2} (x^2 - y) \mathrm{d}x \, \mathrm{d}y$$

$$= \int_{-1}^1 \mathrm{d}x \int_{x^2}^1 (y - x^2) \mathrm{d}y + \int_{-1}^1 \mathrm{d}x \int_0^{x^2} (x^2 - y) \mathrm{d}y$$

$$= \int_{-1}^1 \left(\frac{y^2}{2} - x^2 y\right) \Big|_{x^2}^1 \mathrm{d}x + \int_{-1}^1 \left(x^2 y - \frac{y^2}{2}\right) \Big|_0^{x^2} \mathrm{d}x$$

$$= \int_{-1}^1 \left(\frac{1}{2} - x^2 + x^4\right) \mathrm{d}x = \frac{11}{15}.$$

习题 9-2

1. 画出积分区域，并计算下列二重积分：

(1) $\iint\limits_{D} (x + y) \mathrm{d}x \, \mathrm{d}y$，其中 D 为矩形闭区域：$|x| \leqslant 1, |y| \leqslant 1$；

(2) $\iint\limits_{D} (3x + 2y) \mathrm{d}x \, \mathrm{d}y$，其中 D 是由两坐标轴及直线 $x + y = 2$ 所围成的闭区域；

(3) $\iint\limits_{D} (x^2 + y^2 - x) \mathrm{d}x \, \mathrm{d}y$，其中 D 是由直线 $y = 2, y = x, y = 2x$ 所围成的闭区域；

(4) $\iint\limits_{D} x^2 y \mathrm{d}x \, \mathrm{d}y$，其中 D 是半圆形闭区域：$x^2 + y^2 \leqslant 4, x \geqslant 0$；

(5) $\iint\limits_{D} x \ln y \mathrm{d}x \, \mathrm{d}y$，其中 $D: 0 \leqslant x \leqslant 4, 1 \leqslant y \leqslant \mathrm{e}$；

(6) $\iint\limits_{D} \dfrac{x^2}{y^2}\mathrm{d}x\,\mathrm{d}y$,其中 D 是由曲线 $xy=1$ 及直线 $x=\dfrac{1}{2}$,$y=x$ 所围成的闭区域;

(7) $\iint\limits_{D} \mathrm{e}^{-y^2}\mathrm{d}x\,\mathrm{d}y$,其中 D 是以点 $(0,0)$,$(1,1)$,$(0,1)$ 为顶点的三角形闭区域.

2. 将二重积分 $\iint\limits_{D} f(x,y)\mathrm{d}x\,\mathrm{d}y$ 化为累次积分(两种积分次序),其中积分区域 D 分别如下:

(1) 以点 $(0,0)$,$(2,0)$,$(1,1)$ 为顶点的三角形闭区域;

(2) 由直线 $y=x$,$x=2$ 及双曲线 $y=\dfrac{1}{x}$ 所围成的闭区域;

(3) 由曲线 $y=x^2$ 及直线 $y=1$ 所围成的闭区域.

3. 交换下列累次积分的积分次序:

(1) $\displaystyle\int_0^1 \mathrm{d}y \int_0^y f(x,y)\mathrm{d}x$;

(2) $\displaystyle\int_0^2 \mathrm{d}y \int_{y^2}^{2y} f(x,y)\mathrm{d}x$;

(3) $\displaystyle\int_1^e \mathrm{d}x \int_0^{\ln x} f(x,y)\mathrm{d}y$;

(4) $\displaystyle\int_0^1 \mathrm{d}y \int_0^{2y} f(x,y)\mathrm{d}x + \int_1^3 \mathrm{d}y \int_0^{3-y} f(x,y)\mathrm{d}x$;

(5) $\displaystyle\int_{-1}^1 \mathrm{d}x \int_{x^2}^1 f(x,y)\mathrm{d}y$;

(6) $\displaystyle\int_0^2 \mathrm{d}y \int_{\frac{y}{2}}^{y} f(x,y)\mathrm{d}x$.

4. 求由平面 $x=0$,$y=0$,$x=1$,$y=1$ 所围成的柱体被平面 $z=0$ 及 $2x+3y+z=6$ 截得的立体体积.

5. 求由平面 $x=0$,$y=0$,$x+y=1$ 所围成的柱体被平面 $z=0$ 及曲面 $x^2+y^2=6-z$ 截得的立体体积.

§9.3 极坐标系中二重积分的计算

当积分区域为圆或圆的一部分时,用极坐标计算二重积分可能会比较简单.

如图 9-12 所示,设有极坐标系下的积分区域 D,我们用一组以极点为圆心的同心圆($r=$ 常数)及过极点的一组射线($\theta=$ 常数)将 D 分割成 n 个小区域. 易证得

$$\Delta\sigma \approx r\Delta r\Delta\theta \quad (\Delta r \to 0, \Delta\theta \to 0),$$

从而小区域的面积元素为

$$\mathrm{d}\sigma = r\mathrm{d}r\mathrm{d}\theta.$$

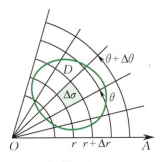

图 9 - 12

再根据平面上的点的直角坐标(x,y)与该点的极坐标(r,θ)之间的关系式

$$x = r\cos\theta, \quad y = r\sin\theta,$$

得

$$\iint\limits_{D} f(x,y)\mathrm{d}\sigma = \iint\limits_{D'} f(r\cos\theta, r\sin\theta)r\mathrm{d}r\mathrm{d}\theta, \tag{9-4}$$

其中 D' 是将 D 变换成极坐标(r,θ) 所对应的区域.

与直角坐标系相似,在极坐标系下计算二重积分同样要化为关于坐标变量 r 和 θ 的累次积分来计算.以下依区域 D' 的 3 种情形加以讨论.

(1) 若极点 O 在区域 D' 外,且 D' 由射线 $\theta = \alpha$, $\theta = \beta$ 和两条连续曲线 $r = r_1(\theta)$, $r = r_2(\theta)$ 所围成,如图 9-13(a) 所示,则

$$D' = \{(r,\theta) \mid \alpha \leqslant \theta \leqslant \beta, r_1(\theta) \leqslant r \leqslant r_2(\theta)\},$$

$$\iint\limits_{D'} f(r\cos\theta, r\sin\theta)r\mathrm{d}r\mathrm{d}\theta = \int_{\alpha}^{\beta}\mathrm{d}\theta \int_{r_1(\theta)}^{r_2(\theta)} f(r\cos\theta, r\sin\theta)r\mathrm{d}r. \tag{9-5}$$

(2) 若 $r_1(\theta) = 0$,即极点 O 在区域 D' 的边界上,且 D' 由射线 $\theta = \alpha$, $\theta = \beta$ 和连续曲线 $r = r(\theta)$ 所围成,如图 9-13(b) 所示,则

$$D' = \{(r,\theta) \mid \alpha \leqslant \theta \leqslant \beta, 0 \leqslant r \leqslant r(\theta)\},$$

$$\iint\limits_{D'} f(r\cos\theta, r\sin\theta)r\mathrm{d}r\mathrm{d}\theta = \int_{\alpha}^{\beta}\mathrm{d}\theta \int_{0}^{r(\theta)} f(r\cos\theta, r\sin\theta)r\mathrm{d}r. \tag{9-6}$$

(3) 若极点 O 在区域 D' 内,且 D' 的边界曲线为连续封闭曲线 $r = r(\theta)$ $(0 \leqslant \theta \leqslant 2\pi)$,如图 9-13(c) 所示,则

$$D' = \{(r,\theta) \mid 0 \leqslant \theta \leqslant 2\pi, 0 \leqslant r \leqslant r(\theta)\},$$

$$\iint\limits_{D'} f(r\cos\theta, r\sin\theta)r\mathrm{d}r\mathrm{d}\theta = \int_{0}^{2\pi}\mathrm{d}\theta \int_{0}^{r(\theta)} f(r\cos\theta, r\sin\theta)r\mathrm{d}r. \tag{9-7}$$

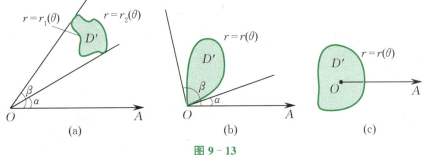

图 9 - 13

例 1　计算 $\iint\limits_{D} e^{-x^2-y^2} d\sigma$，其中 D 为圆 $x^2+y^2=4$ 所围成的区域.

解　积分区域是一个圆域，可表示为 $D'=\{(r,\theta)\mid 0\leqslant\theta\leqslant 2\pi,0\leqslant r\leqslant 2\}$，于是

$$\iint\limits_{D} e^{-x^2-y^2} d\sigma=\iint\limits_{D'} e^{-r^2} r dr d\theta=\int_0^{2\pi} d\theta\int_0^2 r e^{-r^2} dr$$

$$=\int_0^{2\pi}\left(-\frac{1}{2}e^{-r^2}\right)\Big|_0^2 d\theta=\frac{1}{2}\int_0^{2\pi}(1-e^{-4})d\theta$$

$$=\pi(1-e^{-4}).$$

例 2　设 $D=\{(x,y)\mid 1\leqslant x^2+y^2\leqslant 4\}$，求 $\iint\limits_{D}\sqrt{x^2+y^2}\,d\sigma$.

解　积分区域 D 如图 $9-14$ 所示，是一个圆环域，可表示为
$D'=\{(r,\theta)\mid 0\leqslant\theta\leqslant 2\pi,1\leqslant r\leqslant 2\}$，因此

$$\iint\limits_{D}\sqrt{x^2+y^2}\,d\sigma=\int_0^{2\pi} d\theta\int_1^2 r^2 dr$$

$$=\int_0^{2\pi}\frac{1}{3}r^3\Big|_1^2 d\theta$$

$$=\frac{14}{3}\pi.$$

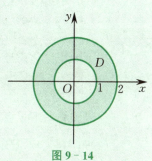

图 9-14

在例 2 的计算中，我们通过观察发现 $\int_0^{2\pi} d\theta\int_1^2 r^2 dr$ 后面的积分式子不含变量 θ，所以第二次积分时只是一个常数，根据定积分的性质，也可以这样计算：

$$\iint\limits_{D}\sqrt{x^2+y^2}\,d\sigma=\int_0^{2\pi} d\theta\int_1^2 r^2 dr=2\pi\cdot\frac{r^3}{3}\Big|_1^2=\frac{14}{3}\pi.$$

*例 3　计算二重积分 $\iint\limits_{D}\dfrac{y}{x} d\sigma$，其中积分区域 $D=\{(x,y)\mid 1\leqslant x^2+y^2\leqslant-2x\}$.

解　画出积分区域 D，如图 $9-15$ 所示，D 用极坐标表示为

$$D'=\left\{(r,\theta)\,\Big|\,\frac{2\pi}{3}\leqslant\theta\leqslant\frac{4\pi}{3},1\leqslant r\leqslant-2\cos\theta\right\},$$

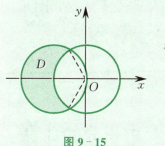

图 9-15

于是

$$\iint\limits_{D}\frac{y}{x} d\sigma=\iint\limits_{D'}\tan\theta\cdot r dr d\theta=\int_{\frac{2\pi}{3}}^{\frac{4\pi}{3}} d\theta\int_1^{-2\cos\theta}\tan\theta\cdot r dr$$

$$=\int_{\frac{2\pi}{3}}^{\frac{4\pi}{3}}\tan\theta\left(\frac{1}{2}r^2\Big|_1^{-2\cos\theta}\right)d\theta$$

$$=\int_{\frac{2\pi}{3}}^{\frac{4\pi}{3}}\tan\theta\left(2\cos^2\theta-\frac{1}{2}\right)d\theta$$

$$=\left(-\frac{1}{2}\cos 2\theta+\frac{1}{2}\ln|\cos\theta|\right)\Big|_{\frac{2\pi}{3}}^{\frac{4\pi}{3}}=0.$$

注 一般地，当二重积分的积分区域为圆域或圆域的一部分，被积函数为 $f(\sqrt{x^2+y^2})$，$f\left(\dfrac{y}{x}\right)$ 或 $f\left(\dfrac{x}{y}\right)$ 等形式时，用极坐标计算较方便.

习题 9-3

1. 画出积分区域，把二重积分 $\displaystyle\iint\limits_{D} f(x,y)\,d\sigma$ 化为极坐标系下的累次积分，其中积分区域 D 是：

(1) $x^2+y^2 \leqslant a^2\,(a>0)$；　　　　　　(2) $x^2+y^2 \leqslant 2x$；

(3) $1 \leqslant x^2+y^2 \leqslant 4$；　　　　　　(4) $0 \leqslant y \leqslant 1-x,\ 0 \leqslant x \leqslant 1$.

2. 把下列积分化为极坐标形式，并计算积分值：

(1) $\displaystyle\int_0^a dy \int_0^{\sqrt{a^2-y^2}} (x^2+y^2)\,dx$；　　(2) $\displaystyle\int_0^1 dx \int_{x^2}^x \sqrt{x^2+y^2}\,dy$.

3. 在极坐标系下计算下列二重积分：

(1) $\displaystyle\iint\limits_{D} e^{x^2+y^2}\,d\sigma$，其中 D 是圆形闭区域：$x^2+y^2 \leqslant 1$；

(2) $\displaystyle\iint\limits_{D} \ln(1+x^2+y^2)\,d\sigma$，其中 D 是由圆周 $x^2+y^2=1$ 及坐标轴所围成的在第一象限内的闭区域；

(3) $\displaystyle\iint\limits_{D} \arctan\dfrac{y}{x}\,d\sigma$，其中 D 是由圆周 $x^2+y^2=1$，$x^2+y^2=4$ 及直线 $y=0$，$y=x$ 所围成的在第一象限内的闭区域；

(4) $\displaystyle\iint\limits_{D} (x^2+y^2)\,d\sigma$，其中 D 表示圆环区域 $\{(x,y)\mid 1 \leqslant x^2+y^2 \leqslant 2\}$；

(5) $\displaystyle\iint\limits_{D} \sqrt{R^2-x^2-y^2}\,d\sigma$，其中 D 是由圆周 $x^2+y^2=Rx\,(R>0)$ 所围成的闭区域.

4. 求由曲面 $z=x^2+y^2$ 与 $z=\sqrt{x^2+y^2}$ 所围成的立体体积.

§9.4 无界区域上简单反常二重积分的计算

与一元函数在无限区间上的反常积分类似，如果允许二重积分的积分区域 D 为无界区域（如全平面、半平面、有界区域的外部等），则可定义无界区域上的反常二重积分.

定义 1 设 D 是平面上一无界区域,函数 $f(x,y)$ 在其上有定义,用任意光滑曲线 Γ 在 D 中划出有界闭区域 D_Γ,如图 9-16 所示.设函数 $f(x,y)$ 在 D_Γ 上可积,当曲线 Γ 连续变动,使 D_Γ 无限扩展趋向于区域 D 时,不论 Γ 的形状如何,也不论扩展的过程怎样,若极限

$$\lim_{D_\Gamma \to D} \iint_{D_\Gamma} f(x,y)\,\mathrm{d}\sigma$$

存在且取相同的值 I,则称 I 为 $f(x,y)$ 在无界区域 D 上的反常二重积分,记为

$$\iint_D f(x,y)\,\mathrm{d}\sigma = \lim_{D_\Gamma \to D} \iint_{D_\Gamma} f(x,y)\,\mathrm{d}\sigma = I.$$

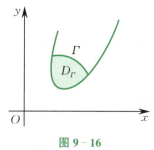

图 9-16

此时也称反常二重积分 $\iint_D f(x,y)\,\mathrm{d}\sigma$ 收敛,否则称反常二重积分 $\iint_D f(x,y)\,\mathrm{d}\sigma$ 发散.

判别反常二重积分的敛散性本节不做讨论. 如果已知反常二重积分 $\iint_D f(x,y)\,\mathrm{d}\sigma$ 收敛,为了简化计算,常常选取一些特殊的 D_Γ 使其趋向于区域 D.

例 1 设 D 为全平面,已知 $\iint_D \mathrm{e}^{-x^2-y^2}\,\mathrm{d}\sigma$ 收敛,求其值.

解 设 D_R 为中心在原点、半径为 R 的圆域,则

$$\iint_{D_R} \mathrm{e}^{-x^2-y^2}\,\mathrm{d}\sigma = \int_0^{2\pi} \mathrm{d}\theta \int_0^R \mathrm{e}^{-r^2} r\,\mathrm{d}r = 2\pi\left(-\frac{1}{2}\mathrm{e}^{-r^2}\right)\Bigg|_0^R = \pi(1-\mathrm{e}^{-R^2}).$$

显然,当 $R \to +\infty$ 时,有 $D_R \to D$,因此

$$\iint_D \mathrm{e}^{-x^2-y^2}\,\mathrm{d}\sigma = \lim_{D_R \to D} \iint_{D_R} \mathrm{e}^{-x^2-y^2}\,\mathrm{d}\sigma = \lim_{R \to +\infty} \iint_{D_R} \mathrm{e}^{-x^2-y^2}\,\mathrm{d}\sigma$$

$$= \lim_{R \to +\infty} \pi(1-\mathrm{e}^{-R^2}) = \pi.$$

例 2 证明:$\displaystyle\int_0^{+\infty} \mathrm{e}^{-x^2}\,\mathrm{d}x = \frac{\sqrt{\pi}}{2}.$

证　如图 9-17 所示，令

$$D = \{(x,y) \mid 0 \leqslant x \leqslant a, 0 \leqslant y \leqslant a\},$$
$$D_1 = \{(x,y) \mid x^2 + y^2 \leqslant a^2, x \geqslant 0, y \geqslant 0\},$$
$$D_2 = \{(x,y) \mid x^2 + y^2 \leqslant 2a^2, x \geqslant 0, y \geqslant 0\},$$

则有

$$\iint\limits_{D_1} e^{-x^2-y^2}\,dx\,dy \leqslant \iint\limits_{D} e^{-x^2-y^2}\,dx\,dy \leqslant \iint\limits_{D_2} e^{-x^2-y^2}\,dx\,dy.$$

而

$$\iint\limits_{D} e^{-x^2-y^2}\,dx\,dy = \int_0^a e^{-x^2}\,dx \cdot \int_0^a e^{-y^2}\,dy = \left(\int_0^a e^{-x^2}\,dx\right)^2,$$

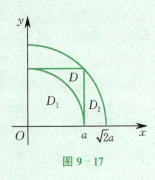

图 9-17

由例 1 知

$$\iint\limits_{D_1} e^{-x^2-y^2}\,dx\,dy = \frac{\pi}{4}(1 - e^{-a^2}),$$

$$\iint\limits_{D_2} e^{-x^2-y^2}\,dx\,dy = \frac{\pi}{4}(1 - e^{-2a^2}),$$

从而得

$$\frac{\pi}{4}(1 - e^{-a^2}) \leqslant \left(\int_0^a e^{-x^2}\,dx\right)^2 \leqslant \frac{\pi}{4}(1 - e^{-2a^2}).$$

令 $a \to +\infty$，得

$$\int_0^{+\infty} e^{-x^2}\,dx = \frac{\sqrt{\pi}}{2}.$$

习题 9-4

1. 已知反常二重积分 $\iint\limits_{D} e^{-(x+y)}\,dx\,dy$ 收敛，计算 $\iint\limits_{D} e^{-(x+y)}\,dx\,dy$，其中 $D: x \geqslant 0, y \geqslant x$.

2. 已知反常二重积分 $\iint\limits_{D} \dfrac{dx\,dy}{(x^2+y^2)^2}$ 收敛，计算 $\iint\limits_{D} \dfrac{dx\,dy}{(x^2+y^2)^2}$，其中 $D: x^2 + y^2 \geqslant 1$.

本章小结

一、二重积分的概念与性质

1. 二重积分的定义式：$\iint\limits_{D} f(x,y)\,d\sigma = \lim\limits_{\lambda \to 0} \sum\limits_{i=1}^{n} f(\xi_i, \eta_i)\Delta\sigma_i$.

2. 几何意义.

$\iint\limits_D f(x,y)\mathrm{d}\sigma$ 表示以曲面 $z=f(x,y)$ 为顶、D 为底的被 xOy 面分成的上方和下方的曲顶柱体体积的代数和.

3. 基本性质.

(1) $\iint\limits_D (\alpha f(x,y)+\beta g(x,y))\mathrm{d}\sigma =\alpha\iint\limits_D f(x,y)\mathrm{d}\sigma +\beta\iint\limits_D g(x,y)\mathrm{d}\sigma$,其中 α,β 为常数.

(2) $\iint\limits_D f(x,y)\mathrm{d}\sigma =\iint\limits_{D_1} f(x,y)\mathrm{d}\sigma +\iint\limits_{D_2} f(x,y)\mathrm{d}\sigma$,其中 $D=D_1\bigcup D_2$,且 D_1 与 D_2 除边界外无公共点.

(3) $\iint\limits_D \mathrm{d}x\,\mathrm{d}y =$ 区域 D 的面积.

(4) 若在 D 上,有 $f(x,y)\leqslant g(x,y)$,则 $\iint\limits_D f(x,y)\mathrm{d}\sigma \leqslant \iint\limits_D g(x,y)\mathrm{d}\sigma$.

(5) 估值性质:设在 D 上,有 $m\leqslant f(x,y)\leqslant M$,$\sigma$ 是 D 的面积,则

$$m\sigma \leqslant \iint\limits_D f(x,y)\mathrm{d}\sigma \leqslant M\sigma.$$

(6) 二重积分的中值定理:设函数 $f(x,y)$ 在闭区域 D 上连续,σ 是 D 的面积,则在 D 内至少存在一点 (ξ,η),使得 $\iint\limits_D f(x,y)\mathrm{d}\sigma =f(\xi,\eta)\sigma$.

二、在直角坐标系中化二重积分为累次积分、交换积分次序

1. 若 D 为 X- 型区域 $\{(x,y)\mid a\leqslant x\leqslant b,\varphi_1(x)\leqslant y\leqslant \varphi_2(x)\}$:穿过 D 内部且平行于 y 轴的直线与 D 的边界的交点不多于两个,则

$$\iint\limits_D f(x,y)\mathrm{d}x\,\mathrm{d}y =\int_a^b \mathrm{d}x \int_{\varphi_1(x)}^{\varphi_2(x)} f(x,y)\mathrm{d}y.$$

2. 若 D 为 Y- 型区域 $\{(x,y)\mid c\leqslant y\leqslant d,\varphi_1(y)\leqslant x\leqslant \varphi_2(y)\}$:穿过 D 内部且平行于 x 轴的直线与 D 的边界的交点不多于两个,则

$$\iint\limits_D f(x,y)\mathrm{d}x\,\mathrm{d}y =\int_c^d \mathrm{d}y \int_{\varphi_1(y)}^{\varphi_2(y)} f(x,y)\mathrm{d}x.$$

3. 交换积分次序.

先由所给积分的上、下限确定积分区域 D,再根据条件对 X- 型区域与 Y- 型区域进行相互转化.

三、在极坐标系中化二重积分为累次积分

$$\iint\limits_D f(x,y)\mathrm{d}\sigma =\iint\limits_{D'} f(r\cos\theta,r\sin\theta)r\mathrm{d}r\mathrm{d}\theta,$$

其中 D' 是将 D 变换成极坐标 (r,θ) 所对应的区域.

(1) 若极点 O 在区域 D' 外,且 D' 由射线 $\theta=\alpha$,$\theta=\beta$ 和两条连续曲线 $r=r_1(\theta)$,$r=r_2(\theta)$ 所围成:$D'=\{(r,\theta)\mid \alpha\leqslant\theta\leqslant\beta,r_1(\theta)\leqslant r\leqslant r_2(\theta)\}$,则

$$\iint\limits_{D'} f(r\cos\theta,r\sin\theta)r\mathrm{d}r\mathrm{d}\theta =\int_\alpha^\beta \mathrm{d}\theta \int_{r_1(\theta)}^{r_2(\theta)} f(r\cos\theta,r\sin\theta)r\mathrm{d}r.$$

(2) 若极点 O 在区域 D' 的边界上,且 D' 由射线 $\theta=\alpha$,$\theta=\beta$ 和连续曲线 $r=r(\theta)$ 所围成:

$D' = \{(r,\theta) \mid \alpha \leqslant \theta \leqslant \beta, 0 \leqslant r \leqslant r(\theta)\}$，则

$$\iint\limits_{D'} f(r\cos\theta, r\sin\theta) r \, dr \, d\theta = \int_\alpha^\beta d\theta \int_0^{r(\theta)} f(r\cos\theta, r\sin\theta) r \, dr.$$

（3）若极点 O 在区域 D' 内，且 D' 的边界曲线为连续封闭曲线 $r = r(\theta)(0 \leqslant \theta \leqslant 2\pi)$：$D' = \{(r,\theta) \mid 0 \leqslant \theta \leqslant 2\pi, 0 \leqslant r \leqslant r(\theta)\}$，则

$$\iint\limits_{D'} f(r\cos\theta, r\sin\theta) r \, dr \, d\theta = \int_0^{2\pi} d\theta \int_0^{r(\theta)} f(r\cos\theta, r\sin\theta) r \, dr.$$

四、无界区域上简单的反常二重积分

$$\iint\limits_{D} f(x,y) \, d\sigma = \lim_{D_\Gamma \to D} \iint\limits_{D_\Gamma} f(x,y) \, d\sigma.$$

复习题 9

（A）

1. 将二重积分 $\iint\limits_{D} f(x,y) \, dx \, dy$ 化为累次积分（两种积分次序），其中积分区域 D 是：

   （1）$|x| \leqslant 1, |y| \leqslant 2$；

   （2）由直线 $y = x$ 及抛物线 $y^2 = 4x$ 所围成的闭区域.

2. 交换下列累次积分的积分次序：

   （1）$\int_0^1 dy \int_y^{\sqrt{y}} f(x,y) \, dx$；

   （2）$\int_0^{2a} dx \int_0^{\sqrt{2ax-x^2}} f(x,y) \, dy$；

   （3）$\int_0^1 dx \int_0^x f(x,y) \, dy + \int_1^2 dx \int_0^{2-x} f(x,y) \, dy$.

3. 计算下列二重积分：

   （1）$\iint\limits_{D} e^{x+y} \, d\sigma$，其中 D：$|x| \leqslant 1, |y| \leqslant 1$；

   （2）$\iint\limits_{D} x^2 y \, dx \, dy$，其中 D 由直线 $y = 1, x = 2$ 及 $y = x$ 所围成；

   （3）$\iint\limits_{D} (x-1) \, dx \, dy$，其中 D 由 $y = x$ 和 $y = x^3$ 所围成；

   （4）$\iint\limits_{D} (x^2 + y^2) \, dx \, dy$，其中 D：$|x| + |y| \leqslant 1$；

   （5）$\iint\limits_{D} \frac{1}{y} \sin y \, d\sigma$，其中 D 由 $y^2 = \frac{\pi}{2} x$ 与 $y = x$ 所围成；

   （6）$\iint\limits_{D} (4 - x - y) \, d\sigma$，其中 D 是圆域 $x^2 + y^2 \leqslant R^2$.

4. 已知反常二重积分 $\iint\limits_{D} x\mathrm{e}^{-y^2}\,\mathrm{d}\sigma$ 收敛,求其值,其中 D 是由曲线 $y=4x^2$ 与 $y=9x^2$ 在第一象限所围成的区域.

5. 计算 $\displaystyle\int_{-\infty}^{+\infty}\mathrm{e}^{-x^2}\,\mathrm{d}x$.

6. 求由曲面 $z=4-x^2-y^2$ 及平面 $z=0$ 所围空间立体的体积.

7. 已知曲线 $y=\ln x$ 及过此曲线上点 $(\mathrm{e},1)$ 的切线 $y=\dfrac{1}{\mathrm{e}}x$.

　(1) 求由曲线 $y=\ln x$、直线 $y=\dfrac{1}{\mathrm{e}}x$ 和 $y=0$ 所围成的平面图形 D 的面积.

　(2) 求以平面图形 D 为底、曲面 $z=\mathrm{e}^{y}$ 为顶的曲顶柱体的体积.

(B)

1. 设有界闭区域 D 是圆 $x^2+y^2=1$ 和直线 $y=x$ 及 x 轴在第一象限所围成的部分,计算二重积分 $\iint\limits_{D}\mathrm{e}^{(x+y)^2}(x^2-y^2)\,\mathrm{d}x\,\mathrm{d}y$.

2. 设 $D=\{(x,y)\mid x^2+y^2\leqslant 1,y\geqslant 0\}$,连续函数 $f(x,y)$ 满足
$$f(x,y)=y\sqrt{1-x^2}+x\iint\limits_{D}f(x,y)\,\mathrm{d}x\,\mathrm{d}y,$$
求 $\iint\limits_{D}xf(x,y)\,\mathrm{d}x\,\mathrm{d}y$.

3. 设平面区域 D 由曲线 $y=\sqrt{3(1-x^2)}$ 与直线 $y=\sqrt{3}\,x$ 及 y 轴所围成,计算二重积分 $\iint\limits_{D}x^2\,\mathrm{d}x\,\mathrm{d}y$.

4. 设函数 $f(x)=\begin{cases}\mathrm{e}^x, & 0\leqslant x\leqslant 1,\\ 0, & \text{其他,}\end{cases}$ 则 $\displaystyle\int_{-\infty}^{+\infty}\mathrm{d}x\int_{-\infty}^{+\infty}f(x)f(y-x)\,\mathrm{d}y=$ _____.

5. 已知区域 $D=\{(x,y)\mid y-2\leqslant x\leqslant\sqrt{4-y^2},0\leqslant y\leqslant 2\}$,计算
$$I=\iint\limits_{D}\frac{(x-y)^2}{x^2+y^2}\,\mathrm{d}x\,\mathrm{d}y.$$

6. 计算 $\displaystyle\int_{0}^{2}\mathrm{d}x\int_{x}^{2}\mathrm{e}^{y^2}\,\mathrm{d}y$.

7. 证明 $\displaystyle\int_{a}^{b}\mathrm{d}x\int_{a}^{x}(x-y)^{n-2}f(y)\,\mathrm{d}y=\frac{1}{n-1}\int_{a}^{b}(b-y)^{n-1}f(y)\,\mathrm{d}y$,其中 n 为大于 1 的正整数.

第10章　无 穷 级 数

　　无穷级数是微积分学的一个重要组成部分，它本质上是一种特殊数列的极限. 无穷级数是用来表示函数、研究函数性质，以及进行数值计算的一种工具，对微积分的进一步发展及其在各种实际问题上的应用起着非常重要的作用. 本章先讨论常数项级数，介绍级数的一些基本知识，然后讨论幂级数及其应用.

　　别把数学想象为硬梆梆的、死搅蛮缠的、令人讨厌的、有悖于常识的东西，它只不过是赋予常识以灵性的东西.

——开尔文(Kelvin,英国物理学家)

课程思政　　　　知识框图

§ 10.1 常数项级数的概念和性质

 10.1.1 常数项级数的概念

人们在研究事物数量方面的特性或进行数值计算时,往往要经历一个由近似到精确的逼近过程,其中会涉及有限个到无限个数量相加的问题.

例 1 分数 $\frac{1}{3}$ 写成循环小数形式为 $0.\dot{3}$,在近似计算中,可以根据不同的精确度要求,取小数点后的 n 位数作为 $\frac{1}{3}$ 的近似值. 因为

$$0.3 = \frac{3}{10}, \ 0.03 = \frac{3}{10^2}, \ 0.003 = \frac{3}{10^3}, \ \cdots, \ \underbrace{0.00\cdots03}_{n\text{个}} = \frac{3}{10^n},$$

所以有

$$\frac{1}{3} \approx \frac{3}{10} + \frac{3}{10^2} + \cdots + \frac{3}{10^n}.$$

显见,n 越大,这个近似值就越接近 $\frac{1}{3}$,根据极限的概念可知

$$\frac{1}{3} = \lim_{n \to \infty} \left(\frac{3}{10} + \frac{3}{10^2} + \cdots + \frac{3}{10^n} \right).$$

从形式上看,上式也可写成

$$\frac{3}{10} + \frac{3}{10^2} + \cdots + \frac{3}{10^n} + \cdots = \frac{1}{3}.$$

上式左端称为一个级数.

定义 1 给定数列 $\{u_n\}$,则称表达式

$$u_1 + u_2 + \cdots + u_n + \cdots = \sum_{n=1}^{\infty} u_n \tag{10-1}$$

为一个**无穷级数**,简称**级数**,其中 u_n 称为该级数的**通项**或**一般项**. 若级数 (10-1) 的每一项 u_n 都为常数,则称该级数为**常数项级数**(或**数项级数**);若级数 (10-1) 的每一项 $u_n = u_n(x)$,则称 $\sum_{n=1}^{\infty} u_n(x)$ 为**函数项级数**.

我们首先讨论常数项级数. 应该注意,无穷多个数相加可能是一个数,也可

能不是一个数. 例如, $0+0+\cdots+0+\cdots$ 是一个数, 而 $1+1+\cdots+1+\cdots$ 则不是一个数. 因此, 应明确级数 (10-1) 何时表示一个数, 何时不表示数. 为此, 必须引入级数的收敛和发散的概念.

记

$$S_1=u_1, \quad S_2=u_1+u_2, \quad \cdots, \quad S_n=u_1+u_2+\cdots+u_n=\sum_{k=1}^{n} u_k, \quad \cdots,$$

称 S_n 为级数 (10-1) 的 前 n 项部分和, 称数列 $\{S_n\}$ 为级数 (10-1) 的 部分和数列, 显然 $u_n=S_n-S_{n-1}$.

从形式上看, 级数 $u_1+u_2+\cdots+u_n+\cdots$ 相当于和式 $u_1+u_2+\cdots+u_n$ 中项数无限增多的情形, 即相当于 $\lim\limits_{n\to\infty}(u_1+u_2+\cdots+u_n)=\lim\limits_{n\to\infty}S_n$, 因此可以用数列 $\{S_n\}$ 的敛散性来定义级数 (10-1) 的敛散性.

定义 2 若级数 $\sum\limits_{n=1}^{\infty} u_n$ 的部分和数列 $\{S_n\}$ 的极限存在, 且等于 S, 即

$$\lim_{n\to\infty} S_n=S,$$

则称级数 $\sum\limits_{n=1}^{\infty} u_n$ 收敛, S 称为级数的和, 并记为 $S=\sum\limits_{n=1}^{\infty} u_n$, 这时也称该级数收敛于 S. 若部分和数列的极限不存在, 就称级数 $\sum\limits_{n=1}^{\infty} u_n$ 发散.

例 2 试讨论等比级数（或几何级数）

$$\sum_{n=0}^{\infty} ar^n=a+ar+ar^2+\cdots+ar^n+\cdots \quad (a\neq 0)$$

的敛散性, 其中 r 称为该级数的公比.

解 根据等比数列的求和公式可知, 当 $r\neq 1$ 时, 所给级数的部分和

$$S_n=a\frac{1-r^n}{1-r}.$$

于是, 当 $|r|<1$ 时,

$$\lim_{n\to\infty} S_n=\lim_{n\to\infty} a\frac{1-r^n}{1-r}=\frac{a}{1-r}.$$

由定义 2 知, 该等比级数收敛, 其和 $S=\dfrac{a}{1-r}$, 即

$$\sum_{n=0}^{\infty} ar^n=\frac{a}{1-r} \quad (|r|<1).$$

当 $|r|>1$ 时,

$$\lim_{n\to\infty} S_n=\lim_{n\to\infty} a\frac{1-r^n}{1-r}=\infty,$$

所以该等比级数发散.

当 $r=1$ 时，

$$S_n = na \to \infty \quad (n \to \infty),$$

因此该等比级数发散.

当 $r=-1$ 时，

$$S_n = a - a + a - \cdots + (-1)^n a = \begin{cases} 0, & n\ \text{为偶数}, \\ a, & n\ \text{为奇数}, \end{cases}$$

即部分和数列的极限不存在,故该等比级数发散.

综上所述,等比级数 $\sum\limits_{n=0}^{\infty} ar^n\ (a \neq 0)$ 当公比 $|r| < 1$ 时收敛,当公比 $|r| \geqslant 1$ 时发散.

例 3 求级数 $\sum\limits_{n=1}^{\infty} \dfrac{1}{(n+2)(n+3)}$ 的和.

解 注意到

$$\frac{1}{(n+2)(n+3)} = \frac{1}{n+2} - \frac{1}{n+3},$$

因此

$$S_n = \sum_{k=1}^{n} \frac{1}{(k+2)(k+3)} = \sum_{k=1}^{n} \left(\frac{1}{k+2} - \frac{1}{k+3} \right)$$

$$= \frac{1}{3} - \frac{1}{n+3}.$$

所以该级数的和为

$$S = \lim_{n \to \infty} S_n = \lim_{n \to \infty} \left(\frac{1}{3} - \frac{1}{n+3} \right) = \frac{1}{3},$$

即

$$\sum_{n=1}^{\infty} \frac{1}{(n+2)(n+3)} = \frac{1}{3}.$$

例 4 判断级数 $\sum\limits_{n=1}^{\infty} 2^{2n} 3^{1-n}$ 的敛散性.

解 因为 $u_n = 2^{2n} 3^{1-n} = 3\left(\dfrac{4}{3}\right)^n$,该级数为等比级数,公比 $r = \dfrac{4}{3} > 1$,所以该级数发散.

10.1.2 常数项级数的性质

根据数项级数收敛性的概念和极限运算法则,可以得出如下的基本性质.

性质 1 若级数 $\sum\limits_{n=1}^{\infty} u_n$ 收敛,C 是任一常数,则级数 $\sum\limits_{n=1}^{\infty} Cu_n$ 也收敛,且

$$\sum_{n=1}^{\infty} Cu_n = C \sum_{n=1}^{\infty} u_n.$$

证　设级数 $\sum\limits_{n=1}^{\infty} u_n$ 的部分和为 S_n，且 $\lim\limits_{n\to\infty} S_n = S$. 又设级数 $\sum\limits_{n=1}^{\infty} Cu_n$ 的部分和为 S_n'，显然有 $S_n' = CS_n$，于是

$$\lim_{n\to\infty} S_n' = \lim_{n\to\infty} CS_n = C\lim_{n\to\infty} S_n = CS,$$

即

$$\sum_{n=1}^{\infty} Cu_n = CS = C\sum_{n=1}^{\infty} u_n.$$

性质 2　若级数 $\sum\limits_{n=1}^{\infty} u_n$ 与 $\sum\limits_{n=1}^{\infty} v_n$ 都收敛，则级数 $\sum\limits_{n=1}^{\infty} (u_n \pm v_n)$ 也收敛，且

$$\sum_{n=1}^{\infty} (u_n \pm v_n) = \sum_{n=1}^{\infty} u_n \pm \sum_{n=1}^{\infty} v_n.$$

证　设级数 $\sum\limits_{n=1}^{\infty} u_n$ 与 $\sum\limits_{n=1}^{\infty} v_n$ 的部分和分别为 A_n 和 B_n，且 $\lim\limits_{n\to\infty} A_n = S_1$，$\lim\limits_{n\to\infty} B_n = S_2$，则级数 $\sum\limits_{n=1}^{\infty} (u_n \pm v_n)$ 的部分和为

$$S_n = \sum_{k=1}^{n} (u_k \pm v_k) = A_n \pm B_n.$$

于是

$$\lim_{n\to\infty} S_n = \lim_{n\to\infty} (A_n \pm B_n) = S_1 \pm S_2,$$

即

$$\sum_{n=1}^{\infty} (u_n \pm v_n) = \sum_{n=1}^{\infty} u_n \pm \sum_{n=1}^{\infty} v_n.$$

性质 2 的结论可推广到有限个收敛级数的情形.

性质 3　在一个级数中增加或删去有限个项不改变级数的敛散性，但一般会改变收敛级数的和.

证　我们不妨只考虑在级数中删去一项的情形.

设在 $\sum\limits_{n=1}^{\infty} u_n$ 中删去第 k 项 u_k，得到新的级数

$$u_1 + u_2 + \cdots + u_{k-1} + u_{k+1} + \cdots + u_n + \cdots,$$

则新级数的部分和 S_n' 与原级数的部分和 S_n 之间有如下关系式：

$$S_n' = \begin{cases} S_n, & n \leqslant k-1, \\ S_{n+1} - u_k, & n \geqslant k, \end{cases}$$

从而数列 $\{S_n'\}$ 与 $\{S_n\}$ 具有相同的敛散性.

性质 4　收敛级数加括号后所成的级数仍收敛，且其和不变.

该性质的证明从略.

要注意的是：当加括号后的级数收敛时，不能断言原来未加括号的级数也收敛. 例如，级数

$$(1-1) + (1-1) + \cdots + (1-1) + \cdots$$

收敛于 0，但级数

$$\sum_{n=0}^{\infty}(-1)^n = 1-1+1-1+\cdots$$

是发散的. 这是因为 $S_n=\begin{cases}1, & n\ 为偶数, \\ 0, & n\ 为奇数,\end{cases}$ 因而 $\{S_n\}$ 的极限不存在.

由性质 4 可得结论:如果加括号后的级数发散,则原级数一定发散.

 ### 10.1.3　级数收敛的必要条件

若数项级数 $\sum_{n=1}^{\infty}u_n$ 收敛于 S,那么由其部分和的概念,就有

$$u_n = S_n - S_{n-1},$$

于是

$$\lim_{n\to\infty}u_n = \lim_{n\to\infty}(S_n - S_{n-1}).$$

依据收敛级数的定义可知,$\lim_{n\to\infty}S_n = \lim_{n\to\infty}S_{n-1} = S$,因此这时必有

$$\lim_{n\to\infty}u_n = 0.$$

这就是级数收敛的必要条件.

定理 1　若级数 $\sum_{n=1}^{\infty}u_n$ 收敛,则 $\lim_{n\to\infty}u_n = 0$.

需要特别指出的是,$\lim_{n\to\infty}u_n = 0$ 仅是级数收敛的必要条件,绝不能由 $u_n \to 0$

$(n\to\infty)$ 就得出级数 $\sum_{n=1}^{\infty}u_n$ 收敛的结论.

例如,调和级数 $\sum_{n=1}^{\infty}\dfrac{1}{n}$,有 $u_n = \dfrac{1}{n}\to 0(n\to\infty)$,但调和级数 $\sum_{n=1}^{\infty}\dfrac{1}{n}$ 是

发散的.

事实上,当 $k\leqslant x\leqslant k+1$ 时,$\dfrac{1}{x}\leqslant\dfrac{1}{k}$,从而

$$\int_k^{k+1}\frac{1}{x}\mathrm{d}x \leqslant \int_k^{k+1}\frac{1}{k}\mathrm{d}x = \frac{1}{k},$$

于是

$$S_n = \sum_{k=1}^{n}\frac{1}{k} \geqslant \sum_{k=1}^{n}\int_k^{k+1}\frac{1}{x}\mathrm{d}x = \int_1^{n+1}\frac{1}{x}\mathrm{d}x$$
$$= \ln(n+1) \to +\infty \quad (n\to\infty),$$

所以 $\lim_{n\to\infty}S_n = +\infty$,即调和级数发散.

从级数收敛的必要条件可以得出如下推论,该推论可作为判定级数发散的

方法.

推论 1　若 $\lim_{n\to\infty}u_n \neq 0$,则级数 $\sum_{n=1}^{\infty}u_n$ 发散.

事实上,如果 $\sum_{n=1}^{\infty}u_n$ 收敛,必有 $\lim_{n\to\infty}u_n = 0$,这与假设 $\lim_{n\to\infty}u_n \neq 0$ 相矛盾,所以,

若 $\lim\limits_{n\to\infty}u_n\neq 0$，则级数 $\sum\limits_{n=1}^{\infty}u_n$ 发散.

例 5 试证明级数

$$\sum_{n=1}^{\infty}n\ln\frac{n}{n+1}=\ln\frac{1}{2}+2\ln\frac{2}{3}+\cdots+n\ln\frac{n}{n+1}+\cdots$$

发散.

证 该级数的通项 $u_n=n\ln\dfrac{n}{n+1}$，有

$$\lim_{n\to\infty}n\ln\frac{n}{n+1}=\lim_{n\to\infty}\ln\frac{1}{\left(1+\dfrac{1}{n}\right)^n}=-1.$$

因为 $\lim\limits_{n\to\infty}u_n\neq 0$，所以该级数发散.

例 6 试判别级数 $\sum\limits_{n=1}^{\infty}\sin\dfrac{n\pi}{2}$ 的敛散性.

解 注意到级数

$$\sum_{n=1}^{\infty}\sin\frac{n\pi}{2}=1+0-1+0+1+0-1+0+\cdots,$$

通项 $u_n=\sin\dfrac{n\pi}{2}$，当 $n\to\infty$ 时，其极限不存在，所以该级数发散.

注 在判别级数是否收敛时，我们往往先观察一下当 $n\to\infty$ 时，通项 u_n 的极限是否为 0. 仅当 $\lim\limits_{n\to\infty}u_n=0$ 时，再用其他方法来确定级数收敛或发散.

习题 10 - 1

1. 判别下列级数的敛散性：

(1) $\sum\limits_{n=1}^{\infty}(\sqrt{n+1}-\sqrt{n})$；

(2) $\sum\limits_{n=1}^{\infty}\dfrac{1}{n+3}$；

(3) $\sum\limits_{n=1}^{\infty}\ln\dfrac{n}{n+1}$；

(4) $\sum\limits_{n=1}^{\infty}(-1)^n2$；

(5) $\sum\limits_{n=1}^{\infty}\dfrac{n+1}{n}$；

(6) $\sum\limits_{n=1}^{\infty}\dfrac{(-1)^n\cdot n}{2n+1}$.

2. 判别下列级数的敛散性，若收敛，则求其和：

$(1) \displaystyle\sum_{n=1}^{\infty}\left(\frac{1}{2^n}+\frac{1}{3^n}\right)$；

$(2) \displaystyle\sum_{n=1}^{\infty}\frac{1}{n(n+1)(n+2)}$；

$(3) \displaystyle\sum_{n=1}^{\infty} n\cdot\sin\frac{\pi}{2n}$；

$(4) \displaystyle\sum_{n=0}^{\infty}\cos\frac{n\pi}{2}$.

§ 10.2　正项级数及其审敛法

正项级数是数项级数中比较简单，但又很重要的一种类型. 若级数 $\displaystyle\sum_{n=1}^{\infty}u_n$ 中各项均为非负的，即 $u_n\geqslant 0(n=1,2,\cdots)$，则称该级数为**正项级数**. 这时，由于

微课视频

$$u_n=S_n-S_{n-1},$$

因此有

$$S_n=S_{n-1}+u_n\geqslant S_{n-1},$$

即正项级数的部分和数列 $\{S_n\}$ 是一个单调增加数列.

我们知道，单调有界数列必有极限. 根据这一准则，可以得到判别正项级数收敛性的一个充要条件.

定理 1（正项级数的基本收敛定理）　正项级数 $\displaystyle\sum_{n=1}^{\infty}u_n$ 收敛的充要条件是正项级数 $\displaystyle\sum_{n=1}^{\infty}u_n$ 的部分和数列 $\{S_n\}$ 有界.

直接应用定理1来判别正项级数是否收敛，往往不太方便，但由定理1可以得到常用的正项级数的几个判别法.

10.2.1　比较判别法

定理 2（比较判别法）　设有两个正项级数 $\displaystyle\sum_{n=1}^{\infty}u_n$ 和 $\displaystyle\sum_{n=1}^{\infty}v_n$，且有 $u_n\leqslant v_n$ 成立.

(1) 若级数 $\displaystyle\sum_{n=1}^{\infty}v_n$ 收敛，则级数 $\displaystyle\sum_{n=1}^{\infty}u_n$ 也收敛；

(2) 若级数 $\displaystyle\sum_{n=1}^{\infty}u_n$ 发散，则级数 $\displaystyle\sum_{n=1}^{\infty}v_n$ 也发散.

证　不妨只对结论(1)的情形加以证明.

设 $\sum\limits_{n=1}^{\infty} u_n$ 的前 n 项和为 A_n，$\sum\limits_{n=1}^{\infty} v_n$ 的前 n 项和为 B_n，于是 $A_n \leqslant B_n$.

因为 $\sum\limits_{n=1}^{\infty} v_n$ 收敛，由定理 1 可知，存在常数 M，使得 $B_n \leqslant M(n=1,2,\cdots)$ 成立. 于是 $A_n \leqslant M(n=1,2,\cdots)$，即级数 $\sum\limits_{n=1}^{\infty} u_n$ 的部分和数列有界，所以级数 $\sum\limits_{n=1}^{\infty} u_n$ 收敛.

证明结论（2）的方法与上面相同，读者不妨自行完成.

由 §10.1 的性质 1 和性质 3，可减弱定理 2 的条件，得到如下的推论 1.

推论 1　设有两个正项级数 $\sum\limits_{n=1}^{\infty} u_n$ 和 $\sum\limits_{n=1}^{\infty} v_n$，且存在正数 $k>0$，使得从某一项起（如从第 N 项起），总有 $u_n \leqslant kv_n$ 成立.

（1）若级数 $\sum\limits_{n=1}^{\infty} v_n$ 收敛，则级数 $\sum\limits_{n=1}^{\infty} u_n$ 也收敛；

（2）若级数 $\sum\limits_{n=1}^{\infty} u_n$ 发散，则级数 $\sum\limits_{n=1}^{\infty} v_n$ 也发散.

注　比较判别法是判别正项级数敛散性的一个重要方法. 对于给定的级数，需要通过观察，找到另一个已知敛散性的级数进行比较，已知敛散性的重要级数包括等比级数、调和级数及 p-级数（例 2）等.

用比较判别法来判别给定级数的敛散性，必须找到一个已知敛散性的级数的通项与给定级数的通项之间的不等式. 但有时这并非易事，为应用方便，给出如下的比较判别法的极限形式.

推论 2（比较判别法的极限形式）　若正项级数 $\sum\limits_{n=1}^{\infty} u_n$ 与 $\sum\limits_{n=1}^{\infty} v_n$ 满足

$$\lim_{n\to\infty} \frac{u_n}{v_n} = \rho,$$

则

（1）当 $0<\rho<+\infty$ 时，$\sum\limits_{n=1}^{\infty} u_n$ 与 $\sum\limits_{n=1}^{\infty} v_n$ 具有相同的敛散性；

（2）当 $\rho=0$ 时，若 $\sum\limits_{n=1}^{\infty} v_n$ 收敛，则 $\sum\limits_{n=1}^{\infty} u_n$ 也收敛；

（3）当 $\rho=+\infty$ 时，若 $\sum\limits_{n=1}^{\infty} v_n$ 发散，则 $\sum\limits_{n=1}^{\infty} u_n$ 也发散.

证　（1）由于 $\lim\limits_{n\to\infty} \dfrac{u_n}{v_n} = \rho>0$，取 $\varepsilon=\dfrac{\rho}{2}>0$，则存在 $N>0$，当 $n>N$ 时，有

$$\left|\frac{u_n}{v_n} - \rho\right| < \frac{\rho}{2}, \quad 即 \quad \left(\rho - \frac{\rho}{2}\right)v_n < u_n < \left(\rho + \frac{\rho}{2}\right)v_n.$$

由比较判别法知结论成立.

结论(2)、结论(3)的证明类似,请读者自己完成.

例1 判别级数 $\sum_{n=1}^{\infty} 2^n \sin \frac{1}{3^n}$ 的敛散性.

解 由于 $0 \leqslant 2^n \sin \frac{1}{3^n} < 2^n \cdot \frac{1}{3^n} = \left(\frac{2}{3}\right)^n$,而级数 $\sum_{n=1}^{\infty} \left(\frac{2}{3}\right)^n$ 收敛,由比较判别法知,级数

$\sum_{n=1}^{\infty} 2^n \sin \frac{1}{3^n}$ 收敛.

例2 讨论 p -级数 $\sum_{n=1}^{\infty} \frac{1}{n^p}$ 的敛散性($p > 0$).

解 当 $0 < p \leqslant 1$ 时,$\frac{1}{n^p} \geqslant \frac{1}{n} > 0$,由 $\sum_{n=1}^{\infty} \frac{1}{n}$ 发散及比较判别法知,$\sum_{n=1}^{\infty} \frac{1}{n^p}$ 发散.

当 $p > 1$ 时,对于 $k-1 \leqslant x \leqslant k$,有 $\frac{1}{x^p} \geqslant \frac{1}{k^p}$,因此

$$\frac{1}{k^p} = \int_{k-1}^{k} \frac{1}{k^p} \mathrm{d}x \leqslant \int_{k-1}^{k} \frac{1}{x^p} \mathrm{d}x \quad (k = 2, 3, \cdots),$$

于是,p -级数的部分和

$$S_n = \sum_{k=1}^{n} \frac{1}{k^p} = 1 + \sum_{k=2}^{n} \frac{1}{k^p} \leqslant 1 + \sum_{k=2}^{n} \int_{k-1}^{k} \frac{1}{x^p} \mathrm{d}x = 1 + \int_{1}^{n} \frac{1}{x^p} \mathrm{d}x$$

$$= 1 + \frac{1}{p-1}\left(1 - \frac{1}{n^{p-1}}\right) < 1 + \frac{1}{p-1},$$

说明 $\{S_n\}$ 有界,因此级数 $\sum_{n=1}^{\infty} \frac{1}{n^p}$ 收敛.

综上所述,当 $p > 1$ 时,$\sum_{n=1}^{\infty} \frac{1}{n^p}$ 收敛;当 $0 < p \leqslant 1$ 时,$\sum_{n=1}^{\infty} \frac{1}{n^p}$ 发散.

例3 判别级数 $\sum_{n=1}^{\infty} \frac{1}{\sqrt{n(n^2+1)}}$ 的敛散性.

解 因为

$$\lim_{n \to \infty} \frac{\frac{1}{\sqrt{n(n^2+1)}}}{\frac{1}{n^{\frac{3}{2}}}} = \lim_{n \to \infty} \frac{n^{\frac{3}{2}}}{\sqrt{n^3+n}} = \lim_{n \to \infty} \frac{1}{\sqrt{1 + \frac{1}{n^2}}} = 1,$$

而 p -级数 $\sum_{n=1}^{\infty} \frac{1}{n^{\frac{3}{2}}}$ 收敛$\left(p = \frac{3}{2} > 1\right)$,故由推论 2 知,$\sum_{n=1}^{\infty} \frac{1}{\sqrt{n(n^2+1)}}$ 收敛.

例 4 试证明正项级数 $\sum\limits_{n=1}^{\infty} \dfrac{n+1}{n^2+5n+2}$ 发散.

证 1 注意到

$$\frac{n+1}{n^2+5n+2} > \frac{n}{8n^2} = \frac{1}{8} \cdot \frac{1}{n} \quad (n=1,2,\cdots),$$

因调和级数 $\sum\limits_{n=1}^{\infty} \dfrac{1}{n}$ 是发散的,故由比较判别法知,$\sum\limits_{n=1}^{\infty} \dfrac{n+1}{n^2+5n+2}$ 发散.

证 2 因为 $\lim\limits_{n \to \infty} \dfrac{\dfrac{n+1}{n^2+5n+2}}{\dfrac{1}{n}} = 1$,且 $\sum\limits_{n=1}^{\infty} \dfrac{1}{n}$ 发散,所以由比较判别法的极限形式知,正项

级数 $\sum\limits_{n=1}^{\infty} \dfrac{n+1}{n^2+5n+2}$ 发散.

从例3与例4可以发现,如果正项级数的通项 u_n 是分式,而其分子、分母都是 n 的多项式（常数是零次多项式）,只要分母的最高次数高出分子的最高次数一次以上（不包括一次）,该正项级数收敛,否则发散.

利用比较判别法或其极限形式,需要找到一个已知敛散性的级数做比较,相对不太方便.下面介绍的两个判别法,不需要借助另外的级数,只须利用自身的特点,就可判别级数的敛散性.

10. 2. 2 比值判别法

定理 3 ［达朗贝尔（d'Alembert）比值判别法］ 设有正项级数 $\sum\limits_{n=1}^{\infty} u_n$,如果极限

$$\lim_{n \to \infty} \frac{u_{n+1}}{u_n} = \rho,$$

数学家简介

那么

（1）当 $\rho < 1$ 时,级数收敛;

（2）当 $\rho > 1$（包括 $\rho = +\infty$）时,级数发散;

（3）当 $\rho = 1$ 时,级数可能收敛也可能发散（须另行判别）.

证 （1）由于 $\lim\limits_{n \to \infty} \dfrac{u_{n+1}}{u_n} = \rho < 1$,因此总可找到一个小正数 $\varepsilon_0 > 0$,使得

$\rho + \varepsilon_0 = q < 1$. 而对此给定的 ε_0,必存在正整数 N,当 $n \geqslant N$ 时,有不等式

$$\left| \frac{u_{n+1}}{u_n} - \rho \right| < \varepsilon_0$$

恒成立. 于是

$$\frac{u_{n+1}}{u_n} < \rho + \varepsilon_0 = q.$$

这就是说,对于正项级数 $\sum\limits_{n=1}^{\infty} u_n$,从第 N 项开始,有

$$u_{N+1} < q u_N, \quad u_{N+2} < q u_{N+1} < q^2 u_N, \quad \cdots.$$

因此,正项级数

$$u_N + u_{N+1} + u_{N+2} + \cdots = \sum_{n=N}^{\infty} u_n$$

的各项(除第一项外)都小于正项级数

$$u_N + q u_N + q^2 u_N + \cdots = \sum_{n=1}^{\infty} q^{n-1} u_N$$

的各对应项. 而级数 $\sum\limits_{n=1}^{\infty} q^{n-1} u_N$ 是公比的绝对值 $|q| < 1$ 的等比级数,它是收敛的,于是由比较判别法可知,级数 $\sum\limits_{n=N}^{\infty} u_n$ 收敛,由 §10.1 的性质 3 知,$\sum\limits_{n=1}^{\infty} u_n$ 也收敛.

(2) 由于 $\lim\limits_{n\to\infty} \dfrac{u_{n+1}}{u_n} = \rho > 1$,可取 $\varepsilon_0 > 0$,使得 $\rho - \varepsilon_0 > 1$. 对此 ε_0,存在整数 $N > 0$,当 $n \geqslant N$ 时,有

$$\left| \frac{u_{n+1}}{u_n} - \rho \right| < \varepsilon_0$$

恒成立. 于是

$$\frac{u_{n+1}}{u_n} > \rho - \varepsilon_0 > 1.$$

这就是说,正项级数 $\sum\limits_{n=1}^{\infty} u_n$ 从第 N 项开始,有 $u_{n+1} > u_n$,这表明 $\lim\limits_{n\to\infty} u_n \neq 0$.

因此,由级数收敛的必要条件可知,正项级数 $\sum\limits_{n=1}^{\infty} u_n$ 发散.

(3) 当 $\rho = 1$ 时,正项级数 $\sum\limits_{n=1}^{\infty} u_n$ 可能收敛,也可能发散. 这个结论从 p-级数就可以看出. 事实上,若 $\sum\limits_{n=1}^{\infty} u_n$ 为 p-级数,则对于任意实数 p,都有

$$\lim_{n\to\infty} \frac{u_{n+1}}{u_n} = \lim_{n\to\infty} \frac{\dfrac{1}{(n+1)^p}}{\dfrac{1}{n^p}} = 1,$$

但当 $p \leqslant 1$ 时,p-级数发散;当 $p > 1$ 时,p-级数收敛.

例 5　判别级数 $\sum\limits_{n=1}^{\infty} \dfrac{n!}{2^n}$ 的敛散性.

解　因为

$$\lim_{n\to\infty}\frac{u_{n+1}}{u_n}=\lim_{n\to\infty}\frac{(n+1)!}{2^{n+1}}\cdot\frac{2^n}{n!}=\lim_{n\to\infty}\frac{n+1}{2}=+\infty,$$

所以由比值判别法知，级数 $\sum\limits_{n=1}^{\infty}\dfrac{n!}{2^n}$ 发散.

例 6　试证明正项级数 $\sum\limits_{n=1}^{\infty}2^n\tan\dfrac{\pi}{3^n}$ 收敛.

证　因为

$$\lim_{n\to\infty}\frac{u_{n+1}}{u_n}=\lim_{n\to\infty}\frac{2^{n+1}\tan\dfrac{\pi}{3^{n+1}}}{2^n\tan\dfrac{\pi}{3^n}}=\frac{2}{3}<1,$$

所以由比值判别法知，级数 $\sum\limits_{n=1}^{\infty}2^n\tan\dfrac{\pi}{3^n}$ 收敛.

例 7　讨论级数 $\sum\limits_{n=1}^{\infty}n!\left(\dfrac{x}{n}\right)^n(x>0)$ 的敛散性.

解　因为

$$\lim_{n\to\infty}\frac{u_{n+1}}{u_n}=\lim_{n\to\infty}\frac{(n+1)!\left(\dfrac{x}{n+1}\right)^{n+1}}{n!\left(\dfrac{x}{n}\right)^n}=\lim_{n\to\infty}\frac{x}{\left(1+\dfrac{1}{n}\right)^n}=\frac{x}{e},$$

所以当 $\dfrac{x}{e}<1$，即 $x<e$ 时，级数收敛；当 $\dfrac{x}{e}>1$，即 $x>e$ 时，级数发散.

当 $x=e$ 时，虽然不能由比值判别法直接得出级数收敛或发散的结论，但是，由于数列 $\left\{\left(1+\dfrac{1}{n}\right)^n\right\}$ 是一个单调增加而有上界的数列，即 $\left(1+\dfrac{1}{n}\right)^n\leqslant e\,(n=1,2,3,\cdots)$，因此对于任意有限的 n，有

$$\frac{u_{n+1}}{u_n}=\frac{x}{\left(1+\dfrac{1}{n}\right)^n}=\frac{e}{\left(1+\dfrac{1}{n}\right)^n}>1.$$

于是可知，级数的后项总是大于前项，故 $\lim\limits_{n\to\infty}u_n\neq0$，所以级数发散.

10.2.3　根值判别法

定理 4　[柯西（Cauchy）根值判别法]　设正项级数 $\sum\limits_{n=1}^{\infty}u_n$ 满足

$$\lim_{n\to\infty} \sqrt[n]{u_n} = \rho,$$

那么

(1) 当 $\rho < 1$ 时，$\sum_{n=1}^{\infty} u_n$ 收敛；

(2) 当 $\rho > 1$(包括 $\rho = +\infty$) 时，$\sum_{n=1}^{\infty} u_n$ 发散；

(3) 当 $\rho = 1$ 时，$\sum_{n=1}^{\infty} u_n$ 可能收敛，也可能发散.

它的证明与定理 3 的证明完全相仿，从略.

例 8 判别级数 $\sum_{n=1}^{\infty} \left(\dfrac{x}{a}\right)^n$ 的敛散性，其中 x, a 为正常数.

解 因为

$$\lim_{n\to\infty} \sqrt[n]{\left(\frac{x}{a}\right)^n} = \lim_{n\to\infty} \frac{x}{a} = \frac{x}{a},$$

所以当 $\dfrac{x}{a} > 1$，即 $x > a$ 时，级数发散；当 $\dfrac{x}{a} < 1$，即 $x < a$ 时，级数收敛；当 $x = a$ 时，通项 $u_n = 1$ 不趋于 0，级数发散.

习题 10-2

1. 判别下列正项级数的敛散性：

(1) $\sum_{n=1}^{\infty} \dfrac{1}{(n+1)(n+2)}$；

(2) $\sum_{n=1}^{\infty} \dfrac{1}{\sqrt{n(n^2+5)}}$；

(3) $\sum_{n=1}^{\infty} \dfrac{1}{1+a^n}$ $(a > 0)$；

(4) $\sum_{n=1}^{\infty} \dfrac{n+1}{2n^4-1}$；

(5) $\sum_{n=1}^{\infty} \dfrac{3^n}{n \cdot 2^n}$；

(6) $\sum_{n=1}^{\infty} \dfrac{n^n}{n!}$；

(7) $\sum_{n=1}^{\infty} \dfrac{3 \cdot 5 \cdot 7 \cdot \cdots \cdot (2n+1)}{4 \cdot 7 \cdot 10 \cdot \cdots \cdot (3n+1)}$；

(8) $\sum_{n=1}^{\infty} \dfrac{n}{3^n}$；

(9) $\sum_{n=1}^{\infty} \dfrac{(n!)^2}{2^{n^2}}$；

(10) $\sum_{n=1}^{\infty} \left(\dfrac{n}{2n+1}\right)^n$；

(11) $\sum_{n=1}^{\infty} 2^n \sin \dfrac{\pi}{3^n}$；

(12) $\sum_{n=1}^{\infty} \dfrac{n \cdot \cos^2 \dfrac{n\pi}{3}}{2^n}$.

§ 10.3　任意项级数

任意项级数是较为复杂的数项级数，它是指在级数 $\sum\limits_{n=1}^{\infty} u_n$ 中，总含有无穷多个正项和负项. 例如，数项级数 $\sum\limits_{n=1}^{\infty} (-1)^n \dfrac{n^2}{2^n}$ 是任意项级数. 在任意项级数中，比较常见和重要的是交错级数.

10.3.1　交错级数及其审敛法

如果在任意项级数 $\sum\limits_{n=1}^{\infty} u_n$ 中，正负号相间出现，这样的任意项级数就称为**交错级数**. 它的一般形式为

$$\sum_{n=1}^{\infty} (-1)^{n-1} u_n = u_1 - u_2 + u_3 - \cdots + (-1)^{n-1} u_n + \cdots,$$

其中 $u_n > 0 \, (n=1,2,\cdots)$.

交错级数的审敛法由下面的定理给出.

定理 1（莱布尼茨判别法）　设交错级数 $\sum\limits_{n=1}^{\infty} (-1)^{n-1} u_n$ 满足：

(1) $u_n \geqslant u_{n+1} \quad (n=1,2,\cdots)$,

(2) $\lim\limits_{n \to \infty} u_n = 0$,

则级数 $\sum\limits_{n=1}^{\infty} (-1)^{n-1} u_n$ 收敛，且其和 $S \leqslant u_1$，其余项 R_n 的绝对值 $|R_n| \leqslant u_{n+1}$.

数学家简介

　　证　根据项数 n 是奇数或偶数分别考察 S_n.

　　设 n 为偶数，于是

$$S_n = S_{2m} = u_1 - u_2 + u_3 - u_4 + \cdots + u_{2m-1} - u_{2m},$$

将其每两项括在一起，

$$S_{2m} = (u_1 - u_2) + (u_3 - u_4) + \cdots + (u_{2m-1} - u_{2m}).$$

由条件(1)可知，每个括号内的值都是非负的. 如果把每个括号看成一项，这就是一个正项级数的前 m 项部分和. 显然，它是随着 m 的增加而单调增加的.

　　另外，如果把部分和 S_{2m} 改写为

$$S_{2m} = u_1 - (u_2 - u_3) - \cdots - (u_{2m-2} - u_{2m-1}) - u_{2m},$$

由条件(1)可知，$S_{2m} \leqslant u_1$，即部分和数列有界.

　　于是

$$\lim_{m \to \infty} S_{2m} = S.$$

当 n 为奇数时,我们总可把部分和写为

$$S_n = S_{2m+1} = S_{2m} + u_{2m+1},$$

再由条件(2)可得

$$\lim_{n \to \infty} S_n = \lim_{m \to \infty} S_{2m+1} = \lim_{m \to \infty} (S_{2m} + u_{2m+1}) = S.$$

这就说明,不管 n 为奇数还是偶数,都有

$$\lim_{n \to \infty} S_n = S.$$

故交错级数 $\sum\limits_{n=1}^{\infty} (-1)^{n-1} u_n$ 收敛.

由于 $S_{2m} \leqslant u_1$,而 $\lim\limits_{m \to \infty} S_{2m} = S$,因此根据极限的保号性可知,$S \leqslant u_1$.

不难看出余项 R_n 可以写成

$$R_n = \pm(u_{n+1} - u_{n+2} + \cdots),$$

其绝对值 $|R_n| = u_{n+1} - u_{n+2} + \cdots$,也是一个交错函数,且满足收敛的两个条件,故 $|R_n| \leqslant u_{n+1}$.

例 1　判别级数 $\sum\limits_{n=1}^{\infty} (-1)^{n-1} \dfrac{1}{n}$ 的敛散性.

解　这是一个交错级数,$u_n = \dfrac{1}{n}$,且 $u_n = \dfrac{1}{n} > \dfrac{1}{n+1} = u_{n+1}$,

$$\lim_{n \to \infty} u_n = \lim_{n \to \infty} \frac{1}{n} = 0,$$

故由莱布尼茨判别法知,$\sum\limits_{n=1}^{\infty} (-1)^{n-1} \dfrac{1}{n}$ 收敛.

例 2　判别交错级数 $\sum\limits_{n=1}^{\infty} (-1)^{n-1} \dfrac{n}{2^n}$ 的敛散性.

解　因为 $u_n = \dfrac{n}{2^n}$,$u_{n+1} = \dfrac{n+1}{2^{n+1}}$,而

$$u_n - u_{n+1} = \frac{n}{2^n} - \frac{n+1}{2^{n+1}} = \frac{n-1}{2^{n+1}} \geqslant 0 \quad (n=1,2,\cdots),$$

即

$$u_n \geqslant u_{n+1} \quad (n=1,2,\cdots),$$

又

$$\lim_{n \to \infty} u_n = \lim_{n \to \infty} \frac{n}{2^n} = 0,$$

所以由莱布尼茨判别法可知,$\sum\limits_{n=1}^{\infty} (-1)^{n-1} \dfrac{n}{2^n}$ 收敛.

10.3.2　绝对收敛与条件收敛

现在讨论正负项可以任意出现的级数. 首先引入绝对收敛的概念.

定义 1　对于级数 $\sum\limits_{n=1}^{\infty} u_n$，若 $\sum\limits_{n=1}^{\infty} |u_n|$ 收敛，则称级数 $\sum\limits_{n=1}^{\infty} u_n$ **绝对收敛**；如果 $\sum\limits_{n=1}^{\infty} |u_n|$ 发散，但 $\sum\limits_{n=1}^{\infty} u_n$ 本身收敛，则称级数 $\sum\limits_{n=1}^{\infty} u_n$ **条件收敛**.

条件收敛的级数是存在的，例如，级数 $\sum\limits_{n=1}^{\infty} (-1)^{n-1} \dfrac{1}{n}$ 就是条件收敛.

绝对收敛与收敛之间有着下面的重要关系.

定理 2　若 $\sum\limits_{n=1}^{\infty} |u_n|$ **收敛**，则 $\sum\limits_{n=1}^{\infty} u_n$ **收敛**.

证　因为
$$u_n \leqslant |u_n|,$$
所以
$$0 \leqslant |u_n| + u_n \leqslant 2|u_n|.$$

已知 $\sum\limits_{n=1}^{\infty} |u_n|$ 收敛，由正项级数的比较判别法知，$\sum\limits_{n=1}^{\infty} (|u_n| + u_n)$ 收敛，从而 $\sum\limits_{n=1}^{\infty} u_n = \sum\limits_{n=1}^{\infty} [(|u_n| + u_n) - |u_n|]$ 收敛.

由定义可见，判别一个级数 $\sum\limits_{n=1}^{\infty} u_n$ 是否绝对收敛，实际上，就是判别一个正项级数 $\sum\limits_{n=1}^{\infty} |u_n|$ 的敛散性. 但要注意，当 $\sum\limits_{n=1}^{\infty} |u_n|$ 发散时，我们只能判定 $\sum\limits_{n=1}^{\infty} u_n$ 非绝对收敛，而不能判定 $\sum\limits_{n=1}^{\infty} u_n$ 本身也是发散的. 例如，$\sum\limits_{n=1}^{\infty} \left| (-1)^{n-1} \dfrac{1}{n} \right| = \sum\limits_{n=1}^{\infty} \dfrac{1}{n}$ 虽然发散，但 $\sum\limits_{n=1}^{\infty} (-1)^{n-1} \dfrac{1}{n}$ 却是收敛的.

特别值得注意的是，当我们运用比值判别法或根值判别法，判断出正项级数 $\sum\limits_{n=1}^{\infty} |u_n|$ 发散时，可以断言，$\sum\limits_{n=1}^{\infty} u_n$ 也一定发散. 这是因为此时有 $\lim\limits_{n\to\infty} |u_n| \neq 0$，从而有 $\lim\limits_{n\to\infty} u_n \neq 0$.

例 3　判别下列级数是否收敛，如果是收敛级数，指出其是绝对收敛还是条件收敛：

(1) $\sum\limits_{n=1}^{\infty} \dfrac{\sin n}{n^2}$；　　　　　　　　　(2) $\sum\limits_{n=2}^{\infty} \dfrac{(-1)^n}{\ln n}$.

解 (1) $u_n = \dfrac{\sin n}{n^2}$，$0 \leqslant |u_n| = \left| \dfrac{\sin n}{n^2} \right| \leqslant \dfrac{1}{n^2}$.

因为 $\sum\limits_{n=1}^{\infty} \dfrac{1}{n^2}$ 收敛，所以由比较判别法知，级数 $\sum\limits_{n=1}^{\infty} \dfrac{\sin n}{n^2}$ 绝对收敛.

(2) $\sum\limits_{n=2}^{\infty} \dfrac{(-1)^n}{\ln n}$ 为交错级数，满足莱布尼茨判别法，所以收敛. 而

$$|u_n| = \left| \dfrac{(-1)^n}{\ln n} \right| = \dfrac{1}{\ln n} > \dfrac{1}{n},$$

且级数 $\sum\limits_{n=1}^{\infty} \dfrac{1}{n}$ 发散，因此级数 $\sum\limits_{n=2}^{\infty} \dfrac{(-1)^n}{\ln n}$ 条件收敛.

例 4 判别级数 $\sum\limits_{n=1}^{\infty} (-1)^n \dfrac{x^n}{n}\ (x > 0)$ 的敛散性.

解 记 $u_n = (-1)^n \dfrac{x^n}{n}$，则

$$\lim_{n \to \infty} \left| \dfrac{u_{n+1}}{u_n} \right| = \lim_{n \to \infty} \dfrac{x \cdot n}{n+1} = x.$$

由比值判别法知，当 $x < 1$ 时，$\sum\limits_{n=1}^{\infty} (-1)^n \dfrac{x^n}{n}$ 绝对收敛；当 $x > 1$ 时，$\sum\limits_{n=1}^{\infty} (-1)^n \dfrac{x^n}{n}$ 发散；

而当 $x = 1$ 时，$\sum\limits_{n=1}^{\infty} \left| (-1)^n \dfrac{x^n}{n} \right| = \sum\limits_{n=1}^{\infty} \dfrac{1}{n}$ 发散，$\sum\limits_{n=1}^{\infty} (-1)^n \dfrac{1}{n}$ 收敛，故 $\sum\limits_{n=1}^{\infty} (-1)^n \dfrac{x^n}{n}$ 条件收敛.

习题 10-3

1. 判别下列级数是否收敛，如果是收敛级数，指出其是绝对收敛还是条件收敛：

(1) $\sum\limits_{n=1}^{\infty} (-1)^n \dfrac{1}{2n-1}$；

(2) $\sum\limits_{n=1}^{\infty} \dfrac{(-1)^n + 2}{(-1)^{n-1} \cdot 2^n}$；

(3) $\sum\limits_{n=1}^{\infty} \dfrac{\sin nx}{n^2}$；

(4) $\sum\limits_{n=1}^{\infty} (-1)^{n+1} \dfrac{1}{\pi n} \sin \dfrac{\pi}{n}$；

(5) $\sum\limits_{n=1}^{\infty} \left(\dfrac{1}{2^n} - \dfrac{1}{10^{2n-1}} \right)$；

(6) $\sum\limits_{n=1}^{\infty} \dfrac{(-1)^n}{n+x}$；

(7) $\sum\limits_{n=1}^{\infty} \dfrac{\sin(2^n \cdot x)}{n!}$；

(8) $\sum\limits_{n=2}^{\infty} (-1)^{n-1} \dfrac{\ln n}{n}$.

2. 设级数 $\sum\limits_{n=1}^{\infty} a_n^2$ 及 $\sum\limits_{n=1}^{\infty} b_n^2$ 都收敛，证明级数 $\sum\limits_{n=1}^{\infty} a_n b_n$ 及 $\sum\limits_{n=1}^{\infty} (a_n + b_n)^2$ 也都收敛.

§ 10.4　　　　幂　级　数

 10.4.1　函数项级数

一般地，由定义在区间 I 上的函数序列构成的无穷级数

$$\sum_{n=1}^{\infty} u_n(x) = u_1(x) + u_2(x) + \cdots + u_n(x) + \cdots \qquad (10\text{-}2)$$

称为**函数项级数**.

在函数项级数(10-2)中，若令 x 取定义区间中某一确定值 x_0，则得到一个数项级数

$$\sum_{n=1}^{\infty} u_n(x_0) = u_1(x_0) + u_2(x_0) + \cdots + u_n(x_0) + \cdots. \qquad (10\text{-}3)$$

若数项级数(10-3)收敛，则称 x_0 为函数项级数(10-2)的一个**收敛点**. 反之，若数项级数(10-3)发散，则称 x_0 为函数项级数(10-2)的一个**发散点**. 收敛点的全体构成的集合，称为函数项级数的**收敛域**.

若 x_0 是收敛域内的一个值，则必有一个和 $S(x_0)$ 与之对应，即

$$S(x_0) = \sum_{n=1}^{\infty} u_n(x_0) = u_1(x_0) + u_2(x_0) + \cdots + u_n(x_0) + \cdots.$$

当 x 在收敛域内变动时，由对应关系，就得到一个定义在收敛域上的函数 $S(x)$，使得

$$S(x) = \sum_{n=1}^{\infty} u_n(x) = u_1(x) + u_2(x) + \cdots + u_n(x) + \cdots.$$

这个函数 $S(x)$ 就称为函数项级数的**和函数**.

如果仿照数项级数的情形，将函数项级数(10-2)的前 n 项和记为 $S_n(x)$，且称为**部分和函数**，即

$$S_n(x) = \sum_{k=1}^{n} u_k(x) = u_1(x) + u_2(x) + \cdots + u_n(x),$$

那么在函数项级数的收敛域内，有

$$\lim_{n \to \infty} S_n(x) = S(x).$$

若以 $R_n(x)$ 记余项，即

$$R_n(x) = S(x) - S_n(x),$$

则在收敛域内，有

$$\lim_{n \to \infty} R_n(x) = 0.$$

例 1 试求函数项级数 $\sum\limits_{n=0}^{\infty} x^n$ 的收敛域.

解 因为

$$S_n(x) = 1 + x + x^2 + \cdots + x^{n-1} = \frac{1-x^n}{1-x},$$

所以当 $|x| < 1$ 时,

$$\lim_{n\to\infty} S_n(x) = \lim_{n\to\infty} \frac{1-x^n}{1-x} = \frac{1}{1-x}.$$

级数在区间 $(-1,1)$ 内收敛. 易知,当 $|x| \geqslant 1$ 时,级数发散. 故级数的收敛域为 $(-1,1)$.

在函数项级数中,比较常见的是幂级数与三角级数. 这里,我们只讨论幂级数.

10.4.2 幂级数及其敛散性

 定义 1 具有下列形式的函数项级数

$$\sum_{n=0}^{\infty} a_n(x-x_0)^n = a_0 + a_1(x-x_0) + a_2(x-x_0)^2$$
$$+ \cdots + a_n(x-x_0)^n + \cdots$$

称为在 $x = x_0$ 处的幂级数或 $(x-x_0)$ 的幂级数,其中 $a_0, a_1, a_2, \cdots, a_n, \cdots$ 称为幂级数的系数.

特别地,若 $x_0 = 0$,则称

$$\sum_{n=0}^{\infty} a_n x^n = a_0 + a_1 x + a_2 x^2 + \cdots + a_n x^n + \cdots$$

为在 $x = 0$ 处的幂级数或 x 的幂级数. 下面主要讨论这种形式的幂级数,因为令 $t = x - x_0$,则

$$\sum_{n=0}^{\infty} a_n(x-x_0)^n = \sum_{n=0}^{\infty} a_n t^n.$$

显然,幂级数是一种简单的函数项级数,且 $x = 0$ 时,级数 $\sum\limits_{n=0}^{\infty} a_n x^n$ 收敛. 为了求幂级数的收敛域,我们给出如下定理.

定理 1 [阿贝尔(Abel)定理]

数学家简介

(1) 若幂级数 $\sum\limits_{n=0}^{\infty} a_n x^n$ 在点 $x = x_0 (x_0 \neq 0)$ 处收敛,则对于满足 $|x| <$ $|x_0|$ 的一切 x, $\sum a_n x^n$ 均绝对收敛.

(2) 若幂级数 $\sum\limits_{n=0}^{\infty} a_n x^n$ 在点 $x = x_0$ 处发散,则对于满足 $|x| > |x_0|$ 的一切

x，$\sum\limits_{n=0}^{\infty} a_n x^n$ 均发散.

证 （1）设 $\sum\limits_{n=0}^{\infty} a_n x_0^n$ 收敛，由级数收敛的必要条件知，$\lim\limits_{n\to\infty} a_n x_0^n = 0$，故存在常数 $M>0$，使得

$$|a_n x_0^n| \leqslant M \quad (n=0,1,2,\cdots),$$

于是

$$|a_n x^n| = \left| a_n x_0^n \cdot \frac{x^n}{x_0^n} \right| = |a_n x_0^n| \cdot \left| \frac{x}{x_0} \right|^n \leqslant M \left| \frac{x}{x_0} \right|^n.$$

当 $|x| < |x_0|$ 时，$\left| \dfrac{x}{x_0} \right| < 1$，故级数 $\sum\limits_{n=0}^{\infty} M \left| \dfrac{x}{x_0} \right|^n$ 收敛. 由正项级数的比较判别法知，幂级数 $\sum\limits_{n=0}^{\infty} a_n x^n$ 绝对收敛.

（2）设 $\sum\limits_{n=0}^{\infty} a_n x_0^n$ 发散，运用反证法可以证明，对所有满足 $|x| > |x_0|$ 的 x，$\sum\limits_{n=0}^{\infty} a_n x^n$ 均发散. 事实上，若存在 x_1，满足 $|x_1| > |x_0|$，但 $\sum\limits_{n=0}^{\infty} a_n x_1^n$ 收敛，则由 (1) 的证明可知，$\sum\limits_{n=0}^{\infty} a_n x_0^n$ 绝对收敛，这与已知矛盾. 于是定理得证.

阿贝尔定理告诉我们：若 x_0 是幂级数 $\sum\limits_{n=0}^{\infty} a_n x^n$ 的收敛点，则该幂级数在 $(-|x_0|, |x_0|)$ 内绝对收敛；若 x_0 是幂级数 $\sum\limits_{n=0}^{\infty} a_n x^n$ 的发散点，则该幂级数在 $(-\infty, -|x_0|) \cup (|x_0|, +\infty)$ 内发散. 由此可知，对幂级数 $\sum\limits_{n=0}^{\infty} a_n x^n$ 而言，存在关于原点对称的两个点 $x = \pm R (R>0)$，它们将幂级数的收敛点与发散点分隔开来，在 $(-R, R)$ 内的点都是收敛点，而在 $[-R, R]$ 以外的点均为发散点，在分界点 $x = \pm R$ 处，幂级数可能收敛，也可能发散. 称正数 R 为幂级数 $\sum\limits_{n=0}^{\infty} a_n x^n$ 的**收敛半径**，由幂级数在 $x = \pm R$ 处的敛散性就可以确定它在区间 $(-R, R)$，$[-R, R)$，$(-R, R]$，$[-R, R]$ 之一上收敛，即该区间为幂级数 $\sum\limits_{n=0}^{\infty} a_n x^n$ 的收敛域.

特别地，当幂级数 $\sum\limits_{n=0}^{\infty} a_n x^n$ 仅在点 $x = 0$ 处收敛时，规定其收敛半径为 $R = 0$；当幂级数 $\sum\limits_{n=0}^{\infty} a_n x^n$ 在整个数轴上都收敛时，规定其收敛半径为 $R = +\infty$，此时的收敛域为 $(-\infty, +\infty)$.

定理 2 设 R 是幂级数 $\sum\limits_{n=0}^{\infty} a_n x^n$ 的**收敛半径**，而 $\sum\limits_{n=0}^{\infty} a_n x^n$ 的系数满足

$$\lim\limits_{n\to\infty} \left| \frac{a_{n+1}}{a_n} \right| = \rho,$$

则

（1）当 $0 < \rho < +\infty$ 时，$R = \dfrac{1}{\rho}$；

（2）当 $\rho = 0$ 时，$R = +\infty$；

（3）当 $\rho = +\infty$ 时，$R = 0$.

证 因为对于正项级数

$$\sum_{n=0}^{\infty} |a_n x^n| = |a_0| + |a_1 x| + |a_2 x^2| + \cdots + |a_n x^n| + \cdots,$$

有

$$\lim_{n \to \infty} \left| \frac{a_{n+1} x^{n+1}}{a_n x^n} \right| = \lim_{n \to \infty} \left| \frac{a_{n+1}}{a_n} \right| |x| = \rho |x|,$$

所以

（1）若 $0 < \rho < +\infty$，由比值判别法知，当 $\rho|x| < 1$，即 $|x| < \dfrac{1}{\rho}$ 时，

$\sum_{n=0}^{\infty} |a_n x^n|$ 收敛，即 $\sum_{n=0}^{\infty} a_n x^n$ 绝对收敛；当 $|x| > \dfrac{1}{\rho}$ 时，$\sum_{n=0}^{\infty} a_n x^n$ 发散. 故幂级数

$\sum_{n=0}^{\infty} a_n x^n$ 的收敛半径 $R = \dfrac{1}{\rho}$.

（2）若 $\rho = 0$，则 $\rho|x| = 0 < 1$，于是对任意 $x \in (-\infty, +\infty)$，$\sum_{n=0}^{\infty} |a_n x^n|$ 收

敛，从而 $\sum_{n=0}^{\infty} a_n x^n$ 绝对收敛，即幂级数 $\sum_{n=0}^{\infty} a_n x^n$ 的收敛半径 $R = +\infty$.

（3）若 $\rho = +\infty$，则对任意 $x \neq 0$，当 n 充分大时，必有 $\left| \dfrac{a_{n+1} x^{n+1}}{a_n x^n} \right| > 1$，从而

由比值判别法知，$\sum_{n=0}^{\infty} a_n x^n$ 发散，故幂级数仅在点 $x = 0$ 处收敛，其收敛半

径 $R = 0$.

例 2 求幂级数 $\sum_{n=1}^{\infty} \dfrac{(-x)^n}{3^{n-1} \sqrt{n}}$ 的收敛半径和收敛域.

解 因为

$$\rho = \lim_{n \to \infty} \left| \frac{a_{n+1}}{a_n} \right| = \lim_{n \to \infty} \frac{3^{n-1} \sqrt{n}}{3^n \sqrt{n+1}} = \frac{1}{3},$$

所以收敛半径 $R = \dfrac{1}{\rho} = 3$.

当 $x = -3$ 时，原级数为 $\sum_{n=1}^{\infty} \dfrac{3}{\sqrt{n}}$，由 p-级数的敛散性知，原级数发散.

当 $x = 3$ 时，原级数为 $\sum_{n=1}^{\infty} \dfrac{(-1)^n \cdot 3}{\sqrt{n}}$，由莱布尼茨判别法可知，原级数收敛.

综上所述，幂级数的收敛半径为 $R=3$，收敛域为 $(-3,3]$.

例 3 求下列幂级数的收敛半径及收敛域：

(1) $\displaystyle\sum_{n=1}^{\infty}\frac{x^n}{n!}$；
(2) $\displaystyle\sum_{n=1}^{\infty}n^n x^n$.

解 (1) 因

$$\rho=\lim_{n\to\infty}\left|\frac{a_{n+1}}{a_n}\right|=\lim_{n\to\infty}\frac{n!}{(n+1)!}=\lim_{n\to\infty}\frac{1}{n+1}=0,$$

故收敛半径 $R=+\infty$，收敛域为 $(-\infty,+\infty)$.

(2) 因

$$\rho=\lim_{n\to\infty}\left|\frac{a_{n+1}}{a_n}\right|=\lim_{n\to\infty}\frac{(n+1)^{n+1}}{n^n}=\lim_{n\to\infty}(n+1)\left(1+\frac{1}{n}\right)^n=+\infty,$$

故收敛半径 $R=0$.

例 4 求幂级数 $\displaystyle\sum_{n=0}^{\infty}\frac{1}{4^n}(x-1)^{2n}$ 的收敛半径及收敛域.

解 此级数为 $(x-1)$ 的幂级数，且缺少 $(x-1)$ 的奇次幂的项，不能直接运用定理 2 来求它的收敛半径，但可以运用比值判别法来求它的收敛半径.

令 $u_n=\dfrac{1}{4^n}(x-1)^{2n}$，则

$$\lim_{n\to\infty}\left|\frac{u_{n+1}}{u_n}\right|=\lim_{n\to\infty}\left|\frac{4^n(x-1)^{2n+2}}{4^{n+1}(x-1)^{2n}}\right|=\frac{1}{4}(x-1)^2.$$

于是，

当 $\dfrac{1}{4}(x-1)^2<1$，即 $|x-1|<2$ 时，幂级数绝对收敛；

当 $\dfrac{1}{4}(x-1)^2>1$，即 $|x-1|>2$ 时，幂级数发散；

当 $|x-1|=2$，即 $x=-1$ 或 $x=3$ 时，原级数为 $\displaystyle\sum_{n=0}^{\infty}1$，它是发散的.

综上所述，幂级数的收敛半径为 $R=2$，收敛域为 $(-1,3)$.

10.4.3 幂级数的运算

设幂级数 $\displaystyle\sum_{n=0}^{\infty}a_n x^n$ 与 $\displaystyle\sum_{n=0}^{\infty}b_n x^n$ 的收敛半径分别为 R_1 与 R_2，它们的和函数分别为 $S_1(x)$ 与 $S_2(x)$，在两个幂级数收敛的公共区间内可进行如下运算.

(1) 加法运算：

$$\sum_{n=0}^{\infty}a_n x^n\pm\sum_{n=0}^{\infty}b_n x^n=\sum_{n=0}^{\infty}(a_n\pm b_n)x^n=S_1(x)\pm S_2(x),$$

其中 $x \in (-R,R), R = \min\{R_1, R_2\}$.

（2）乘法运算：
$$\Big(\sum_{n=0}^{\infty} a_n x^n\Big) \cdot \Big(\sum_{n=0}^{\infty} b_n x^n\Big) = \sum_{n=0}^{\infty} c_n x^n = S_1(x) \cdot S_2(x),$$
其中 $x \in (-R,R), R = \min\{R_1, R_2\}$,
$$c_n = \sum_{k=0}^{n} a_k b_{n-k} = a_0 b_n + a_1 b_{n-1} + \cdots + a_k b_{n-k} + \cdots + a_n b_0.$$

（3）逐项求导：若幂级数 $\sum_{n=0}^{\infty} a_n x^n$ 的收敛半径为 R，则在 $(-R,R)$ 内，和函数 $S(x)$ 可导，且有
$$S'(x) = \Big(\sum_{n=0}^{\infty} a_n x^n\Big)' = \sum_{n=0}^{\infty} (a_n x^n)' = \sum_{n=1}^{\infty} a_n n x^{n-1}.$$
所得幂级数的收敛半径仍为 R，但在收敛区间端点处的敛散性可能改变.

（4）逐项积分：设幂级数 $\sum_{n=0}^{\infty} a_n x^n$ 的和函数为 $S(x)$，收敛半径为 R，则和函数在 $(-R,R)$ 内可积，且有
$$\int_0^x S(x)\mathrm{d}x = \int_0^x \sum_{n=0}^{\infty} a_n x^n \mathrm{d}x = \sum_{n=0}^{\infty} \int_0^x a_n x^n \mathrm{d}x = \sum_{n=0}^{\infty} \frac{a_n}{n+1} x^{n+1}.$$
所得幂级数的收敛半径仍为 R，但在收敛区间端点处的敛散性可能改变.

以上结论证明从略.

例5 求幂级数 $\sum_{n=0}^{\infty} (n+1)x^n$ 的和函数.

解 所给幂级数的收敛半径 $R=1$，收敛域为 $(-1,1)$. 注意到
$$(n+1)x^n = (x^{n+1})',$$
故
$$\sum_{n=0}^{\infty} (n+1)x^n = \sum_{n=0}^{\infty} (x^{n+1})' = \Big(\sum_{n=0}^{\infty} x^{n+1}\Big)' = \Big(\frac{x}{1-x}\Big)'$$
$$= \frac{1}{(1-x)^2} \quad (-1 < x < 1).$$

例6 求幂级数 $\sum_{n=1}^{\infty} \frac{x^n}{n}$ 的和函数.

解 所给幂级数的收敛半径 $R=1$，收敛域为 $[-1,1)$，在收敛域 $[-1,1)$ 内，有
$$\sum_{n=1}^{\infty} \frac{x^n}{n} = \sum_{n=1}^{\infty} \int_0^x t^{n-1} \mathrm{d}t = \int_0^x \Big(\sum_{n=1}^{\infty} t^{n-1}\Big) \mathrm{d}t = \int_0^x \frac{1}{1-t} \mathrm{d}t$$
$$= -\ln(1-x) \quad (-1 \leqslant x < 1).$$

例7 求 $\sum_{n=1}^{\infty} n(n+2)x^n$ 在 $(-1,1)$ 内的和函数.

解 $\displaystyle\sum_{n=1}^{\infty} n(n+2)x^n = \sum_{n=1}^{\infty} n(n+1)x^n + \sum_{n=1}^{\infty} nx^n = x\sum_{n=1}^{\infty} n(n+1)x^{n-1} + x\sum_{n=1}^{\infty} nx^{n-1}$

$$= x\left(\sum_{n=1}^{\infty} x^{n+1}\right)'' + x\left(\sum_{n=1}^{\infty} x^n\right)' = x\left(\frac{x^2}{1-x}\right)'' + x\left(\frac{x}{1-x}\right)'$$

$$= \frac{2x}{(1-x)^3} + \frac{x}{(1-x)^2} = \frac{x(3-x)}{(1-x)^3} \quad (-1 < x < 1).$$

习题 10 - 4

1. 求下列幂级数的收敛域：

(1) $\displaystyle\sum_{n=1}^{\infty} nx^n$；

(2) $\displaystyle\sum_{n=1}^{\infty} \frac{n!}{n^n}x^n$；

(3) $\displaystyle\sum_{n=1}^{\infty} \frac{x^n}{2^n \cdot n^2}$；

(4) $\displaystyle\sum_{n=0}^{\infty} (-1)^n \frac{x^{2n+1}}{2n+1}$；

(5) $\displaystyle\sum_{n=1}^{\infty} \frac{(x+2)^n}{2^n \cdot n}$；

(6) $\displaystyle\sum_{n=1}^{\infty} \frac{2^n}{n}(x-1)^n$.

2. 求下列幂级数的和函数：

(1) $\displaystyle\sum_{n=1}^{\infty} (-1)^n \frac{x^n}{n}$；

(2) $\displaystyle\sum_{n=0}^{\infty} (2n+1)x^n$.

3. 求下列级数的和：

(1) $\displaystyle\sum_{n=1}^{\infty} \frac{1}{(2n-1)2^n}$；

(2) $\displaystyle\sum_{n=1}^{\infty} \frac{n(n+1)}{2^n}$.

§10.5 函数展开为幂级数

在上一节中，我们讨论了幂级数的敛散性，在其收敛域内，幂级数总是收敛于一个和函数. 对于一些简单的幂级数，还可以借助逐项求导或逐项积分的方法，求出这个和函数. 但在实际应用中常常提出相反的问题，即对于给定的函数 $f(x)$，能否在某个区间内用幂级数表示？又如何表示？本节将讨论并解决这一问题.

10.5.1 泰勒级数

在上册第 4 章 §4.2,我们已经看到,如果函数 $f(x)$ 在点 x_0 的某一邻域内有直到 $n+1$ 阶的导数,则在这个邻域内有 $f(x)$ 的 n 阶泰勒公式

$$f(x) = f(x_0) + f'(x_0)(x - x_0) + \frac{f''(x_0)}{2!}(x - x_0)^2 + \cdots$$

$$+ \frac{f^{(n)}(x_0)}{n!}(x - x_0)^n + R_n(x), \qquad (10-4)$$

其中

$$R_n(x) = \frac{f^{(n+1)}(\xi)}{(n+1)!}(x - x_0)^{n+1} \quad (\xi \text{ 在 } x_0 \text{ 与 } x \text{ 之间}),$$

称 $R_n(x)$ 为拉格朗日型余项.

如果令 $x_0 = 0$,就得到函数 $f(x)$ 的 n 阶麦克劳林公式

$$f(x) = f(0) + f'(0)x + \frac{f''(0)}{2!}x^2 + \cdots + \frac{f^{(n)}(0)}{n!}x^n + R_n(x), \quad (10-5)$$

此时,

$$R_n(x) = \frac{f^{(n+1)}(\xi)}{(n+1)!}x^{n+1} = \frac{f^{(n+1)}(\theta x)}{(n+1)!}x^{n+1} \quad (0 < \theta < 1).$$

如果函数 $f(x)$ 在点 x_0 的某一邻域内有任意阶导数,则称幂级数

$$f(x_0) + f'(x_0)(x - x_0) + \frac{f''(x_0)}{2!}(x - x_0)^2 + \cdots$$

$$+ \frac{f^{(n)}(x_0)}{n!}(x - x_0)^n + \cdots \qquad (10-6)$$

为 $f(x)$ 的 **泰勒级数**.

当 $x_0 = 0$ 时,幂级数

$$f(0) + f'(0)x + \frac{f''(0)}{2!}x^2 + \cdots + \frac{f^{(n)}(0)}{n!}x^n + \cdots \qquad (10-7)$$

又称为函数 $f(x)$ 的 **麦克劳林级数**.那么,它是否以 $f(x)$ 为和函数呢?

如果令麦克劳林级数 $(10-7)$ 的前 $n+1$ 项和为 $S_{n+1}(x)$,即

$$S_{n+1}(x) = f(0) + f'(0)x + \frac{f''(0)}{2!}x^2 + \cdots + \frac{f^{(n)}(0)}{n!}x^n,$$

那么级数 $(10-7)$ 收敛于函数 $f(x)$ 的条件为

$$\lim_{n \to \infty} S_{n+1}(x) = f(x).$$

注意到麦克劳林公式 $(10-5)$ 与麦克劳林级数 $(10-7)$ 的关系,可知

$$f(x) = S_{n+1}(x) + R_n(x).$$

于是,当 $\lim_{n \to \infty} R_n(x) = 0$ 时,有

$$\lim_{n \to \infty} S_{n+1}(x) = f(x).$$

反之亦然,即若

$$\lim_{n\to\infty}S_{n+1}(x)=f(x),$$

则必有

$$\lim_{n\to\infty}R_n(x)=0.$$

这表明，麦克劳林级数（10-7）以 $f(x)$ 为和函数的充要条件是麦克劳林公式（10-5）中的余项

$$R_n(x)\to 0 \quad (n\to\infty).$$

这样，我们就得到了函数 $f(x)$ 的幂级数展开式

$$f(x)=\sum_{n=0}^{\infty}\frac{f^{(n)}(0)}{n!}x^n$$

$$=f(0)+f'(0)x+\frac{f''(0)}{2!}x^2+\cdots+\frac{f^{(n)}(0)}{n!}x^n+\cdots. \quad (10-8)$$

也就是说，函数的幂级数展开式是唯一的.事实上，假设函数 $f(x)$ 可以表示为幂级数

$$f(x)=\sum_{n=0}^{\infty}a_n x^n=a_0+a_1 x+a_2 x^2+\cdots+a_n x^n+\cdots, \quad (10-9)$$

那么根据幂级数在收敛域内可逐项求导的性质，再令 $x=0$（幂级数显然在点 $x=0$ 处收敛），就容易得到

$$a_0=f(0),\ a_1=f'(0),\ a_2=\frac{f''(0)}{2!},\ \cdots,\ a_n=\frac{f^{(n)}(0)}{n!},\ \cdots.$$

将它们代入式（10-9），所得结果与 $f(x)$ 的麦克劳林展开式（10-8）完全相同.

综上所述，如果函数 $f(x)$ 在包含 $x=0$ 的某一区间内有任意阶导数，且在此区间内的麦克劳林公式中的余项以 0 为极限（当 $n\to\infty$ 时），那么 $f(x)$ 就可展开成形如式（10-8）的幂级数展开式.

10.5.2 函数展开为幂级数

利用麦克劳林公式将函数 $f(x)$ 展开为幂级数的方法，称为**直接展开法**.

例1 试将函数 $f(x)=\mathrm{e}^x$ 展开为 x 的幂级数.

解 因为

$$f^{(n)}(x)=\mathrm{e}^x \quad (n=0,1,2,\cdots),$$

所以

$$f(0)=f'(0)=f''(0)=\cdots=f^{(n)}(0)=1,$$

于是我们得到幂级数

$$1+x+\frac{1}{2!}x^2+\cdots+\frac{1}{n!}x^n+\cdots. \quad (10-10)$$

显然，该幂级数的收敛区间为 $(-\infty,+\infty)$，至于它是否以 $f(x)=\mathrm{e}^x$ 为和函数，即它是否收敛于 $f(x)=\mathrm{e}^x$，还要考察余项 $R_n(x)$.

因为

$$R_n(x) = \frac{\mathrm{e}^{\theta x}}{(n+1)!} x^{n+1} \quad (0 < \theta < 1),$$

即 $\theta x \leqslant |\theta x| < |x|$，所以

$$|R_n(x)| = \frac{\mathrm{e}^{\theta x}}{(n+1)!} |x|^{n+1} < \frac{\mathrm{e}^{|x|}}{(n+1)!} |x|^{n+1}.$$

注意到对任一确定的 x 值，$\mathrm{e}^{|x|}$ 是一个确定的常数，而级数 $\sum\limits_{n=1}^{\infty} \frac{|x|^{n+1}}{(n+1)!}$ 是绝对收敛的，因此当 $n \to \infty$ 时，其通项 $\frac{|x|^{n+1}}{(n+1)!} \to 0$.

由此可知，$\lim\limits_{n \to \infty} R_n(x) = 0$. 这表明级数 (10-10) 确实收敛于 $f(x) = \mathrm{e}^x$，因此有

$$\mathrm{e}^x = 1 + x + \frac{1}{2!} x^2 + \cdots + \frac{1}{n!} x^n + \cdots \quad (-\infty < x < +\infty).$$

例 2 试将函数 $f(x) = \sin x$ 展开为 x 的幂级数.

解 因为

$$f^{(n)}(x) = \sin\left(x + \frac{n\pi}{2}\right) \quad (n = 0, 1, 2, \cdots),$$

所以

$$f(0) = 0, \ f'(0) = 1, \ f''(0) = 0, \ f'''(0) = -1, \cdots,$$
$$f^{(2n)}(0) = 0, \ f^{(2n+1)}(0) = (-1)^n,$$

于是得到幂级数

$$x - \frac{1}{3!} x^3 + \frac{1}{5!} x^5 - \cdots + (-1)^n \frac{x^{2n+1}}{(2n+1)!} + \cdots,$$

且它的收敛区间为 $(-\infty, +\infty)$.

又因

$$R_n(x) = \frac{\sin\left[\theta x + \frac{(n+1)\pi}{2}\right]}{(n+1)!} x^{n+1},$$

故可以推知

$$|R_n(x)| = \frac{\left| \sin\left[\theta x + \frac{(n+1)\pi}{2}\right] \right|}{(n+1)!} |x|^{n+1} \leqslant \frac{|x|^{n+1}}{(n+1)!} \to 0 \quad (n \to \infty).$$

因此有

$$\sin x = x - \frac{1}{3!} x^3 + \frac{1}{5!} x^5 - \cdots + (-1)^n \frac{x^{2n+1}}{(2n+1)!} + \cdots \quad (-\infty < x < +\infty).$$

这种运用麦克劳林公式将函数展开为幂级数的方法，虽然程序明确，但是运算往往过于烦琐，因此人们普遍采用下面这种比较简便的幂级数展开法.

在此之前，已经得到了函数 $\frac{1}{1-x}$，e^x 及 $\sin x$ 的幂级数展开式，利用已知的展

开式,通过幂级数的运算,可以得到其他函数的幂级数展开式.这种求函数的幂级数展开式的方法称为间接展开法.

例 3 试求函数 $f(x)=\cos x$ 在 $x=0$ 处的幂级数展开式.

解 因为

$$(\sin x)'=\cos x,$$

而

$$\sin x=x-\frac{1}{3!}x^3+\frac{1}{5!}x^5-\cdots+(-1)^n\frac{x^{2n+1}}{(2n+1)!}+\cdots \quad (-\infty<x<+\infty),$$

所以根据幂级数可逐项求导的法则,可得

$$\cos x=1-\frac{1}{2!}x^2+\frac{1}{4!}x^4-\cdots+(-1)^n\frac{x^{2n}}{(2n)!}+\cdots \quad (-\infty<x<+\infty).$$

例 4 将函数 $f(x)=\ln(1+x)$ 展开为 x 的幂级数.

解 注意到

$$\ln(1+x)=\int_0^x\frac{1}{1+t}dt,$$

而

$$\frac{1}{1+x}=\frac{1}{1-(-x)}=1-x+x^2-\cdots+(-1)^nx^n+\cdots \quad (|x|<1),$$

将上式两边同时积分,得

$$\ln(1+x)=x-\frac{1}{2}x^2+\frac{1}{3}x^3-\cdots+(-1)^n\frac{1}{n+1}x^{n+1}+\cdots$$

$$=\sum_{n=0}^{\infty}(-1)^n\frac{1}{n+1}x^{n+1}=\sum_{n=1}^{\infty}(-1)^{n-1}\frac{1}{n}x^n.$$

因为幂级数逐项积分后收敛半径 R 不变,所以上式右边幂级数的收敛半径仍为 $R=1$.而当 $x=-1$ 时,该级数发散;当 $x=1$ 时,该级数收敛.故收敛域为 $(-1,1]$.

例 5 试求函数 $f(x)=\arctan x$ 在 $x=0$ 处的幂级数展开式.

解 因为

$$\arctan x=\int_0^x\frac{1}{1+t^2}dt,$$

而

$$\frac{1}{1+x^2}=\frac{1}{1-(-x^2)}=1-x^2+x^4-\cdots+(-1)^nx^{2n}+\cdots \quad (|x|<1),$$

将上式两边同时积分,可得

$$\arctan x=x-\frac{1}{3}x^3+\frac{1}{5}x^5-\cdots+(-1)^n\frac{x^{2n+1}}{2n+1}+\cdots \quad (|x|\leqslant1).$$

例 6 试将函数 $f(x) = \dfrac{1}{x^2 - 3x + 2}$ 展开为 x 的幂级数.

解 因为

$$f(x) = \frac{1}{x^2 - 3x + 2} = \frac{1}{(1-x)(2-x)} = \frac{1}{1-x} - \frac{1}{2-x},$$

而

$$\frac{1}{2-x} = \frac{1}{2} \cdot \frac{1}{1 - \dfrac{x}{2}} = \frac{1}{2}\left[1 + \frac{x}{2} + \left(\frac{x}{2}\right)^2 + \cdots + \left(\frac{x}{2}\right)^n + \cdots\right] \quad (|x| < 2),$$

所以

$$f(x) = \frac{1}{1-x} - \frac{1}{2-x}$$

$$= (1 + x + x^2 + \cdots + x^n + \cdots) - \frac{1}{2}\left[1 + \frac{x}{2} + \left(\frac{x}{2}\right)^2 + \cdots + \left(\frac{x}{2}\right)^n + \cdots\right]$$

$$= \sum_{n=0}^{\infty} x^n - \frac{1}{2}\sum_{n=0}^{\infty} \frac{1}{2^n} x^n = \sum_{n=0}^{\infty} \left(1 - \frac{1}{2^{n+1}}\right) x^n = \sum_{n=0}^{\infty} \frac{2^{n+1} - 1}{2^{n+1}} x^n.$$

根据幂级数和的运算法则,其收敛半径应取较小的一个,故 $R = 1$,因此所得幂级数的收敛区间为 $(-1, 1)$.

最后,我们将几个常用的函数的幂级数展开式列在下面,以便于读者查用.

$$e^x = 1 + x + \frac{1}{2!}x^2 + \cdots + \frac{1}{n!}x^n + \cdots \quad (-\infty < x < +\infty);$$

$$\ln(1+x) = x - \frac{1}{2}x^2 + \frac{1}{3}x^3 - \cdots + (-1)^n \frac{1}{n+1}x^{n+1} + \cdots$$
$$(-1 < x \leqslant 1);$$

$$\sin x = x - \frac{1}{3!}x^3 + \frac{1}{5!}x^5 - \cdots + (-1)^n \frac{1}{(2n+1)!}x^{2n+1} + \cdots$$
$$(-\infty < x < +\infty);$$

$$\cos x = 1 - \frac{1}{2!}x^2 + \frac{1}{4!}x^4 - \cdots + (-1)^n \frac{1}{(2n)!}x^{2n} + \cdots$$
$$(-\infty < x < +\infty);$$

$$\arctan x = x - \frac{1}{3}x^3 + \frac{1}{5}x^5 - \cdots + (-1)^n \frac{1}{2n+1}x^{2n+1} + \cdots$$
$$(-1 \leqslant x \leqslant 1);$$

$$(1+x)^\alpha = 1 + \alpha x + \frac{\alpha(\alpha-1)}{2!}x^2 + \cdots + \frac{\alpha(\alpha-1)\cdots(\alpha-n+1)}{n!}x^n + \cdots$$
$$(-1 < x < 1).$$

似计算.

在函数的幂级数展开式中，取前面有限项，就可得到函数的近似公式，这对计算复杂函数的函数值是非常方便的，可以把函数近似表示为 x 的多项式，而多项式的计算只须用到四则运算，非常简便.

例 1 计算 $\sqrt[5]{245}$ 的近似值，要求误差不超过 0.000 1.

解 由二项展开式

$$(1+x)^\alpha = 1 + \alpha x + \frac{\alpha(\alpha-1)}{2!}x^2 + \cdots \quad (-1 < x < 1),$$

$\sqrt[5]{245} = \sqrt[5]{3^5 + 2} = 3\left(1 + \frac{2}{3^5}\right)^{\frac{1}{5}}$，取 $\alpha = \frac{1}{5}$，$x = \frac{2}{3^5}$，可得

$$\sqrt[5]{245} = 3\left(1 + \frac{2}{3^5}\right)^{\frac{1}{5}} = 3\left[1 + \frac{1}{5} \cdot \frac{2}{3^5} + \frac{1}{5}\left(\frac{1}{5} - 1\right) \cdot \frac{1}{2!} \cdot \left(\frac{2}{3^5}\right)^2 + \cdots\right]$$

$$= 3\left(1 + \frac{1}{5} \cdot \frac{2}{3^5} - \frac{1}{5} \cdot \frac{4}{5} \cdot \frac{1}{2!} \cdot \frac{4}{3^{10}} + \cdots\right).$$

这个级数从第二项开始为交错级数，收敛很快，根据莱布尼茨判别法，取前两项的和作为 $\sqrt[5]{245}$ 的近似值，其误差为

$$|R_2| \leqslant 3 \cdot \frac{1}{5} \cdot \frac{4}{5} \cdot \frac{1}{2!} \cdot \frac{4}{3^{10}} = \frac{8}{5^2 \cdot 3^9} < 0.000\ 1,$$

故取近似式为 $\sqrt[5]{245} \approx 3\left(1 + \frac{1}{5} \cdot \frac{2}{3^5}\right)$.

为了使误差不超过 0.000 1，计算过程应取五位小数，然后再四舍五入. 因此最后得到 $\sqrt[5]{245} \approx 3.004\ 9$.

例 2 计算 $\ln 2$ 的近似值（误差不超过 10^{-4}）.

解 函数 $\ln(1+x)$ 的幂级数展开式为

$$\ln(1+x) = x - \frac{x^2}{2} + \frac{x^3}{3} - \frac{x^4}{4} + \cdots + (-1)^n \frac{x^{n+1}}{n+1} + \cdots \quad (-1 < x \leqslant 1),$$

在上式中，令 $x = 1$ 可得

$$\ln 2 = 1 - \frac{1}{2} + \frac{1}{3} - \frac{1}{4} + \cdots + (-1)^{n-1} \frac{1}{n} + \cdots.$$

如果取这级数前 n 项和作为 $\ln 2$ 的近似值，由莱布尼茨判别法，可得其误差为

$$|R_n| \leqslant \frac{1}{n+1}.$$

为了保证误差不超过 10^{-4}，就需要取级数的前 10 000 项进行计算. 这样做计算量太大了，故必须用收敛较快的级数来代替它. 把展开式

$$\ln(1+x) = x - \frac{x^2}{2} + \frac{x^3}{3} - \frac{x^4}{4} + \cdots + (-1)^n \frac{x^{n+1}}{n+1} + \cdots \quad (-1 < x \leqslant 1)$$

中的 x 换成 $-x$，得

$$\ln(1-x)=-x-\frac{x^2}{2}-\frac{x^3}{3}-\frac{x^4}{4}-\cdots \quad (-1\leqslant x<1).$$

上两式相减，得到不含偶次幂的展开式

$$\ln\frac{1+x}{1-x}=\ln(1+x)-\ln(1-x)=2\left(x+\frac{1}{3}x^3+\frac{1}{5}x^5+\cdots\right) \quad (-1<x<1).$$

令 $\frac{1+x}{1-x}=2$，解出 $x=\frac{1}{3}$。以 $x=\frac{1}{3}$ 代入最后一个展开式，得

$$\ln 2=2\left(\frac{1}{3}+\frac{1}{3}\cdot\frac{1}{3^3}+\frac{1}{5}\cdot\frac{1}{3^5}+\frac{1}{7}\cdot\frac{1}{3^7}+\cdots\right).$$

如果取前四项作为 $\ln 2$ 的近似值，则误差为

$$|R_4|=2\left(\frac{1}{9}\cdot\frac{1}{3^9}+\frac{1}{11}\cdot\frac{1}{3^{11}}+\frac{1}{13}\cdot\frac{1}{3^{13}}+\cdots\right)$$

$$<\frac{2}{3^{11}}\left[1+\frac{1}{9}+\left(\frac{1}{9}\right)^2+\cdots\right]$$

$$=\frac{2}{3^{11}}\cdot\frac{1}{1-\frac{1}{9}}=\frac{1}{4\cdot 3^9}<\frac{1}{70\,000}.$$

于是取

$$\ln 2\approx 2\left(\frac{1}{3}+\frac{1}{3}\cdot\frac{1}{3^3}+\frac{1}{5}\cdot\frac{1}{3^5}+\frac{1}{7}\cdot\frac{1}{3^7}\right).$$

考虑到舍入误差，计算时应取五位小数：

$$\frac{1}{3}\approx 0.333\,33,\quad \frac{1}{3}\cdot\frac{1}{3^3}\approx 0.012\,35,$$

$$\frac{1}{5}\cdot\frac{1}{3^5}\approx 0.000\,82,\quad \frac{1}{7}\cdot\frac{1}{3^7}\approx 0.000\,07.$$

因此得 $\ln 2\approx 0.693\,1$。

例3 求定积分 $\frac{2}{\sqrt{\pi}}\int_0^{\frac{1}{2}}e^{-x^2}\mathrm{d}x$ 的近似值，要求误差不超过 $0.000\,1\left(\text{取}\frac{1}{\sqrt{\pi}}\approx 0.564\,19\right)$。

解 由于 e^{-x^2} 不存在初等原函数，因此无法直接用定积分的计算求值。利用指数函数 e^x 的幂级数展开式，将 x 替换成 x^2，可得

$$e^{-x^2}=\sum_{n=0}^{\infty}\frac{(-1)^n}{n!}x^{2n} \quad (-\infty<x<+\infty).$$

在收敛区间内逐项积分，得

$$\frac{2}{\sqrt{\pi}}\int_0^{\frac{1}{2}}e^{-x^2}\mathrm{d}x=\frac{2}{\sqrt{\pi}}\int_0^{\frac{1}{2}}\left[\sum_{n=0}^{\infty}\frac{(-1)^n}{n!}x^{2n}\right]\mathrm{d}x=\frac{2}{\sqrt{\pi}}\sum_{n=0}^{\infty}\frac{(-1)^n}{n!}\int_0^{\frac{1}{2}}x^{2n}\mathrm{d}x$$

$$=\frac{1}{\sqrt{\pi}}\left(1-\frac{1}{2^2\cdot 3}+\frac{1}{2^4\cdot 5\cdot 2!}-\frac{1}{2^6\cdot 7\cdot 3!}+\cdots\right).$$

取前四项的和作为近似值，则其误差为

$$|R_4| \leqslant \frac{1}{\sqrt{\pi}} \cdot \frac{1}{2^8 \cdot 9 \cdot 4!} < \frac{1}{90\,000},$$

故所求近似值为

$$\frac{2}{\sqrt{\pi}} \int_0^{\frac{1}{2}} e^{-x^2} dx \approx \frac{1}{\sqrt{\pi}} \left(1 - \frac{1}{2^2 \cdot 3} + \frac{1}{2^4 \cdot 5 \cdot 2!} - \frac{1}{2^6 \cdot 7 \cdot 3!} \right) \approx 0.520\,5.$$

10.6.3　经济学上的应用实例

 例4　（**奖励基金创立问题**）　为了创立某奖励基金，需要筹集资金，现假定该基金从创立之日起，每年需要支付 4 百万元作为奖励，设基金的利率为每年 5%，分别以（1）年复利计算利息；（2）连续复利计算利息。问需要筹集多少资金（单位：百万元）？

解　（1）以年复利计算利息，则

第一次奖励发生在创立之日，

　　　　　　第一次所需要筹集的资金（单位：百万元）$= 4$；

第二次奖励发生一年后时，

　　　　　　第二次所需要筹集的资金（单位：百万元）$= \dfrac{4}{1+0.05} = \dfrac{4}{1.05}$；

第三次奖励发生二年后，

　　　　　　第三次所需要筹集的资金（单位：百万元）$= \dfrac{4}{(1+0.05)^2} = \dfrac{4}{1.05^2}$。

一直延续下去，则

　　　　总共所需要筹集的资金（单位：百万元）$= 4 + \dfrac{4}{1.05} + \dfrac{4}{1.05^2} + \cdots + \dfrac{4}{1.05^n} + \cdots$。

这是一个公比为 $\dfrac{1}{1.05}$ 的等比级数，收敛于 $\dfrac{4}{1 - \dfrac{1}{1.05}} = 84$。

因此，以年复利计算利息时，需要筹集资金 8 400 万元来创立该奖励基金。

（2）以连续复利计算利息时，由上册第 2 章 §2.5 知道：

第一次所需要筹集的资金（单位：百万元）$= 4$；

第二次所需要筹集的资金（单位：百万元）$= 4e^{-0.05}$；

第三次所需要筹集的资金（单位：百万元）$= 4(e^{-0.05})^2$。

一直延续下去，则

总共所需要筹集的资金（单位：百万元）$= 4 + 4e^{-0.05} + 4(e^{-0.05})^2 + 4(e^{-0.05})^3 + \cdots$。

这是一个公比为 $e^{-0.05}$ 的等比级数,收敛于 $\dfrac{4}{1-e^{-0.05}} \approx 82.02$.

因此,以连续复利计算利息时,需要筹集资金 8 202 万元来创立该奖励基金.

例 5 (合同订立问题) 某演艺公司与某位演员签订一份合同,合同规定演艺公司在第 n 年末必须支付该演员或其后代 n 万元($n=1,2,\cdots$),假定银行存款按 4% 的年复利计算利息,问演艺公司需要在签约当天存入银行的资金为多少?

解 设 $r=4\%$ 为年复利率,因第 n 年末必须支付 n 万元($n=1,2,\cdots$),故在银行存入的资金总额(单位:万元)为

$$\frac{1}{1+r}+\frac{2}{(1+r)^2}+\cdots+\frac{n}{(1+r)^n}+\cdots=\sum_{n=1}^{\infty}\frac{n}{(1+r)^n}.$$

为了求出该级数的和,先考察幂级数

$$\sum_{n=1}^{\infty}nx^n=x+2x^2+3x^3+\cdots+nx^n+\cdots,$$

该幂级数的收敛域为 $(-1,1)$. 由于当 $r=4\%$ 时,$\dfrac{1}{1+r}\in(-1,1)$,因此只要求出幂级数 $\sum\limits_{n=1}^{\infty}nx^n$ 的和函数 $S(x)$,则 $S\left(\dfrac{1}{1+r}\right)$ 即为所求的资金总额 $\sum\limits_{n=1}^{\infty}\dfrac{n}{(1+r)^n}$.

由 $S(x)=\sum\limits_{n=1}^{\infty}nx^n=x\sum\limits_{n=1}^{\infty}nx^{n-1}$,令 $f(x)=\sum\limits_{n=1}^{\infty}nx^{n-1}$,即 $S(x)=xf(x)$,则

$$\int_0^x f(t)\mathrm{d}t=\int_0^x\left(\sum_{n=1}^{\infty}nt^{n-1}\right)\mathrm{d}t=\sum_{n=1}^{\infty}\int_0^x nt^{n-1}\mathrm{d}t=\sum_{n=1}^{\infty}x^n=\frac{x}{1-x}.$$

因此 $f(x)=\left(\dfrac{x}{1-x}\right)'=\dfrac{1}{(1-x)^2}$,于是 $S(x)=xf(x)=\dfrac{x}{(1-x)^2}$,从而

$$S\left(\frac{1}{1+r}\right)=\frac{\dfrac{1}{1+r}}{\left(1-\dfrac{1}{1+r}\right)^2}=\frac{1+r}{r^2}.$$

将 $r=4\%$ 代入上式,即可求得演艺公司需要在签约当天存入银行的资金为

$$S\left(\frac{1}{1+4\%}\right)=\frac{1+0.04}{0.04^2}=650(万元).$$

习题 10 - 6

1. 利用幂级数展开式,求下列各数的近似值:
   (1) $\sqrt[5]{240}$(误差不超过 10^{-4});   (2) $\ln 3$(误差不超过 10^{-4});
   (3) $\sin 9°$(误差不超过 10^{-5}).

2. 计算 $\int_0^1 \dfrac{\sin x}{x} \mathrm{d}x$ 的近似值，精确到 10^{-4}.

3. 假定银行的年存款利率为 5%，若以年复利计算利息，那么某公司应在银行中一次存入多少资金，才能保证从存入之日起，以后每年能从银行提取 300 万元作为职工的福利直至永远？

本章小结

一、常数项级数的概念与性质

1. 常数项级数的收敛与发散的概念.

常数项级数：$\displaystyle\sum_{n=1}^{\infty} u_n = u_1 + u_2 + \cdots + u_n + \cdots$.

记部分和 $S_n = \displaystyle\sum_{k=1}^{n} u_k$. 若 $\displaystyle\lim_{n\to\infty} S_n = S$，则称级数 $\displaystyle\sum_{n=1}^{\infty} u_n$ 收敛，S 称为级数的和，记为 $S = \displaystyle\sum_{n=1}^{\infty} u_n$；若 $\displaystyle\lim_{n\to\infty} S_n$ 不存在，则称级数 $\displaystyle\sum_{n=1}^{\infty} u_n$ 发散.

2. 级数的基本性质与收敛的必要条件.

（1）若 $\displaystyle\sum_{n=1}^{\infty} u_n$ 与 $\displaystyle\sum_{n=1}^{\infty} v_n$ 都收敛，α, β 为常数，则 $\displaystyle\sum_{n=1}^{\infty} (\alpha u_n + \beta v_n)$ 收敛，且

$$\sum_{n=1}^{\infty} (\alpha u_n + \beta v_n) = \alpha \sum_{n=1}^{\infty} u_n + \beta \sum_{n=1}^{\infty} v_n.$$

（2）在一个级数中，增加或删去有限个项不改变级数的敛散性.

（3）收敛级数加括号后所成的级数仍收敛，且其和不变.

（4）级数 $\displaystyle\sum_{n=1}^{\infty} u_n$ 收敛的必要条件是 $\displaystyle\lim_{n\to\infty} u_n = 0$.

若 $\displaystyle\lim_{n\to\infty} u_n \neq 0$，则可判断级数 $\displaystyle\sum_{n=1}^{\infty} u_n$ 发散. 注意不能由 $\displaystyle\lim_{n\to\infty} u_n = 0$ 判断级数 $\displaystyle\sum_{n=1}^{\infty} u_n$ 收敛.

3. 等比级数与 p-级数的敛散性.

（1）等比级数（几何级数）$\displaystyle\sum_{n=0}^{\infty} ar^n (a \neq 0)$ 当公比 $|r| < 1$ 时收敛，当公比 $|r| \geqslant 1$ 时发散.

（2）p-级数 $\displaystyle\sum_{n=1}^{\infty} \dfrac{1}{n^p}$ 当 $p > 1$ 时收敛，当 $p \leqslant 1$ 时发散.

二、正项级数审敛法（该部分的级数均为正项级数）

1. 比较判别法.

设 $u_n \leqslant v_n$，（1）若 $\displaystyle\sum_{n=1}^{\infty} v_n$ 收敛，则 $\displaystyle\sum_{n=1}^{\infty} u_n$ 也收敛；（2）若 $\displaystyle\sum_{n=1}^{\infty} u_n$ 发散，则 $\displaystyle\sum_{n=1}^{\infty} v_n$ 也发散.

2. 比较判别法的极限形式.

设 $\lim\limits_{n\to\infty}\dfrac{u_n}{v_n}=\rho$，则

(1) 当 $0<\rho<+\infty$ 时，$\sum\limits_{n=1}^{\infty}u_n$ 与 $\sum\limits_{n=1}^{\infty}v_n$ 具有相同的敛散性；

(2) 当 $\rho=0$ 时，若 $\sum\limits_{n=1}^{\infty}v_n$ 收敛，则 $\sum\limits_{n=1}^{\infty}u_n$ 也收敛；

(3) 当 $\rho=+\infty$ 时，若 $\sum\limits_{n=1}^{\infty}v_n$ 发散，则 $\sum\limits_{n=1}^{\infty}u_n$ 也发散.

3. 比值判别法.

设 $\lim\limits_{n\to\infty}\dfrac{u_{n+1}}{u_n}=\rho$，则

(1) 当 $0<\rho<1$ 时，$\sum\limits_{n=1}^{\infty}u_n$ 收敛；

(2) 当 $\rho>1$（包括 $\rho=+\infty$）时，$\sum\limits_{n=1}^{\infty}u_n$ 发散；

(3) 当 $\rho=1$ 时，不能判断 $\sum\limits_{n=1}^{\infty}u_n$ 的敛散性.

4. 根值判别法.

设 $\lim\limits_{n\to\infty}\sqrt[n]{u_n}=\rho$，则

(1) 当 $0<\rho<1$ 时，$\sum\limits_{n=1}^{\infty}u_n$ 收敛；

(2) 当 $\rho>1$（包括 $\rho=+\infty$）时，$\sum\limits_{n=1}^{\infty}u_n$ 发散；

(3) 当 $\rho=1$ 时，不能判断 $\sum\limits_{n=1}^{\infty}u_n$ 的敛散性.

三、任意项级数

1. 交错级数的莱布尼茨判别法.

设交错级数 $\sum\limits_{n=1}^{\infty}(-1)^{n-1}u_n$ 满足：

(1) $u_n\geqslant u_{n+1}$ $(n=1,2,\cdots)$，

(2) $\lim\limits_{n\to\infty}u_n=0$，

则级数 $\sum\limits_{n=1}^{\infty}(-1)^{n-1}u_n$ 收敛，且其和 $S\leqslant u_1$，其余项 R_n 的绝对值 $|R_n|\leqslant u_{n+1}$.

2. 绝对收敛与条件收敛.

(1) 若 $\sum\limits_{n=1}^{\infty}|u_n|$ 收敛，则 $\sum\limits_{n=1}^{\infty}u_n$ 一定收敛；若 $\sum\limits_{n=1}^{\infty}u_n$ 收敛，则 $\sum\limits_{n=1}^{\infty}|u_n|$ 不一定收敛.

(2) 若 $\sum\limits_{n=1}^{\infty}|u_n|$ 收敛，则称 $\sum\limits_{n=1}^{\infty}u_n$ 绝对收敛；若 $\sum\limits_{n=1}^{\infty}u_n$ 收敛，而 $\sum\limits_{n=1}^{\infty}|u_n|$ 发散，则称 $\sum\limits_{n=1}^{\infty}u_n$ 条件收敛.

四、幂级数

1. 幂级数的概念.

（1）在 $x = x_0$ 处的幂级数或 $(x - x_0)$ 的幂级数：

$$\sum_{n=0}^{\infty} a_n (x - x_0)^n = a_0 + a_1 (x - x_0) + a_2 (x - x_0)^2 + \cdots + a_n (x - x_0)^n + \cdots;$$

（2）在 $x = 0$ 处的幂级数或 x 的幂级数：

$$\sum_{n=0}^{\infty} a_n x^n = a_0 + a_1 x + a_2 x^2 + \cdots + a_n x^n + \cdots.$$

2. 幂级数 $\sum_{n=0}^{\infty} a_n x^n$ 的收敛半径和收敛域.

（1）若收敛半径 $R = +\infty$，则 $\sum_{n=0}^{\infty} a_n x^n$ 在整个数轴上都收敛，收敛域为 $(-\infty, +\infty)$.

（2）若收敛半径 $R = 0$，则 $\sum_{n=0}^{\infty} a_n x^n$ 仅在点 $x = 0$ 处收敛.

（3）若收敛半径 $R > 0$，则 $\sum_{n=0}^{\infty} a_n x^n$ 的收敛域为以下 4 个区间之一：$(-R, R)$，$[-R, R)$，$(-R, R]$，$[-R, R]$.

3. 幂级数 $\sum_{n=0}^{\infty} a_n x^n$ 的收敛半径的求法.

设 $\lim\limits_{n \to \infty} \left| \dfrac{a_{n+1}}{a_n} \right| = \rho$，则

（1）当 $0 < \rho < +\infty$ 时，$R = \dfrac{1}{\rho}$；

（2）当 $\rho = 0$ 时，$R = +\infty$；

（3）当 $\rho = +\infty$ 时，$R = 0$.

4. 幂级数在其收敛区间内的基本运算性质.

加法、乘法、逐项求导、逐项积分（详见 10.4.3 小节）.

5. 简单幂级数的和函数的求法.

（1）用逐项求导、逐项积分的方法及等比级数的求和公式.

（2）把已知函数的幂级数展开式反过来用.

五、函数展开为幂级数

1. 泰勒级数与麦克劳林级数.

（1）函数 $f(x)$ 的泰勒级数：

$$f(x_0) + f'(x_0)(x - x_0) + \frac{f''(x_0)}{2!}(x - x_0)^2 + \cdots + \frac{f^{(n)}(x_0)}{n!}(x - x_0)^n + \cdots.$$

（2）函数 $f(x)$ 的麦克劳林级数：

$$f(0) + f'(0)x + \frac{f''(0)}{2!}x^2 + \cdots + \frac{f^{(n)}(0)}{n!}x^n + \cdots.$$

2. 函数 $f(x)$ 展开为幂级数的方法.

（1）直接展开法：套用麦克劳林公式.

（2）间接展开法：利用已知的幂级数展开式，通过变形、变量代换，以及加法、逐项求导和逐项积分等幂级数的运算.

3.6个常用的初等函数 e^x，$\ln(1+x)$，$\sin x$，$\cos x$，$\arctan x$，$(1+x)^a$ 的幂级数展开式（详见 10.5.2 小节）.

复习题 10

（A）

1. 判别下列正项级数的敛散性：

（1）$\sum\limits_{n=2}^{\infty} \dfrac{1}{\ln^2 n}$；

（2）$\sum\limits_{n=1}^{\infty} \dfrac{1}{n\sqrt[n]{n}}$；

（3）$\sum\limits_{n=1}^{\infty} \left(1-\cos\dfrac{2}{n}\right)$；

（4）$\sum\limits_{n=1}^{\infty} \dfrac{n^n}{(n!)^2}$.

2. 设正项级数 $\sum\limits_{n=1}^{\infty} u_n$，$\sum\limits_{n=1}^{\infty} v_n$ 都收敛，试证明级数 $\sum\limits_{n=1}^{\infty} (u_n+v_n)^2$ 也收敛.

3. 判别下列级数是绝对收敛、条件收敛，还是发散：

（1）$\sum\limits_{n=1}^{\infty} \dfrac{(-1)^{n-1}}{\ln(2+n)}$；

（2）$\sum\limits_{n=1}^{\infty} \dfrac{n^{10}}{(-3)^n}$；

（3）$\sum\limits_{n=1}^{\infty} (-1)^n \dfrac{n}{n+1}$；

（4）$\sum\limits_{n=1}^{\infty} (-1)^n \dfrac{(n+1)!}{n^{n+1}}$.

4. 求下列幂级数的收敛域：

（1）$\sum\limits_{n=0}^{\infty} (2n)!\, x^n$；

（2）$\sum\limits_{n=1}^{\infty} \dfrac{x^{2n}}{(2n-1)!}$；

（3）$\sum\limits_{n=1}^{\infty} \dfrac{3^n+5^n}{n} x^n$；

（4）$\sum\limits_{n=1}^{\infty} \dfrac{(x+4)^n}{n}$；

（5）$\sum\limits_{n=0}^{\infty} 10^n (x-1)^n$；

（6）$\sum\limits_{n=1}^{\infty} \dfrac{(-1)^n}{n^2} (x-3)^n$.

5. 求下列幂级数的收敛域及和函数：

（1）$\sum\limits_{n=1}^{\infty} n^2 x^{n-1}$；

（2）$\sum\limits_{n=0}^{\infty} (n+1) x^{n+1}$；

（3）$\sum\limits_{n=0}^{\infty} \dfrac{1}{2^{n-1}} x^n$；

（4）$\sum\limits_{n=1}^{\infty} \dfrac{1}{n(n+1)} x^{n+1}$.

6. 将下列函数展开为 x 的幂级数：

（1）3^x；

（2）$\dfrac{x^2}{1+x^2}$；

（3）$\ln(1+x-2x^2)$；

（4）$\dfrac{1}{(x-1)(x-2)}$；

（5）$\displaystyle\int_0^x \dfrac{\sin t}{t}\,\mathrm{d}t$；

（6）$\displaystyle\int_0^x e^{t^2}\,\mathrm{d}t$.

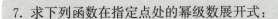
7. 求下列函数在指定点处的幂级数展开式：

(1) $f(x) = e^x, x_0 = 1$;

(2) $f(x) = \dfrac{1}{x}, x_0 = 2$.

（B）

1. 设幂级数 $\displaystyle\sum_{n=1}^{\infty} n a_n (x-2)^n$ 的收敛区间为 $(-2, 6)$，则 $\displaystyle\sum_{n=1}^{\infty} a_n (x+1)^{2n}$ 的收敛区间为 _____.

A. $(-2, 6)$ B. $(-3, 1)$

C. $(-5, 3)$ D. $(-17, 15)$

2. 若 $\displaystyle\sum_{n=1}^{\infty} n u_n$ 绝对收敛，$\displaystyle\sum_{n=1}^{\infty} \dfrac{v_n}{n}$ 条件收敛，则 _____.

A. $\displaystyle\sum_{n=1}^{\infty} u_n v_n$ 条件收敛   B. $\displaystyle\sum_{n=1}^{\infty} u_n v_n$ 绝对收敛

C. $\displaystyle\sum_{n=1}^{\infty} (u_n + v_n)$ 收敛   D. $\displaystyle\sum_{n=1}^{\infty} (u_n + v_n)$ 发散

3. 已知 $\cos 2x - \dfrac{1}{(1+x)^2} = \displaystyle\sum_{n=0}^{\infty} a_n x^n \ (-1 < x < 1)$，求 a_n.

4. 求幂级数 $\displaystyle\sum_{n=0}^{\infty} \dfrac{(-4)^n + 1}{4^n (2n+1)} x^{2n}$ 的收敛域及和函数 $S(x)$.

5. 将函数 $f(x) = \arctan \dfrac{1+x}{1-x}$ 展开为 x 的幂级数，并求其收敛域.

6. 利用幂级数展开式，求下列级数的和：

(1) $\displaystyle\sum_{n=2}^{\infty} \dfrac{1}{(n^2-1) 2^n}$;   (2) $\displaystyle\sum_{n=1}^{\infty} (-1)^n \dfrac{n(n+1)}{2^{2n}}$.

7. 利用级数的敛散性，证明：$\displaystyle\lim_{n\to\infty} \dfrac{c^n}{n!} = 0$，其中 $c > 1$ 是常数.

8. 设数列 $\{n a_n\}$ 有界，证明级数 $\displaystyle\sum_{n=1}^{\infty} a_n^2$ 收敛.

第11章　微分方程与差分方程初步

　　微分方程就是含有自变量、未知函数及未知函数的导数或微分的方程. 在经济管理、科学技术、军事等领域中的大量问题，一旦加以较为精确的描述，就会出现微分方程. 微分方程是数学联系实际并应用于实际的重要途径和桥梁，是各个学科进行科学研究的强有力工具.

　　本章主要介绍微分方程的基本概念、几种常用的微分方程的求解方法及线性微分方程解的相关理论.

　　在经济管理等实际问题中，大多数数据是以等时间间隔进行处理的，例如，银行中的定期存款按所设定的时间等间隔计息、国家财政预算按年制定等. 因此，本章后两节专门介绍与此相关的差分方程的知识.

　　一个国家只有数学蓬勃发展，才能表现它的国力强大.

——拿破仑(Napoleon,法国军事家)

课程思政

知识框图

§11.1 微分方程的基本概念

11.1.1 典型实例

从以下几个典型实例中可体会到微分方程的概念及应用.

例 1 （商品的价格调整模型）　如果设某种商品在 t 时刻的售价为 P，社会对商品的需求量和供给量分别是 P 的函数 $D(P)$，$S(P)$，则在 t 时刻的价格 P 对于时间 t 的变化率可认为与商品在同时刻的超额需求量 $D(P)-S(P)$ 成正比，即有

$$\frac{\mathrm{d}P}{\mathrm{d}t}=k[D(P)-S(P)] \quad (k>0).$$

在 $D(P)$ 和 $S(P)$ 确定的情况下，可解出 P 与 t 的函数关系，这就是**商品的价格调整模型**.

例 2 （几何问题）　如果一条曲线通过点 $(1,0)$，且在该曲线上任一点 $M(x,y)$ 处的切线的斜率恰好与其横坐标相等，求这条曲线的方程.

解　设所求的曲线为 $y=y(x)$，则根据已知条件，有

$$y'=x,$$

这就是一个微分方程. 显然，函数

$$y=\frac{1}{2}x^2+C \quad (C \text{ 为任意常数})$$

满足方程 $y'=x$. 由于曲线通过点 $(1,0)$，故将 $x=1$，$y=0$ 代入上式，得

$$C=-\frac{1}{2}.$$

因此，所求曲线为

$$y=\frac{1}{2}x^2-\frac{1}{2}.$$

例 3 （推广普通话问题）　在某地区推广普通话（简称推普），已知该地区需要推普的人数为 N，设 t 时刻已掌握普通话的人数为 $p(t)$，推普的速度与已推普的人数和还未推普的人数之积成正比，比例常数为 $k>0$，于是得到

$$\frac{\mathrm{d}p}{\mathrm{d}t}=kp(N-p).$$

此方程称为**逻辑斯谛方程**，在经济学、生物学等学科领域有着广泛应用.

例 4 （跳伞问题） 运动员（质量为 m）在跳伞塔上以初速度 $v(0)=v_0$ 起跳下落，所受空气阻力与速度 $v(t)$ 成正比（设比例常数为 k）. 问该运动员在跳下时间 t 后下降了多少？

解 设重力加速度为常数 g，则由牛顿第二定律 $F=ma$，可知

$$mg-kv=m\frac{\mathrm{d}v}{\mathrm{d}t}, \quad 即 \quad mv'(t)=mg-kv(t).$$

可以验证 $v(t)=\dfrac{mg}{k}+Ce^{-\frac{k}{m}t}$（$C$ 为任意常数）满足上面的等式[至于 $v(t)$ 是怎样求出来的，这正是后面将要解决的问题].

因为 $v(0)=v_0$，所以 $C=v_0-\dfrac{mg}{k}$，则

$$v(t)=\frac{mg}{k}+\left(v_0-\frac{mg}{k}\right)e^{-\frac{k}{m}t}.$$

设运动员在跳下时间 t 后下降了 $h(t)$，则

$$h(t)=\int_0^t v(x)\,\mathrm{d}x=\int_0^t\left[\frac{mg}{k}+\left(v_0-\frac{mg}{k}\right)e^{-\frac{k}{m}x}\right]\mathrm{d}x$$

$$=\frac{mg}{k}t+\left(v_0-\frac{mg}{k}\right)\left[\frac{m}{k}\left(1-e^{-\frac{k}{m}t}\right)\right].$$

11.1.2 基本概念

在上述典型实例中，都涉及了微分方程.

定义 1 含有未知函数的导数（或微分）的方程称为**微分方程**. 未知函数为一元函数的微分方程称为**常微分方程**，简称**微分方程**.

例如，

$$\frac{\mathrm{d}P}{\mathrm{d}t}=k[D(P)-S(P)] \quad (k>0),$$

$$y'=x,$$

$$\frac{\mathrm{d}p}{\mathrm{d}t}=kp(N-p),$$

$$L\frac{\mathrm{d}^2Q}{\mathrm{d}t^2}+R\frac{\mathrm{d}Q}{\mathrm{d}t}+\frac{Q}{C}=0,$$

$$xy'''+2y''+x^2y=0$$

等都是微分方程.

微分方程中未知函数的导数的最高阶数称为**微分方程的阶**.

例如,上述 5 个微分方程中,第一至第三个是一阶微分方程,第四个是二阶微分方程,第五个是三阶微分方程.

n 阶微分方程有下面两种一般形式:

$$F(x,y,y',\cdots,y^{(n)})=0,$$
$$y^{(n)}=f(x,y,y',\cdots,y^{(n-1)}),$$

其中 x 是自变量,y 是未知函数,F 和 f 是已知函数,且 $y^{(n)}$ 必须出现.

定义 2　如果函数 $y=y(x)$ 代入微分方程能使两端恒等,则称 $y=y(x)$ 为微分方程的**解**.

由例 2 可知,微分方程的解可能含有任意常数,也可能不含任意常数.

定义 3　若微分方程的解中含有相互独立的任意常数,且任意常数的个数与微分方程的阶数相等,则称这样的解为微分方程的**通解**（或**一般解**）. 而称不含任意常数的解为微分方程的**特解**.

用于确定通解中任意常数值的条件称为**初始条件**. 求微分方程满足初始条件的解的问题称为**初值问题**.

微分方程的解的图形是一条曲线,称为微分方程的**积分曲线**.

注　这里所说的相互独立的任意常数,是指它们不能通过合并而使得通解中的任意常数的个数减少. 所谓通解的意思是指,当其中的任意常数取遍所有实数时,就可以得到微分方程的所有解（至多有个别例外）.

在例 2 中,$y=\dfrac{1}{2}x^2+C$ 是微分方程的通解. 一般地,微分方程 $y'=f(x)$ 的通解为 $y=\displaystyle\int f(x)\mathrm{d}x+C$（积分后不再加任意常数）.

在例 2 中,$y=\dfrac{1}{2}x^2-\dfrac{1}{2}$ 是由初始条件 $y(1)=0$ 所确定的特解. 一般地,为了确定微分方程的特解,先要求出微分方程的通解,再由初始条件求出任意常数的值,从而得到特解.

$y=\dfrac{1}{2}x^2+C$ 是一族积分曲线,$y=\dfrac{1}{2}x^2-\dfrac{1}{2}$ 是其中的一条积分曲线.

例 5　验证函数 $x(t)=C_1\cos t+C_2\sin t$ 是微分方程 $x''(t)+x=0$ 的通解,并求满足初始条件 $x(t)\big|_{t=0}=1,x'(t)\big|_{t=0}=3$ 的特解.

解　要验证一个函数是否是微分方程的通解,只要将函数代入微分方程,看是否恒等,再看函数式中所含的相互独立的任意常数的个数是否与微分方程的阶数相同.

对 $x(t)$ 求导,得

$$x'(t) = -C_1\sin t + C_2\cos t, \quad x''(t) = -C_1\cos t - C_2\sin t.$$

将 $x(t) = C_1\cos t + C_2\sin t$ 和 $x''(t) = -C_1\cos t - C_2\sin t$ 代入微分方程,得

$$x''(t) + x(t) = -(C_1\cos t + C_2\sin t) + (C_1\cos t + C_2\sin t) = 0.$$

故含有两个独立的任意常数的函数 $x(t) = C_1\cos t + C_2\sin t$ 是微分方程的通解.

把 $x(t)\big|_{t=0} = 1, x'(t)\big|_{t=0} = 3$ 分别代入 $x(t) = C_1\cos t + C_2\sin t$ 和 $x'(t) = -C_1\sin t + C_2\cos t$,得

$$C_1 = 1, \quad C_2 = 3.$$

故所求特解为

$$x(t) = \cos t + 3\sin t.$$

习题 11 - 1

1. 指出下列微分方程的阶数:

   (1) $x^4 y''' - y'' + 2xy^6 = 0$;

   (2) $L\dfrac{\mathrm{d}^2 Q}{\mathrm{d}t^2} + R\dfrac{\mathrm{d}Q}{\mathrm{d}t} + \dfrac{Q}{C} = 0$;

   (3) $\dfrac{\mathrm{d}\varrho}{\mathrm{d}\theta} + \rho = \cos^2\theta$;

   (4) $(y - xy)\mathrm{d}x + 2x^2\mathrm{d}y = 0$.

2. 验证下列给出的函数是否为相应微分方程的解:

   (1) $xy' = 2y$, $y = Cx^2$;

   (2) $(x+1)\mathrm{d}y = y^2\mathrm{d}x$, $y = x + 1$;

   (3) $y'' + 2y' + y = 0$, $y = x\mathrm{e}^{-x}$;

   (4) $\dfrac{\mathrm{d}^2 s}{\mathrm{d}t^2} = -0.4$, $s = -0.2t^2 + C_1 t + C_2$.

3. 验证函数 $x = C_1\cos kt + C_2\sin kt\,(k \neq 0)$ 是微分方程

   $$\frac{\mathrm{d}^2 x}{\mathrm{d}t^2} + k^2 x = 0$$

   的通解.

4. 已知函数 $x = C_1\cos kt + C_2\sin kt\,(k \neq 0)$ 是微分方程 $\dfrac{\mathrm{d}^2 x}{\mathrm{d}t^2} + k^2 x = 0$ 的通解,求满足初始条件 $x\big|_{t=0} = 2, x'\big|_{t=0} = 0$ 的特解.

§11.2 一阶微分方程的分离变量法

一阶微分方程的一般形式为

$$F(x,y,y')=0$$

或

$$y'=f(x,y),$$

其中 $F(x,y,y')$ 是 x,y,y' 的已知函数，$f(x,y)$ 是 x,y 的已知函数. 本节介绍求解特殊形式的一阶微分方程的一种有效方法 —— 分离变量法.

11.2.1 可分离变量的微分方程

如果要求微分方程 $y'=2xy^2$ 的通解，由于 y 是未知的，所以积分 $\int 2xy^2\mathrm{d}x$ 无法进行，即微分方程两边直接积分不能求出通解.

为求通解，当 $y\neq 0$ 时，可将微分方程变为 $\dfrac{1}{y^2}\mathrm{d}y=2x\mathrm{d}x$，两边积分，得

$$-\frac{1}{y}=x^2+C \quad 或 \quad y=-\frac{1}{x^2+C}.$$

可以验证，函数 $y=-\dfrac{1}{x^2+C}$ 是微分方程的通解. 显然，$y=0$ 也为微分方程的解.

定义1　如果一个一阶微分方程能写成

$$\psi(y)\mathrm{d}y=\varphi(x)\mathrm{d}x \quad [\text{或写成 } y'=f(x)g(y)] \qquad (11-1)$$

的形式，那么微分方程就称为可分离变量的微分方程.

　　注　可分离变量的微分方程意味着能把微分方程写成一端只含 y 的函数和 $\mathrm{d}y$，另一端只含 x 的函数和 $\mathrm{d}x$.

　例1　下列微分方程中，哪些是可分离变量的微分方程？

(1) $y'=1+x+y^2+xy^2$；　　　　　　　　　　(2) $(x^2+y^2)\mathrm{d}x-xy\mathrm{d}y=0$；

(3) $y'=10^{x+y}$；　　　　　　　　　　　　(4) $y'=\dfrac{x}{y}+\dfrac{y}{x}$.

解　(1) 是. 微分方程可化为 $y'=(1+x)(1+y^2)$.

（2）不是.

（3）是. 微分方程可化为 $10^{-y}\mathrm{d}y=10^x\mathrm{d}x$.

（4）不是.

分离变量法是解可分离变量的微分方程的有效方法，其求解方法是：先分离变量，使微分方程的一端只含 y 的函数及 $\mathrm{d}y$，另一端只含 x 的函数及 $\mathrm{d}x$，然后两边积分，即可求得微分方程的通解. 可分离变量的微分方程 $y'=f(x)g(y)$ 的具体求解步骤如下：

第一步，分离变量，得

$$\frac{1}{g(y)}\mathrm{d}y=f(x)\mathrm{d}x.$$

第二步，对上式两边积分，得

$$\int\frac{1}{g(y)}\mathrm{d}y=\int f(x)\mathrm{d}x,$$

于是得到通解

$$G(y)=F(x)+C,$$

其中 $G(y)$ 与 $F(x)$ 分别是 $\dfrac{1}{g(y)}$ 与 $f(x)$ 的一个原函数，C 是任意常数. 上式就是微分方程的隐式通解.

第三步，由于第一步是用 $g(y)$ 除微分方程的两边，而 $g(y)=0$ 是不能作除数的，因此对 $g(y)=0$ 要单独考虑. 由 $g(y)=0$ 解出的 y 是常数，它显然满足微分方程，是微分方程的特解，这种特解可能包含在所求出的通解中，也可能不包含在所求出的通解中（此时要把它单独列出）.

 例 2　求微分方程 $y'=2xy$ 的通解.

解　分离变量，得

$$\frac{1}{y}\mathrm{d}y=2x\,\mathrm{d}x.$$

两边积分，得

$$\int\frac{1}{y}\mathrm{d}y=\int 2x\,\mathrm{d}x,$$

即

$$\ln|y|=x^2+C_1.$$

由上式可得

$$y=\pm\mathrm{e}^{x^2+C_1}=\pm\mathrm{e}^{C_1}\mathrm{e}^{x^2}.$$

记常数 $C=\pm\mathrm{e}^{C_1}$，则微分方程的通解为

$$y=C\mathrm{e}^{x^2}.$$

又 $y=0$ 显然是微分方程的解，且它已包含在通解中（当 $C=0$ 时），故微分方程的通解为 $y=Ce^{x^2}$.

需要指出的是，$\ln|y|=x^2+C_1$ 也是微分方程的通解，是其**隐式通解**，而 $y=Ce^{x^2}$ 是其**显式通解**（并不是每个微分方程都能求出显式通解，在这种情况下，只须写出隐式通解）.

例 3 求微分方程 $\dfrac{\mathrm{d}y}{\mathrm{d}x}=1+x+y^2+xy^2$ 的通解.

解 微分方程可化为

$$\frac{\mathrm{d}y}{\mathrm{d}x}=(1+x)(1+y^2).$$

分离变量，得

$$\frac{1}{1+y^2}\mathrm{d}y=(1+x)\mathrm{d}x.$$

两边积分，得

$$\int\frac{1}{1+y^2}\mathrm{d}y=\int(1+x)\mathrm{d}x,\quad 即\quad \arctan y=\frac{1}{2}x^2+x+C.$$

于是微分方程的通解为 $y=\tan\left(\dfrac{1}{2}x^2+x+C\right)$.

例 4 求微分方程 $y'=y^2\cos x$ 的通解及满足初始条件 $y(0)=1$ 的特解.

解 分离变量，得

$$\frac{1}{y^2}\mathrm{d}y=\cos x\,\mathrm{d}x.$$

两边积分，得

$$\int\frac{1}{y^2}\mathrm{d}y=\int\cos x\,\mathrm{d}x,$$

即

$$-\frac{1}{y}=\sin x+C.$$

由 $y^2=0$，知 $y=0$，它也是微分方程的解，且不包含在通解中，但它不满足初始条件. 将 $y(0)=1$ 代入通解中，求得 $C=-1$. 故所求特解为

$$-\frac{1}{y}=\sin x-1\quad 或\quad y=\frac{1}{1-\sin x}.$$

例 5 求逻辑斯谛方程 $\dfrac{\mathrm{d}p}{\mathrm{d}t}=kp(N-p)$ 的解，其中 $N,k>0$，且 $0\leqslant p<N$.

解 分离变量,得

$$\frac{\mathrm{d}p}{p(N-p)}=k\,\mathrm{d}t.$$

两边积分,得

$$\frac{1}{N}\int\left(\frac{1}{p}+\frac{1}{N-p}\right)\mathrm{d}p=\int k\,\mathrm{d}t,$$

即

$$\frac{1}{N}\ln\left|\frac{p}{N-p}\right|=kt+C_1.$$

对上式做如下整理:

$$\ln\left|\frac{p}{N-p}\right|=Nkt+NC_1,$$

$$\left|\frac{p}{N-p}\right|=\mathrm{e}^{Nkt+NC_1}=\mathrm{e}^{NC_1}\mathrm{e}^{Nkt},$$

$$\frac{p}{N-p}=\pm\mathrm{e}^{NC_1}\mathrm{e}^{Nkt}=C\mathrm{e}^{Nkt},$$

$$p=\frac{CN\mathrm{e}^{Nkt}}{1+C\mathrm{e}^{Nkt}}.$$

故所求的通解为

$$p=\frac{CN\mathrm{e}^{Nkt}}{1+C\mathrm{e}^{Nkt}}.$$

在上述计算过程中,用 $p(N-p)$ 去除微分方程的两边,而 $p=0$ 和 $p=N$ 显然也是微分方程的解,且 $p=N$ 不包含在通解中.

例6 某公司第 t 年净资产有 $W(t)$(单位:百万元),并且资产本身以每年 5% 的速度连续增长,同时该公司每年要以 30 百万元的数额连续支付职工工资.

(1) 给出描述净资产 $W(t)$ 的微分方程.

(2) 求解微分方程,假设初始净资产为 W_0.

(3) 讨论在 $W_0=500,600,700$ 这 3 种情况下,$W(t)$ 变化的特点.

解 (1) 利用平衡法,即由公式

净资产增长速度=资产本身增长速度-职工工资支付速度,

得到所求微分方程

$$\frac{\mathrm{d}W}{\mathrm{d}t}=0.05W-30.$$

(2) 分离变量,得

$$\frac{\mathrm{d}W}{W-600}=0.05\mathrm{d}t.$$

两边积分,得

$$\ln|W-600|=0.05t+\ln C_1 \quad (C_1\text{ 为正常数}),$$

于是
$$|W-600|=C_1 e^{0.05t} \quad 或 \quad W-600=C e^{0.05t} \quad (C=\pm C_1).$$

将 $W(0)=W_0$ 代入通解中，求得 $C=W_0-600$，于是
$$W=600+(W_0-600)e^{0.05t}.$$

在上述推导过程中 $W\neq 600$，但当 $W=600$ 时，$\dfrac{dW}{dt}=0$，仍包含在通解表达式中。

将 $W_0=600$ 称为**平衡解**。

（3）由 W 的表达式可知，当 $W_0=500$ 时，净资产额单调递减，公司将在第 36 年破产；当 $W_0=600$ 时，公司将收支平衡，净资产将保持在 600 百万元不变；当 $W_0=700$ 时，公司净资产将按指数不断增长。

11.2.2 齐次方程

如果函数 $f(x,y)$ 满足
$$f(\lambda x,\lambda y)=\lambda^n f(x,y),$$
则称其为 **n 次齐次函数**。

形如
$$\frac{dy}{dx}=f\left(\frac{y}{x}\right) \tag{11-2}$$
的微分方程称为**零次齐次微分方程**，简称**齐次方程**。

对于齐次方程(11-2)，可通过变量代换将其化为可分离变量的微分方程进行求解。

令 $u=\dfrac{y}{x}$，则 $y=xu$，$\dfrac{dy}{dx}=u+x\dfrac{du}{dx}$。代入齐次方程(11-2)，得
$$u+x\frac{du}{dx}=f(u).$$

分离变量后两边积分，得
$$\int\frac{du}{f(u)-u}=\int\frac{1}{x}dx.$$

由上式解出 $u=u(x,C)$，即可得到齐次方程(11-2)的通解
$$y=xu(x,C).$$

例7 求微分方程 $y'=\dfrac{y}{x+y}$ 的通解。

解 把微分方程化为

$$\frac{dy}{dx} = \frac{\dfrac{y}{x}}{1 + \dfrac{y}{x}}.$$

令 $u = \dfrac{y}{x}$，则 $y = xu, \dfrac{dy}{dx} = u + x\,\dfrac{du}{dx}$. 代入上式并整理，得

$$\frac{1+u}{u^2}du = -\frac{1}{x}dx.$$

两边积分，得

$$-\frac{1}{u} + \ln|u| = -\ln|x| + C.$$

将 $u = \dfrac{y}{x}$ 回代到上式，得通解

$$-\frac{x}{y} + \ln\left|\frac{y}{x}\right| = -\ln|x| + C$$

或

$$x - Cy - y\ln|y| = 0.$$

例 8 求微分方程 $x(\ln x - \ln y)dy - ydx = 0$ 的通解，并解其初值问题 $y(1) = 1$.

解 微分方程可化为 $\ln\dfrac{y}{x}dy + \dfrac{y}{x}dx = 0$，令 $u = \dfrac{y}{x}$，则 $\dfrac{dy}{dx} = u + x\,\dfrac{du}{dx}$，代入微分方程并整理，得

$$\frac{\ln u}{u(\ln u + 1)}du = -\frac{dx}{x}.$$

两边积分，得

$$\ln u - \ln(\ln u + 1) = -\ln x + \ln C, \quad 即 \quad y = C(\ln u + 1).$$

变量回代，得所求通解

$$y = C\left(\ln\frac{y}{x} + 1\right).$$

将 $y(1) = 1$ 代入通解，得 $C = 1$，故所求初值问题的解为

$$y = \ln\frac{y}{x} + 1.$$

例 9 设商品 A 和商品 B 的售价分别为 P_1, P_2，已知价格 P_1 与 P_2 相关，且价格 P_1 相对 P_2 的弹性为 $\dfrac{P_2 dP_1}{P_1 dP_2} = \dfrac{P_2 - P_1}{P_2 + P_1}$，求 P_1 与 P_2 的函数关系式.

解 所给微分方程为齐次方程，整理得

$$\frac{\mathrm{d}P_1}{\mathrm{d}P_2} = \frac{1 - \dfrac{P_1}{P_2}}{1 + \dfrac{P_1}{P_2}} \cdot \frac{P_1}{P_2}.$$

令 $u = \dfrac{P_1}{P_2}$，则

$$u + P_2 \frac{\mathrm{d}u}{\mathrm{d}P_2} = \frac{1 - u}{1 + u} \cdot u.$$

分离变量，得

$$\left(-\frac{1}{u} - \frac{1}{u^2} \right) \mathrm{d}u = 2 \frac{\mathrm{d}P_2}{P_2}.$$

两边积分，得

$$\frac{1}{u} - \ln u = \ln(C_1 P_2)^2.$$

将 $u = \dfrac{P_1}{P_2}$ 回代，则得到所求通解（即 P_1 与 P_2 的函数关系式）为

$$\frac{P_2}{P_1} \mathrm{e}^{\frac{P_2}{P_1}} = C P_2^2 \quad (C = C_1^2 \text{ 为任意正常数}).$$

 *11.2.3　可化为齐次方程的微分方程

对于形如

$$\frac{\mathrm{d}y}{\mathrm{d}x} = f\left(\frac{a_1 x + b_1 y + c_1}{a_2 x + b_2 y + c_2} \right)$$

的微分方程，可将其化为齐次方程进行求解. 具体做法是：先求出平面直角坐标系中两条直线

$$a_1 x + b_1 y + c_1 = 0, \quad a_2 x + b_2 y + c_2 = 0$$

的交点 (x_0, y_0)，然后做平移变换

$$\begin{cases} X = x - x_0, \\ Y = y - y_0, \end{cases} \quad \text{即} \quad \begin{cases} x = X + x_0, \\ y = Y + y_0. \end{cases}$$

这时，$\dfrac{\mathrm{d}y}{\mathrm{d}x} = \dfrac{\mathrm{d}Y}{\mathrm{d}X}$，于是微分方程就化为齐次方程

$$\frac{\mathrm{d}Y}{\mathrm{d}X} = f\left(\frac{a_1 X + b_1 Y}{a_2 X + b_2 Y} \right).$$

例 10　求微分方程 $\dfrac{\mathrm{d}y}{\mathrm{d}x}=\dfrac{x-y+1}{x+y-3}$ 的通解.

解　直线 $x-y+1=0$ 和 $x+y-3=0$ 的交点是 $(1,2)$,因此做变换 $x=X+1$, $y=Y+2$. 代入微分方程,得

$$\frac{\mathrm{d}Y}{\mathrm{d}X}=\frac{X-Y}{X+Y}=\left(1-\frac{Y}{X}\right)\Big/\left(1+\frac{Y}{X}\right).$$

令 $u=\dfrac{Y}{X}$,则 $Y=uX$, $\dfrac{\mathrm{d}Y}{\mathrm{d}X}=u+X\dfrac{\mathrm{d}u}{\mathrm{d}X}$. 代入上式,得

$$u+X\frac{\mathrm{d}u}{\mathrm{d}X}=\frac{1-u}{1+u}.$$

分离变量,得

$$\frac{1+u}{1-2u-u^2}\mathrm{d}u=\frac{1}{X}\mathrm{d}X.$$

两边积分,得

$$-\frac{1}{2}\ln|1-2u-u^2|=\ln|X|+\ln C_1.$$

用 $u=\dfrac{Y}{X}$ 回代,得

$$X^2-2XY-Y^2=C.$$

再将 $X=x-1$, $Y=y-2$ 回代,并整理得到所求微分方程的通解为

$$x^2-2xy-y^2+2x+6y=C.$$

注　由此可见,将一个微分方程化为齐次方程的做法是通过变量代换进行转化.

例 11　利用变量代换求微分方程 $\dfrac{\mathrm{d}y}{\mathrm{d}x}=(y+x)^2$ 的通解.

解　令 $y+x=u$,则 $\dfrac{\mathrm{d}y}{\mathrm{d}x}=\dfrac{\mathrm{d}u}{\mathrm{d}x}-1$. 代入微分方程,得

$$\frac{\mathrm{d}u}{\mathrm{d}x}=1+u^2.$$

分离变量,得

$$\frac{\mathrm{d}u}{1+u^2}=\mathrm{d}x.$$

两边积分,得

$$\arctan u=x+C.$$

回代,得

$$\arctan(x+y)=x+C.$$

故微分方程的通解为

$$y=\tan(x+C)-x.$$

例 12 求微分方程 $\dfrac{\mathrm{d}y}{\mathrm{d}x}=\dfrac{1}{x+y}$ 的通解.

解 若把微分方程变形为

$$\frac{\mathrm{d}x}{\mathrm{d}y}=x+y,$$

即为一阶线性微分方程,则可按一阶线性微分方程的解法求得通解(见 §11.3).

这里用变量代换来求解.令 $x+y=u$,则微分方程化为

$$\frac{\mathrm{d}u}{\mathrm{d}x}-1=\frac{1}{u},\quad 即\quad \frac{\mathrm{d}u}{\mathrm{d}x}=\frac{u+1}{u}.$$

分离变量,得

$$\frac{u}{u+1}\mathrm{d}u=\mathrm{d}x.$$

两边积分,得

$$u-\ln|u+1|=x-\ln|C|.$$

以 $u=x+y$ 代入上式,得通解

$$y-\ln|x+y+1|=-\ln|C|$$

或

$$x=Ce^y-y-1.$$

习题 11－2

1. 求下列微分方程的通解:

(1) $(y+1)^2 y'+x^3=0$;

(2) $y'=2^{x+y}$;

(3) $\sin x\cos y\,\mathrm{d}y=\sin y\cos x\,\mathrm{d}x$;

(4) $\mathrm{d}x+xy\,\mathrm{d}y=y^2\,\mathrm{d}x+y\,\mathrm{d}y$;

(5) $y^2+x^2\dfrac{\mathrm{d}y}{\mathrm{d}x}=xy\dfrac{\mathrm{d}y}{\mathrm{d}x}$;

(6) $\dfrac{\mathrm{d}y}{\mathrm{d}x}=\dfrac{x-y}{x+y}$;

(7) $\dfrac{\mathrm{d}y}{\mathrm{d}x}=\dfrac{y^2}{xy+x^2}$;

(8) $y'=\dfrac{1}{2}\tan^2(x+2y)$.

2. 求下列微分方程满足所给初始条件的特解:

(1) $y'=y^3\sin x,\ y(0)=1$;

(2) $y'=\dfrac{x(y^2+1)}{(x^2+1)^2},\ y(0)=0$;

(3) $\dfrac{\mathrm{d}y}{\mathrm{d}x}=\dfrac{y}{x}+\tan\dfrac{y}{x}, y(1)=\dfrac{\pi}{6}$;

*(4) $\dfrac{\mathrm{d}x}{x^{2}-xy+y^{2}}=\dfrac{\mathrm{d}y}{2y^{2}-xy}, y(0)=1$.

3. 一平面曲线在两坐标轴间的任一切线段均被切点所平分,且通过点$(1,2)$,求该曲线的方程.

4. 物体冷却的数学模型在多个领域有广泛的应用. 例如,警方破案时,法医要根据尸体当时的温度推断死亡时间,就可以利用这个模型来计算解决. 现设一物体的温度为 $100\,^{\circ}\!C$,将其放置在空气温度为 $20\,^{\circ}\!C$ 的环境中冷却. 试求物体温度 T 随时间 t 的变化规律.

§11.3　一阶线性微分方程

 11.3.1　一阶线性微分方程及其解法

形如

$$\frac{\mathrm{d}y}{\mathrm{d}x}+P(x)y=Q(x) \tag{11-3}$$

的微分方程称为**一阶线性微分方程**,其中函数 $P(x), Q(x)$ 是某一区间 I 上的连续函数. 当 $Q(x)$ 不恒为 0 时,方程(11-3) 称为**一阶非齐次线性微分方程**.

当 $Q(x)\equiv0$ 时,方程(11-3) 变成

$$\frac{\mathrm{d}y}{\mathrm{d}x}+P(x)y=0, \tag{11-4}$$

称为**一阶齐次线性微分方程**.

注　这里所说的齐次方程与 §11.2 中所说的齐次方程完全不同!

显然,一阶齐次线性微分方程(11-4) 是可分离变量的微分方程. 分离变量,得

$$\frac{\mathrm{d}y}{y}=-P(x)\mathrm{d}x,$$

两边积分,得

$$\ln|y|=-\int P(x)\mathrm{d}x+C_{1},$$

即

$$y = Ce^{-\int P(x)dx}. \tag{11-5}$$

这就是一阶齐次线性微分方程(11-4)的通解($C = \pm e^{C_1}$，积分后，不再加任意常数).

对方程(11-4)，显然有**解的迭加原理**，即若 $y_1(x)$，$y_2(x)$ 是方程(11-4)的解，则对任意常数 C_1, C_2，

$$y = C_1 y_1(x) + C_2 y_2(x)$$

也是方程(11-4)的解.

求解一阶非齐次线性微分方程(11-3)可采用巧妙的**常数变易法**，其具体步骤如下：

第一步，求其对应的齐次微分方程 $\dfrac{dy}{dx} + P(x)y = 0$ 的通解，得到式(11-5).

第二步，将式(11-5)中的常数 C 换成函数 $C(x)$，并猜想方程(11-3)的通解为 $y = C(x)e^{-\int P(x)dx}$. 将其代入 $\dfrac{dy}{dx} + P(x)y = Q(x)$，得

$$C'(x)e^{-\int P(x)dx} + C(x)e^{-\int P(x)dx} \cdot (-P(x)) + P(x)C(x)e^{-\int P(x)dx} = Q(x).$$

整理得 $C'(x) = Q(x)e^{\int P(x)dx}$，因此得到

$$C(x) = \int Q(x)e^{\int P(x)dx}dx + C.$$

故一阶非齐次线性微分方程(11-3)的通解为

$$y = e^{-\int P(x)dx}\left(\int Q(x)e^{\int P(x)dx}dx + C\right). \tag{11-6}$$

若把通解公式(11-6)写成

$$y = Ce^{-\int P(x)dx} + e^{-\int P(x)dx}\int Q(x)e^{\int P(x)dx}dx,$$

则上式右边第二项是方程(11-3)的一个特解(即在通解中取 $C = 0$)，而且对方程(11-3)的任何一个特解 y^*，$y = Ce^{-\int P(x)dx} + y^*$ 都是方程(11-3)的解(可直接代入验证). 所以有下面的结构定理.

定理 1（结构定理）　一阶非齐次线性微分方程 $\dfrac{dy}{dx} + P(x)y = Q(x)$ 的通解有如下的结构特征：

通解 = 对应的齐次微分方程的通解 + 一个特解.

例 1　求微分方程 $\dfrac{dy}{dx} - \dfrac{2y}{x+1} = (x+1)^{\frac{5}{2}}$ 的通解.

解　这是一个一阶非齐次线性微分方程，先求对应的齐次微分方程 $\dfrac{dy}{dx} - \dfrac{2y}{x+1} = 0$ 的通解. 分离变量，得

$$\frac{dy}{y} = \frac{2dx}{x+1}.$$

两边积分，得

$$\ln|y| = 2\ln|x+1| + \ln|C|.$$

故对应的齐次微分方程的通解为

$$y = C(x+1)^2.$$

用常数变易法，把 C 换成 $C(x)$，即令 $y = C(x)(x+1)^2$，代入微分方程，得

$$C'(x)(x+1)^2 + 2C(x)(x+1) - \frac{2}{x+1}C(x)(x+1)^2 = (x+1)^{\frac{5}{2}},$$

即

$$C'(x) = (x+1)^{\frac{1}{2}}.$$

两边积分，得

$$C(x) = \frac{2}{3}(x+1)^{\frac{3}{2}} + C.$$

再把上式代入 $y = C(x)(x+1)^2$ 中，即得微分方程的通解为

$$y = (x+1)^2\left[\frac{2}{3}(x+1)^{\frac{3}{2}} + C\right].$$

注　若不用常数变易法，亦可直接应用通解公式(11-6)进行求解.

例2　求微分方程 $xy' + y = \cos x$ 的通解及满足初始条件 $y(\pi) = 1$ 的特解.

解　把微分方程化为标准形式

$$y' + \frac{y}{x} = \frac{\cos x}{x},$$

于是 $P(x) = \frac{1}{x}$，$Q(x) = \frac{\cos x}{x}$.

首先求出 $\int P(x)\mathrm{d}x = \int \frac{1}{x}\mathrm{d}x = \ln|x|$（积分后，不再加任意常数），然后用公式(11-6)可得所求通解为

$$y = e^{-\ln|x|}\left(\int \frac{\cos x}{x}e^{\ln|x|}\,\mathrm{d}x + C\right)$$

$$= \frac{1}{|x|}\left(\int \frac{\cos x}{x}|x|\,\mathrm{d}x + C\right).$$

当 $x > 0$ 时，

$$y = \frac{1}{x}\left(\int \cos x\,\mathrm{d}x + C\right) = \frac{1}{x}(\sin x + C);$$

当 $x < 0$ 时，

$$y = -\frac{1}{x}\left[\int(-\cos x)\,\mathrm{d}x + C_1\right] = \frac{1}{x}(\sin x + C).$$

综上所述，微分方程的通解为

$$y = \frac{1}{x}\left(\int\cos x\,\mathrm{d}x + C\right) = \frac{1}{x}(\sin x + C).$$

将初始条件 $y(\pi) = 1$ 代入上式，可得 $C = \pi$，故所求特解为

$$y = \frac{1}{x}(\sin x + \pi).$$

注 有些微分方程本身并非线性微分方程，但经过适当变形后可转化为线性微分方程.

例 3 求微分方程 $y' = \dfrac{y}{x - y^3}$ 的通解及满足初始条件 $y(2) = 1$ 的特解.

解 这个方程不是一阶线性微分方程，不便求解. 如果将 x 看作 y 的函数，即对 $x = x(y)$ 进行求解，可将微分方程化为未知函数 $x = x(y)$ 的线性微分方程

$$\frac{\mathrm{d}x}{\mathrm{d}y} = \frac{x - y^3}{y}, \quad 即 \quad \frac{\mathrm{d}x}{\mathrm{d}y} - \frac{x}{y} = -y^2.$$

于是 $P(y) = -\dfrac{1}{y}, Q(y) = -y^2$.

首先求出 $\displaystyle\int P(y)\,\mathrm{d}y = -\int\frac{1}{y}\,\mathrm{d}y = -\ln y$，然后代入通解公式，可得所求通解为

$$x = \mathrm{e}^{\ln y}\left(-\int y^2 \cdot \mathrm{e}^{-\ln y}\,\mathrm{d}y + C\right) = y\left(-\int y\,\mathrm{d}y + C\right) = Cy - \frac{1}{2}y^3.$$

将初始条件 $y(2) = 1$ 代入上式，可得 $C = \dfrac{5}{2}$. 故所求特解为

$$x = \frac{5y - y^3}{2}.$$

例 4 设某企业在 t 时刻产值 $y(t)$ 的增长率与产值及新增投资 $2bt$ 有关，并有如下关系：

$$y' = -2aty + 2bt,$$

其中 a, b 均为正常数，$y(0) = y_0 < b$，求产值函数 $y(t)$.

解 方程 $y' = -2aty + 2bt$ 是一阶非齐次线性微分方程，化为标准形式

$$\frac{\mathrm{d}y}{\mathrm{d}t} + 2aty = 2bt,$$

于是 $P(t) = 2at, Q(t) = 2bt$.

由 $\int P(t)\mathrm{d}t = \int 2at\,\mathrm{d}t = at^2$，代入通解公式，可得通解为

$$y = \mathrm{e}^{-at^2}\left(\int 2bt \cdot \mathrm{e}^{at^2}\,\mathrm{d}t + C\right) = \mathrm{e}^{-at^2}\left(\frac{b}{a}\int \mathrm{e}^{at^2}\,\mathrm{d}(at^2) + C\right) = C\mathrm{e}^{-at^2} + \frac{b}{a}.$$

将初始条件 $y(0) = y_0$ 代入上式，可得 $C = y_0 - \dfrac{b}{a}$．故所求产值函数为

$$y(t) = \left(y_0 - \frac{b}{a}\right)\mathrm{e}^{-at^2} + \frac{b}{a}.$$

11.3.2　伯努利方程及其解法

形如

$$\frac{\mathrm{d}y}{\mathrm{d}x} + P(x)y = Q(x)y^n \tag{11-7}$$

数学家简介

的微分方程称为**伯努利**（Bernoulli）**方程**，其中 n 为常数，且 $n \neq 0, 1$．

伯努利方程是一类非线性微分方程，但是通过适当的变换，就可以把它化为线性微分方程．事实上，在方程（11-7）两边除以 y^n，得

$$y^{-n}\frac{\mathrm{d}y}{\mathrm{d}x} + P(x)y^{1-n} = Q(x)$$

或

$$\frac{1}{1-n} \cdot (y^{1-n})' + P(x)y^{1-n} = Q(x).$$

于是，令 $z = y^{1-n}$，就得到关于变量 z 的一阶非齐次线性微分方程

$$\frac{\mathrm{d}z}{\mathrm{d}x} + (1-n)P(x)z = (1-n)Q(x).$$

利用一阶非齐次线性微分方程的求解方法求出通解后，再回代原变量，便可得到伯努利方程（11-7）的通解为

$$y^{1-n} = \mathrm{e}^{-\int(1-n)P(x)\mathrm{d}x}\left(\int (1-n)Q(x)\mathrm{e}^{\int(1-n)P(x)\mathrm{d}x}\,\mathrm{d}x + C\right).$$

例5　求微分方程 $\dfrac{\mathrm{d}y}{\mathrm{d}x} + \dfrac{y}{x} = y^2\ln x$ 的通解．

解　以 y^2 除方程的两边，得

$$y^{-2}\frac{\mathrm{d}y}{\mathrm{d}x} + \frac{1}{x}y^{-1} = \ln x, \quad 即 \quad -\frac{\mathrm{d}(y^{-1})}{\mathrm{d}x} + \frac{1}{x}y^{-1} = \ln x.$$

令 $z = y^{-1}$，则上述微分方程变为

$$\frac{\mathrm{d}z}{\mathrm{d}x} - \frac{1}{x}z = -\ln x.$$

解此一阶非齐次线性微分方程（过程略），可得

$$z = x\left[C - \frac{1}{2}(\ln x)^2\right].$$

以 y^{-1} 代 z，得所求通解为

$$xy\left[C - \frac{1}{2}(\ln x)^2\right] = 1.$$

> **注** 经过变量代换，某些微分方程可以化为已知其求解方法的微分方程.

例 6 求微分方程 $\dfrac{\mathrm{d}y}{\mathrm{d}x} + x(y-x) + x^3(y-x)^2 = 1$ 的通解.

解 令 $y - x = u$，则 $\dfrac{\mathrm{d}y}{\mathrm{d}x} = \dfrac{\mathrm{d}u}{\mathrm{d}x} + 1$，于是得到伯努利方程

$$\frac{\mathrm{d}u}{\mathrm{d}x} + xu = -x^3 u^2.$$

再令 $z = u^{1-2} = \dfrac{1}{u}$，上式即变为一阶非齐次线性微分方程

$$\frac{\mathrm{d}z}{\mathrm{d}x} - xz = x^3,$$

其通解为

$$z = \mathrm{e}^{\frac{x^2}{2}}\left(\int x^3 \mathrm{e}^{-\frac{x^2}{2}}\,\mathrm{d}x + C\right) = C\mathrm{e}^{\frac{x^2}{2}} - x^2 - 2.$$

回代原变量，即得到微分方程的通解

$$y = x + \frac{1}{z} = x + \frac{1}{C\mathrm{e}^{\frac{x^2}{2}} - x^2 - 2}.$$

习题 11 – 3

1. 求下列微分方程的通解：

　(1) $y' + y\sin x = \mathrm{e}^{\cos x}$；

　(2) $2y' - y = \mathrm{e}^x$；

　(3) $xy' = (x-1)y + \mathrm{e}^{2x}$；

　(4) $y^2\,\mathrm{d}x + (x - 2xy - y^2)\,\mathrm{d}y = 0$；

　(5) $(x - \mathrm{e}^y)y' = 1$；

　(6) $y' = \dfrac{y}{2(x-1)} + \dfrac{3(x-1)}{2y}$.

2. 求解下列初值问题：

(1) $(y - 2xy)\mathrm{d}x + x^2\mathrm{d}y = 0, y\Big|_{x=1} = \mathrm{e}$;

(2) $xy' + y = \sin x, y(\pi) = 1$;

(3) $y' = \dfrac{y}{x - y^2}, y(2) = 1$;

(4) $y' - y = xy^5, y(0) = 1$.

3. 通过适当变量代换求下列微分方程的通解:

(1) $\dfrac{\mathrm{d}y}{\mathrm{d}x} - \dfrac{1}{x - y} = 1$;　　　　(2) $\dfrac{\mathrm{d}y}{\mathrm{d}x} - \dfrac{4}{x}y = x^2\sqrt{y}$.

4. 求过原点的平面曲线,使其每一点的切线斜率等于横坐标的 2 倍与纵坐标之和.

§11.4　可降阶的高阶微分方程

微课视频

　　二阶及二阶以上的微分方程统称为**高阶微分方程**. 对于高阶方程,没有普遍有效的实际解法. 本节仅介绍 3 种特殊类型的高阶方程,都是采取逐步降低微分方程阶数的方法 —— **降阶法**进行求解.

 11.4.1　类型 Ⅰ　$y^{(n)} = f(x)$

　　解法:相继两边积分 n 次即可求出通解.

　　例 1　求微分方程 $y'' = \mathrm{e}^{2x} - \cos x$ 的通解.

　　解　对微分方程相继两边积分两次,得

$$y' = \frac{1}{2}\mathrm{e}^{2x} - \sin x + C_1,$$

$$y = \frac{1}{4}\mathrm{e}^{2x} + \cos x + C_1 x + C_2.$$

上式即为所求通解.

　　例 2　求微分方程 $y''' = \sin x + 24x$ 的通解及满足初始条件 $y(0) = 1, y'(0) = y''(0) = -1$ 的特解.

　　解　相继两边积分三次,得

$$y'' = \int (\sin x + 24x) \mathrm{d}x = -\cos x + 12x^2 + 2C_1,$$

$$y' = \int (-\cos x + 12x^2 + 2C_1) \mathrm{d}x = -\sin x + 4x^3 + 2C_1 x + C_2,$$

$$y = \int (-\sin x + 4x^3 + 2C_1 x + C_2) \mathrm{d}x = \cos x + x^4 + C_1 x^2 + C_2 x + C_3.$$

后者即为微分方程的通解，其中 C_1, C_2, C_3 为任意常数. 第一次两边积分后的任意常数写作 $2C_1$，是为了使最终结果更整齐，并保证符号的统一性.

以 $y(0) = 1, y'(0) = y''(0) = -1$ 代入后，可得出 $C_1 = 0, C_2 = -1, C_3 = 0$，于是所求特解为

$$y = \cos x + x^4 - x.$$

11.4.2 类型 Ⅱ（不显含 y 的微分方程） $y'' = f(x, y')$

解法：令 $y' = p$，则 $y'' = \dfrac{\mathrm{d}p}{\mathrm{d}x}$，将微分方程化为关于 p 的一阶微分方程 $p' = f(x, p)$，求出该方程的通解为

$$p = \varphi(x, C_1).$$

然后再根据关系式 $y' = p$，又得到一个一阶微分方程

$$\frac{\mathrm{d}y}{\mathrm{d}x} = \varphi(x, C_1).$$

对它两边积分一次即可得出微分方程的通解

$$y = \int \varphi(x, C_1) \mathrm{d}x + C_2.$$

例 3　求微分方程 $xy'' + y' = 0$ 的通解.

解　该方程是不显含 y 的微分方程，令 $y' = p$，则 $y'' = p'$，微分方程化为一阶微分方程

$$xp' + p = 0.$$

分离变量，得

$$\frac{1}{p} \mathrm{d}p = -\frac{1}{x} \mathrm{d}x.$$

两边积分，得 $p = \dfrac{C_1}{x}$，即 $y' = \dfrac{C_1}{x}$. 再两边积分一次即得微分方程的通解为

$$y = C_1 \ln|x| + C_2.$$

需要提醒读者注意的是，在解题过程中曾以 p 作为除数，而由 $p = 0$ 得到的解 $y = C$（任意常数）已包含在通解中（$C_1 = 0$）.

例 4　求解初值问题

$$(1+x^2)y''=2xy', \quad y\Big|_{x=0}=1, \quad y'\Big|_{x=0}=3.$$

解　所给微分方程属于 $y''=f(x,y')$ 型. 令 $y'=p$, 代入微分方程并分离变量, 得

$$\frac{\mathrm{d}p}{p}=\frac{2x}{1+x^2}\mathrm{d}x.$$

两边积分, 得

$$\ln|p|=\ln(1+x^2)+C, \quad 即 \quad p=y'=C_1(1+x^2), \quad C_1=\pm\mathrm{e}^C.$$

由条件 $y'\Big|_{x=0}=3$, 得 $C_1=3$, 所以 $y'=3(1+x^2)$. 再两边积分一次, 得

$$y=x^3+3x+C_2.$$

又由条件 $y\Big|_{x=0}=1$, 得 $C_2=1$. 于是所求初值问题的解为

$$y=x^3+3x+1.$$

11.4.3　类型 Ⅲ（不显含 x 的微分方程）　$y''=f(y,y')$

解法: 把 y 暂时看作自变量, 并做变换 $y'=p(y)$, 于是由复合函数的求导法则, 有

$$y''=\frac{\mathrm{d}p}{\mathrm{d}x}=\frac{\mathrm{d}p}{\mathrm{d}y}\cdot\frac{\mathrm{d}y}{\mathrm{d}x}=p\frac{\mathrm{d}p}{\mathrm{d}y}.$$

这样就将微分方程化为关于 p 的一阶微分方程

$$p\frac{\mathrm{d}p}{\mathrm{d}y}=f(y,p).$$

求出上述微分方程的通解为

$$y'=p=\varphi(y,C_1).$$

这是可分离变量的微分方程, 对其分离变量并两边积分即得到微分方程的通解为

$$\int\frac{\mathrm{d}y}{\varphi(y,C_1)}=x+C_2.$$

例5　求微分方程 $yy''-(y')^2=0$ 的通解.

解　该方程是不显含 x 的微分方程. 令 $y'=p$, 则 $y''=p\dfrac{\mathrm{d}p}{\mathrm{d}y}$, 微分方程化为

$$y\cdot p\frac{\mathrm{d}p}{\mathrm{d}y}-p^2=0.$$

分离变量, 得 $\dfrac{\mathrm{d}p}{p}=\dfrac{\mathrm{d}y}{y}$. 两边积分, 得

$$\ln|p| = \ln|y| + \ln|C_1| = \ln|C_1 y|,$$

即

$$p = C_1 y, \quad C_1 \neq 0.$$

再由 $\dfrac{dy}{dx} = C_1 y$，解得 $y = C_2 e^{C_1 x}$.

在分离变量时，以 py 除微分方程两边. 若 $p = 0$ 或 $y = 0$，得 $y = C$，它显然是微分方程的解，已包含在通解中（取 $C_1 = 0$）. 还要说明一点的是，上面用到的常数 $\ln|C_1|$ 能取 $(-\infty, +\infty)$ 中的任何值，所以是任意常数. 综上所述，所求的通解为

$$y = C_2 e^{C_1 x}, \quad C_1, C_2 \text{ 为任意常数}.$$

例 6 求微分方程 $yy'' = 2[(y')^2 - y']$ 满足初始条件 $y(0) = 1, y'(0) = 2$ 的特解.

解 令 $y' = p$，将 $y'' = p\dfrac{dp}{dy}$ 代入微分方程并化简，得

$$y\frac{dp}{dy} = 2(p - 1).$$

上式为可分离变量的微分方程，解得 $p = y' = Cy^2 + 1$. 再分离变量，得

$$\frac{dy}{Cy^2 + 1} = dx.$$

由初始条件 $y(0) = 1, y'(0) = 2$，得 $C = 1$，从而

$$\frac{dy}{1 + y^2} = dx.$$

两边积分，得

$$\arctan y = x + C_1 \quad \text{或} \quad y = \tan(x + C_1).$$

由 $y(0) = 1$，得 $C_1 = \arctan 1 = \dfrac{\pi}{4}$，从而所求特解为

$$y = \tan\left(x + \frac{\pi}{4}\right).$$

习题 11 - 4

1. 求下列微分方程的通解：
   (1) $y'' = \sin x - 2x$；
   (2) $y''' = e^{2x} - \cos x$；
   (3) $xy'' - 2y' = 0$；
   (4) $xy'' + y' = 4x$；
   (5) $y'' = 2(y')^2$；
   (6) $y^3 y'' = 1$.

2. 求解下列初值问题：
   (1) $y''' = 12x + \cos x, y(0) = -1, y'(0) = y''(0) = 1$；

(2) $x^2 y'' + x y' = 1, y\big|_{x=1} = 0, y'\big|_{x=1} = 1$;

(3) $y y'' = (y')^2, y(0) = y'(0) = 1$.

3. 已知平面曲线 $y = f(x)$ 的曲率为 $\dfrac{y''}{[1 + (y')^2]^{3/2}}$，求具有常曲率 $K(K > 0)$ 的曲线方程.

二阶常系数线性微分方程

在多数实际问题中，应用得较多的高阶微分方程是**二阶常系数线性微分方程**，它的一般形式是

$$y'' + p y' + q y = f(x), \tag{11-8}$$

其中 p, q 为常数，$f(x)$ 为已知函数. 当 $f(x) \equiv 0$ 时，方程(11-8)称为**二阶常系数齐次线性微分方程**，否则称为**二阶常系数非齐次线性微分方程**.

11.5.1　二阶常系数齐次线性微分方程解的结构

二阶常系数齐次线性微分方程的形式是

$$y'' + p y' + q y = 0. \tag{11-9}$$

在 §11.3 中我们学习了一阶线性微分方程，知道其解有很特殊的结构，这是由其线性的特点决定的. 二阶线性微分方程也有类似的结论.

定理 1（解的迭加原理）　如果函数 $y_1(x)$ 与 $y_2(x)$ 都是二阶常系数齐次线性方程(11-9)的解，则其线性组合

$$y = C_1 y_1(x) + C_2 y_2(x)$$

也是方程(11-9)的解，其中 C_1, C_2 是任意常数.

证　将 $y = C_1 y_1(x) + C_2 y_2(x)$ 代入方程(11-9)的左边，得

$$(C_1 y_1 + C_2 y_2)'' + p(C_1 y_1 + C_2 y_2)' + q(C_1 y_1 + C_2 y_2)$$
$$= C_1(y_1'' + p y_1' + q y_1) + C_2(y_2'' + p y_2' + q y_2)$$
$$= C_1 \cdot 0 + C_2 \cdot 0 = 0.$$

所以 $y = C_1 y_1(x) + C_2 y_2(x)$ 是方程(11-9)的解.

由此提出问题：既然 $y = C_1 y_1(x) + C_2 y_2(x)$ 是方程(11-9)的解，又含有两个任意常数，那么它是否就是方程(11-9)的通解呢？我们看一个简单的例子.

例 1   验证 $y_1 = \mathrm{e}^x, y_2 = 2\mathrm{e}^x$ 是微分方程

$$y'' - y = 0$$

的解，但 $y = C_1 y_1 + C_2 y_2$ 不是微分方程的通解.

证   将 $y_1 = \mathrm{e}^x, y_2 = 2\mathrm{e}^x$ 代入微分方程，易知其均为微分方程的解，从而 $y = C_1 y_1 + C_2 y_2$ 也是微分方程的解. 但由于

$$C_1 y_1 + C_2 y_2 = C_1 \mathrm{e}^x + 2 C_2 \mathrm{e}^x = (C_1 + 2 C_2) \mathrm{e}^x = C \mathrm{e}^x, \quad C = C_1 + 2 C_2,$$

这里的 $y = C_1 y_1 + C_2 y_2$ 实质上只有一个任意常数，因此不能作为微分方程的通解.

这个例子表明，不能将微分方程任意两个解的线性组合 $y = C_1 y_1 + C_2 y_2$ 作为其通解，但在一定条件下，这种线性组合确实是其通解.

定义 1（函数的线性相关性）   如果存在不全为 0 的常数 a_1, a_2，使得

$$a_1 y_1(x) + a_2 y_2(x) = 0,$$

则称 $y_1(x)$ 与 $y_2(x)$ **线性相关**.

当且仅当 $a_1 = a_2 = 0$ 时，$a_1 y_1(x) + a_2 y_2(x) = 0$ 才成立，则称 $y_1(x)$ 与 $y_2(x)$ **线性无关**.

注   判断两个函数是线性相关还是线性无关，只要看它们的比是否为一个常数.

在例 1 中，$y_1 = \mathrm{e}^x$ 与 $y_2 = 2\mathrm{e}^x$ 是线性相关的，因为 $2 y_1 - y_2 = 0$. 可以验证，$y_1 = \mathrm{e}^x$ 与 $y_2 = \mathrm{e}^{-x}$ 是微分方程 $y'' - y = 0$ 的两个线性无关的特解，此时 $y = C_1 y_1 + C_2 y_2$ 就是微分方程的通解.

定理 2   如果函数 $y_1(x)$ 与 $y_2(x)$ 是二阶常系数齐次线性微分方程(11-9)的两个线性无关的特解，则 $y = C_1 y_1(x) + C_2 y_2(x)$ 是方程(11-9)的通解.

注   定理 1 和定理 2 对一般的二阶齐次线性微分方程（系数不一定是常数）的情形也成立.

11.5.2   二阶常系数齐次线性微分方程的通解求法

由定理 2 可知，要求二阶常系数齐次线性微分方程

$$y'' + p y' + q y = 0$$

的通解，就归结为求微分方程的两个线性无关的特解.

因为微分方程左端的系数都是常数，y'' 和 y' 都应该是 y 的同类项，而 $y = \mathrm{e}^{rx}$ 的一阶和二阶导数恰有此性质，所以，可猜想微分方程有形如 $y = \mathrm{e}^{rx}$ 的特解，其中 r 是待定系数.

将 $y = e^{rx}, y' = re^{rx}, y'' = r^2 e^{rx}$ 代入方程 $(11-9)$，得

$$e^{rx}(r^2 + pr + q) = 0.$$

因为 $e^{rx} \neq 0$，所以有

$$r^2 + pr + q = 0. \qquad\qquad (11-10)$$

一元二次方程 $(11-10)$ 称为微分方程 $y'' + py' + qy = 0$ 的**特征方程**，特征方程的解称为**特征根**.

由于特征方程的特征根有 3 种不同情形，因此需要分 3 种情形讨论微分方程 $y'' + py' + qy = 0$ 的通解.

1. 特征根是两个不相等的实根的情形

当特征方程的判别式 $\Delta = p^2 - 4q > 0$ 时，有两个不相等的实根

$$r_1 = \frac{-p + \sqrt{p^2 - 4q}}{2}, \quad r_2 = \frac{-p - \sqrt{p^2 - 4q}}{2}.$$

这时，微分方程 $y'' + py' + qy = 0$ 有两个线性无关的特解

$$y_1 = e^{r_1 x}, \quad y_2 = e^{r_2 x},$$

因此微分方程的通解为

$$y = C_1 e^{r_1 x} + C_2 e^{r_2 x}.$$

例 2　求微分方程 $y'' - 5y' + 6y = 0$ 的通解.

解　特征方程为

$$r^2 - 5r + 6 = 0,$$

即

$$(r-2)(r-3) = 0,$$

则特征根为 $r_1 = 2, r_2 = 3$.

故所求微分方程的通解为

$$y = C_1 e^{2x} + C_2 e^{3x}.$$

---

2. 特征根是重根的情形

当特征方程的判别式 $\Delta = p^2 - 4q = 0$ 时，有重根

$$r_1 = r_2 = \frac{-p}{2} = r.$$

这时，微分方程 $y'' + py' + qy = 0$ 只有一个特解 $y_1 = e^{rx}$. 为了得到另一个与 $y_1 = e^{rx}$ 线性无关的特解，可设 $y_2 = u(x)e^{rx}$ [$u(x)$ 是待定函数]. 将 $y_2 = u(x)e^{rx}$ 代入微分方程，得

$$\begin{aligned}
&(ue^{rx})'' + p(ue^{rx})' + q(ue^{rx}) \\
&= e^{rx}(u'' + 2ru' + r^2 u) + pe^{rx}(u' + ru) + que^{rx} \\
&= e^{rx}[u'' + (2r + p)u' + (r^2 + pr + q)u] = 0.
\end{aligned}$$

约去 e^{rx}，且因 r 是特征方程的重根，因此 $2r + p = 0, r^2 + pr + q = 0$.

于是得到 $u''=0$. 由于 $u(x)$ 不能是常数，因此选取最简单的一个函数 $u(x)=x$. 所以，$y_2=x\,\mathrm{e}^{rx}$ 也是微分方程 $y''+py'+qy=0$ 的解，且 $\dfrac{y_2}{y_1}=\dfrac{x\,\mathrm{e}^{rx}}{\mathrm{e}^{rx}}=x$ 不是常数.

因此，微分方程 $y''+py'+qy=0$ 的通解为

$$y=C_1\mathrm{e}^{rx}+C_2 x\,\mathrm{e}^{rx}.$$

例 3 求微分方程 $y''-4y'+4y=0$ 的通解及满足初始条件 $y(0)=y'(0)=1$ 的特解.

解 特征方程为

$$r^2-4r+4=0,$$

特征根为重根 $r_1=r_2=2$.

故所求微分方程的通解为

$$y=(C_1+C_2 x)\mathrm{e}^{2x}.$$

将 $y(0)=1$ 代入上式，得 $C_1=1$，从而 $y=(1+C_2 x)\mathrm{e}^{2x}$. 再求导，得

$$y'=(C_2+2+2C_2 x)\mathrm{e}^{2x}.$$

将 $y'(0)=1$ 代入上式，得 $C_2=-1$.

故所求特解为

$$y=(1-x)\mathrm{e}^{2x}.$$

3. 特征根是一对共轭复根的情形

当特征方程的判别式 $\Delta=p^2-4q<0$ 时，有一对共轭复根

$$r_1=\alpha+\mathrm{i}\beta, \quad r_2=\alpha-\mathrm{i}\beta.$$

这时，微分方程 $y''+py'+qy=0$ 有两个线性无关的特解

$$y_1=\mathrm{e}^{(\alpha+\mathrm{i}\beta)x}, \quad y_2=\mathrm{e}^{(\alpha-\mathrm{i}\beta)x}.$$

为了得到实数解，由

$$y_1=\mathrm{e}^{\alpha x}(\cos\beta x+\mathrm{i}\sin\beta x), \quad y_2=\mathrm{e}^{\alpha x}(\cos\beta x-\mathrm{i}\sin\beta x)$$

进行代数运算，可知

$$\bar{y}_1=\mathrm{e}^{\alpha x}\cos\beta x, \quad \bar{y}_2=\mathrm{e}^{\alpha x}\sin\beta x$$

是微分方程 $y''+py'+qy=0$ 的两个线性无关的解. 故通解为

$$y=\mathrm{e}^{\alpha x}(C_1\cos\beta x+C_2\sin\beta x).$$

例 4 求微分方程 $y''-4y'+13y=0$ 的通解.

解 从特征方程 $r^2-4r+13=0$ 得出一对共轭复根 $r_{1,2}=2\pm3\mathrm{i}$.

故所求通解为

$$y=\mathrm{e}^{2x}(C_1\cos3x+C_2\sin3x).$$

综上所述,二阶常系数齐次线性微分方程 $y'' + py' + qy = 0$ 的通解求法如下:

第一步,写出微分方程的特征方程 $r^2 + pr + q = 0$;

第二步,求特征方程的根;

第三步,根据根的 3 种不同情形按表 11-1 写出微分方程的通解.

表 11-1

特征方程 $r^2 + pr + q = 0$ 根的情形	微分方程 $y'' + py' + qy = 0$ 的通解
(1) 两个不相等的实根 $r_1 \neq r_2$	$y = C_1 e^{r_1 x} + C_2 e^{r_2 x}$
(2) 重根 $r_1 = r_2 = r$	$y = (C_1 + C_2 x) e^{rx}$
(3) 一对共轭复根 $r_{1,2} = \alpha \pm i\beta$	$y = e^{\alpha x}(C_1 \cos\beta x + C_2 \sin\beta x)$

11.5.3 二阶常系数非齐次线性微分方程解的结构

二阶常系数非齐次线性微分方程的一般形式是
$$y'' + py' + qy = f(x), \tag{11-11}$$
其中 p, q 为常数,且 $f(x)$ 不恒为 0. 通常,称微分方程 $y'' + py' + qy = 0$ 为方程 (11-11) 对应的齐次微分方程.

与一阶非齐次线性微分方程解的结构类似,方程 (11-11) 的通解也由两部分构成:一部分是对应的齐次微分方程的通解,另一部分是非齐次微分方程本身的一个特解.

定理3 设 y^* 是方程 (11-11) 的一个特解,Y 是方程 (11-11) 对应的齐次微分方程的通解,则方程 (11-11) 的通解为
$$y = Y + y^*.$$

证 因为 y^* 是方程 (11-11) 的一个特解,所以
$$(y^*)'' + p(y^*)' + qy^* = f(x).$$
又 Y 是对应的齐次微分方程的通解,因此
$$Y'' + pY' + qY = 0.$$
将 $y = Y + y^*$ 代入方程 (11-11) 的左边,得
$$\begin{aligned}
&(Y + y^*)'' + p(Y + y^*)' + q(Y + y^*) \\
&= (Y'' + pY' + qY) + [(y^*)'' + p(y^*)' + qy^*] \\
&= f(x),
\end{aligned}$$
所以 $y = Y + y^*$ 是方程 (11-11) 的解. 又因为 Y 中含有两个任意常数,所以 $y = Y + y^*$ 中也含有两个任意常数,从而 $y = Y + y^*$ 是方程 (11-11) 的通解.

定理4 (迭加原理) 设 y_1, y_2 分别是微分方程
$$y'' + py' + qy = f_1(x), \quad y'' + py' + qy = f_2(x)$$
的解,则 $y = y_1 + y_2$ 是微分方程
$$y'' + py' + qy = f_1(x) + f_2(x)$$
的解.

证 将 $y_1'' + py_1' + qy_1 = f_1(x)$ 与 $y_2'' + py_2' + qy_2 = f_2(x)$ 相加,即得

$$(y_1 + y_2)'' + p(y_1 + y_2)' + q(y_1 + y_2) = f_1(x) + f_2(x).$$

所以定理的结论成立.

11.5.4 3 种特殊形式的二阶常系数非齐次线性微分方程的特解求法

下面介绍当 $f(x)$ 为 3 种特殊形式时方程(11-11)的特解求法.

1. 多项式的情形 $f(x) = P_n(x)$

此时,二阶常系数非齐次线性微分方程为

$$y'' + py' + qy = P_n(x),$$

其中 $P_n(x)$ 为一个 n 次多项式:

$$P_n(x) = a_0 x^n + a_1 x^{n-1} + \cdots + a_{n-1} x + a_n.$$

因为微分方程中 p,q 均为常数且多项式的导数仍为多项式,所以可以推测微分方程 $y'' + py' + qy = P_n(x)$ 的特解形式为

$$y^* = x^k Q_n(x),$$

其中 $Q_n(x)$ 与 $P_n(x)$ 是同次多项式,$k \in \{0,1,2\}$. k 的取值原则是使得等式两边 x 的最高阶的幂次相同,具体做法如下:

(1) 当 $q \neq 0$ 时,取 $k = 0$;

(2) 当 $q = 0$,且 $p \neq 0$ 时,取 $k = 1$;

(3) 当 $q = 0$,且 $p = 0$ 时,取 $k = 2$.

将所设的特解代入微分方程,使等式两边 x 同次幂的系数相等,从而确定 $Q_n(x)$ 的各项系数,便得到所求特解.

例 5 求微分方程 $y'' - 2y' + y = x^2$ 的一个特解.

解 因为 $f(x) = x^2$ 是 x 的二次多项式,且 y 的系数 $q = 1 \neq 0$,所以取 $k = 0$. 设特解为

$$y^* = Ax^2 + Bx + C,$$

则 $(y^*)' = 2Ax + B,(y^*)'' = 2A$. 代入微分方程,得

$$Ax^2 + (-4A + B)x + (2A - 2B + C) = x^2.$$

使等式两边 x 同次幂的系数相等,即

$$\begin{cases} A = 1, \\ -4A + B = 0, \\ 2A - 2B + C = 0, \end{cases}$$

解得 $A = 1, B = 4, C = 6$. 故所求的特解为

$$y^* = x^2 + 4x + 6.$$

例 6 求微分方程 $y'' + y' = x^3 - x + 1$ 的一个特解.

解 因为 $f(x) = x^3 - x + 1$ 是 x 的三次多项式,且 $q = 0, p = 1 \neq 0$,所以取 $k = 1$. 设特解为

$$y^* = x(Ax^3 + Bx^2 + Cx + D).$$

按例5的方法进行求导、代入、比较系数等环节（此处省略，请读者自己完成），最后求得特解为

$$y^* = x\left(\frac{1}{4}x^3 - x^2 + \frac{5}{2}x - 4\right).$$

2. 指数函数的情形 $f(x) = Ae^{\alpha x}$

此时，二阶常系数非齐次线性微分方程为

$$y'' + py' + qy = Ae^{\alpha x},$$

其中 α, A 为常数. 因为微分方程中 p, q 均为常数，且指数函数的导数仍为指数函数，所以可以推测微分方程 $y'' + py' + qy = Ae^{\alpha x}$ 的特解形式为

$$y^* = Bx^k e^{\alpha x},$$

其中 B 为待定常数，k 的取值由 α 是否为特征方程的根的情况而定，具体方法如下：

（1）当 α 不是特征方程的根时，取 $k = 0$；

（2）当 α 是特征方程的单根时，取 $k = 1$；

（3）当 α 是特征方程的重根时，取 $k = 2$.

例 7　求微分方程 $y'' + y' + y = 2e^{2x}$ 的一个特解.

解　因为 $\alpha = 2$ 不是特征方程 $r^2 + r + 1 = 0$ 的根，取 $k = 0$，所以可设微分方程的特解为 $y^* = Be^{2x}$，则 $(y^*)' = 2Be^{2x}$，$(y^*)'' = 4Be^{2x}$. 代入微分方程，得

$$7Be^{2x} = 2e^{2x}.$$

解得 $B = \frac{2}{7}$. 故所求的特解为

$$y^* = \frac{2}{7}e^{2x}.$$

例 8　求微分方程 $y'' + 2y' - 3y = e^x$ 的通解.

解　特征方程 $r^2 + 2r - 3 = 0$ 的根为 $r_1 = 1, r_2 = -3$，所以微分方程对应的齐次微分方程的通解为 $Y = C_1 e^x + C_2 e^{-3x}$.

因为 $\alpha = 1$ 是特征方程 $r^2 + 2r - 3 = 0$ 的单根，所以取 $k = 1$. 设特解为 $y^* = Bxe^x$，代入微分方程后，解得 $B = \frac{1}{4}$. 故微分方程的一个特解为 $y^* = \frac{1}{4}xe^x$，所求的通解为

$$y = C_1 e^x + C_2 e^{-3x} + \frac{1}{4}xe^x.$$

3. $f(x) = e^{\alpha x}(A\cos\omega x + B\sin\omega x)$ **的情形**

此时，二阶常系数非齐次线性微分方程为

$$y'' + py' + qy = \mathrm{e}^{\alpha x}(A\cos\omega x + B\sin\omega x),$$

其中 α, ω, A, B 均为常数.

因为微分方程中 p, q 均为常数，且指数函数的导数仍为指数函数，正弦函数与余弦函数的导数仍是正弦函数与余弦函数，所以可推断微分方程的特解形式为

$$y^* = x^k \mathrm{e}^{\alpha x}(C\cos\omega x + D\sin\omega x),$$

其中 C, D 为待定常数，k 取值 0 或 1，具体方法如下：

(1) 当 $\alpha + \mathrm{i}\omega$ 不是特征方程的根时，取 $k = 0$；

(2) 当 $\alpha + \mathrm{i}\omega$ 是特征方程的根时，取 $k = 1$.

例 9　求微分方程 $y'' + y = \sin x$ 的通解.

解　因为 $f(x) = \sin x$ 为 $\mathrm{e}^{\alpha x}(A\cos\omega x + B\sin\omega x)$ 型的函数，且 $\alpha = 0, \omega = 1, \alpha + \mathrm{i}\omega = \mathrm{i}$ 是特征方程 $r^2 + 1 = 0$ 的根，所以取 $k = 1$. 设特解为

$$y^* = x(C\cos x + D\sin x),$$
$$(y^*)' = C\cos x + D\sin x + x(D\cos x - C\sin x),$$
$$(y^*)'' = 2D\cos x - 2C\sin x - x(C\cos x + D\sin x),$$

代入微分方程，得

$$2D\cos x - 2C\sin x = \sin x.$$

比较等式两边 $\sin x$ 与 $\cos x$ 的系数，得

$$C = -\frac{1}{2}, \quad D = 0.$$

故微分方程的特解为

$$y^* = -\frac{1}{2}x\cos x.$$

而微分方程对应的齐次微分方程 $y'' + y = 0$ 的通解为

$$Y = C_1\cos x + C_2\sin x,$$

于是微分方程的通解为

$$y = y^* + Y = -\frac{1}{2}x\cos x + C_1\cos x + C_2\sin x.$$

例 10　求微分方程 $y'' + 4y = 3x + 2 + \sin x$ 的通解.

解　因为 $f(x) = 3x + 2 + \sin x$ 可以看成 $f_1(x) = 3x + 2$ 与 $f_2(x) = \sin x$ 之和，所以分别考察微分方程 $y'' + 4y = 3x + 2$ 与微分方程 $y'' + 4y = \sin x$ 的特解.

容易求得微分方程 $y'' + 4y = 3x + 2$ 的一个特解为 $y_1^* = \frac{3}{4}x + \frac{1}{2}$.

按例 9 的方法可求得微分方程 $y'' + 4y = \sin x$ 的一个特解为 $y_2^* = \frac{1}{3}\sin x$. 于是，微分方程的一个特解为

$$y^* = y_1^* + y_2^* = \frac{3}{4}x + \frac{1}{2} + \frac{1}{3}\sin x.$$

又微分方程对应的齐次微分方程 $y'' + 4y = 0$ 的通解为

$$Y = C_1\cos 2x + C_2\sin 2x,$$

故微分方程的通解为

$$y = y^* + Y = \frac{3}{4}x + \frac{1}{2} + \frac{1}{3}\sin x + C_1\cos 2x + C_2\sin 2x.$$

习题 11-5

1. 下列函数组在其定义区间上,哪些是线性无关的?

(1) $e^{x^2}, x e^{x^2}$；

(2) e^{ax}, e^{bx} $(a \neq b)$；

(3) $1 - \cos 2x, \sin^2 x$；

(4) $\cos x, \sin x$.

2. 验证 $y_1 = x$ 与 $y_2 = e^x$ 是微分方程 $(x-1)y'' - xy' + y = 0$ 的线性无关解,并写出其通解.

3. 求下列微分方程的通解:

(1) $y'' - 2y' - 3y = 0$；

(2) $y'' - 2y' - 8y = 0$；

(3) $y'' + 4y' + 4y = 0$；

(4) $y'' - 6y' + 9y = 0$；

(5) $y'' + 2y' + 5y = 0$；

(6) $y'' + 16y = 0$；

(7) $y'' + y = x + e^x$；

(8) $y'' + y = 4\sin x$.

4. 求解下列初值问题:

(1) $y'' + 2y' + y = 0, y\big|_{x=0} = 4, y'\big|_{x=0} = -2$；

(2) $y'' - 2y' + y = 0, y(0) = y'(0) = 1$.

5. 求下列微分方程的一个特解:

(1) $y'' - 2y' - 3y = 3x + 1$；

(2) $y'' + 9y' = x - 4$；

(3) $y'' - 2y' + y = e^x$；

(4) $y'' + 9y = \cos x + 2x + 1$.

§11.6　差分方程的基本概念

　　迄今为止,我们所研究的变量基本上是属于连续变化的类型,而在经济管理的许多实际问题中,经济变量的数据大多按等间隔时间周期统计,例如,本章开头提到的银行中的定期存款按所设定的时间等间隔计息、国家财政预算按年制定等. 通常称这类变量为**离散型变量**. 对这类变量，可以得到在不同取值点上的各离散变量之间的关系，如递推关系等. 描述各离散变量之间关系的数学模型称为**离散型模型**. 求解这类模型就可以得到各离散型变量的运行规律. 本节将介绍在经济学和管理科学中最常见的一种离散型模型 —— **差分方程**.

 ### 11.6.1　差分的概念与性质

一般地，在连续变化的时间范围内，变量 y 关于时间 t 的变化率是用 $\dfrac{\mathrm{d}y}{\mathrm{d}t}$ 来刻画的；但在某些场合，时间 t 是离散型变量，从而 y 也只能按规定的时间而相应地离散变化，这时常取在规定的时间区间上的**差商** $\dfrac{\Delta y}{\Delta t}$ 来刻画变量 y 的变化率. 如果选择 $\Delta t = 1$，则

$$\Delta y = y(t+1) - y(t)$$

可以近似表示变量 y 的变化率.

定义 1　设函数 $y_t = y(t)$，当自变量 t 依次取遍非负整数时，相应的函数值可以排成一个数列

$$y(0),\ y(1),\ \cdots,\ y(t),\ y(t+1),\ \cdots,$$

即

$$y_0,\ y_1,\ \cdots,\ y_t,\ y_{t+1},\ \cdots.$$

当自变量从 t 变到 $t+1$ 时，函数的改变量 $y_{t+1} - y_t$ 称为函数 y_t 在点 t 处的**差分**，也称为 y_t 的**一阶差分**，记为 Δy_t，即

$$\Delta y_t = y_{t+1} - y_t \quad 或 \quad \Delta y(t) = y(t+1) - y(t) \quad (t=0,1,2,\cdots).$$

符号 Δ 称为**差分符号**，也称为**差分算子**.

例 1　设函数 $y_t = C$（C 为常数），求 Δy_t.

解　$\Delta y_t = y_{t+1} - y_t = C - C = 0$.

注　常数的差分为 0，该结果与常数的导数为 0 相类似.

例 2　设函数 $y_t = t^2$，求 Δy_t.

解　$\Delta y_t = y_{t+1} - y_t = (t+1)^2 - t^2 = 2t + 1$.

例 3　已知阶乘函数 $t^{(n)} = t(t-1)(t-2)\cdots(t-n+1)$，$t^{(0)} = 1$. 求 $\Delta t^{(n)}$.

解　设 $y_n = t^{(n)} = t(t-1)(t-2)\cdots(t-n+1)$，则

$$\Delta y_t = (t+1)^{(n)} - t^{(n)}$$
$$= (t+1)t(t-1)\cdots(t+1-n+1) - t(t-1)\cdots(t-n+2)(t-n+1)$$
$$= [(t+1) - (t-n+1)]t(t-1)\cdots(t-n+2) = nt^{(n-1)}.$$

该结果与幂函数的导数相类似.

例 4　设函数 $y_t = a^t (a > 0$ 且 $a \neq 1)$，求 Δy_t.

解　$\Delta y_t = y_{t+1} - y_t = a^{t+1} - a^t = a^t(a-1)$.

注　指数函数的差分等于指数函数乘一个常数.

例 5　设函数 $y_t = \sin t$，求 Δy_t.

解　$\Delta y_t = \sin(t+1) - \sin t = 2\cos\left(t + \dfrac{1}{2}\right)\sin\dfrac{1}{2}$.

由一阶差分的定义，可得到差分的基本运算性质如下：

(1) $\Delta(Cy_t) = C\Delta y_t$　（C 为常数）；

(2) $\Delta(y_t \pm z_t) = \Delta y_t \pm \Delta z_t$；

(3) $\Delta(y_t \cdot z_t) = z_t\Delta y_t + y_{t+1}\Delta z_t$；

(4) $\Delta\left(\dfrac{y_t}{z_t}\right) = \dfrac{z_t\Delta y_t - y_t\Delta z_t}{z_{t+1}z_t}$　$(z_t \neq 0)$.

例 6　求函数 $y_t = t^2 \cdot 2^t$ 的差分.

解 1　由差分的定义，有

$$\Delta y_t = (t+1)^2 \cdot 2^{t+1} - t^2 \cdot 2^t = 2^t(t^2 + 4t + 2).$$

解 2　由差分的性质，有

$$\Delta y_t = \Delta(t^2 \cdot 2^t) = 2^t\Delta(t^2) + (t+1)^2\Delta(2^t)$$
$$= 2^t(2t+1) + (t+1)^2 \cdot 2^t(2-1)$$
$$= 2^t(t^2 + 4t + 2).$$

由一阶差分可推广到二阶及以上的差分.

定义 2　当自变量从 t 变到 $t+1$ 时，一阶差分的差分称为**二阶差分**，记为 $\Delta^2 y_t$，即

$$\Delta^2 y_t = \Delta(\Delta y_t) = \Delta y_{t+1} - \Delta y_t$$

$$= (y_{t+2} - y_{t+1}) - (y_{t+1} - y_t) = y_{t+2} - 2y_{t+1} + y_t.$$

类似地，可定义三阶差分、四阶差分 …… 即

$$\Delta^3 y_t = \Delta(\Delta^2 y_t), \quad \Delta^4 y_t = \Delta(\Delta^3 y_t), \quad \cdots.$$

一般地，函数 y_t 的 $n-1$ 阶差分的差分称为 **n 阶差分**，记为 $\Delta^n y_t$，即

$$\Delta^n y_t = \Delta^{n-1} y_{t+1} - \Delta^{n-1} y_t = \sum_{i=0}^{n} (-1)^i \mathrm{C}_n^i y_{t+n-i}.$$

二阶及二阶以上的差分统称为 **高阶差分**.

例 7 设函数 $y_t = t^2$，求 $\Delta^2 y_t, \Delta^3 y_t$.

解 例 2 已经得到 $\Delta y_t = 2t + 1$，于是

$$\Delta^2 y_t = \Delta(2t+1) = [2(t+1)+1] - (2t+1) = 2,$$

$$\Delta^3 y_t = \Delta(\Delta^2 y_t) = 2 - 2 = 0.$$

例 8 设函数 $y = t^2 + 2t$，求 $\Delta y_t, \Delta^2 y_t, \Delta^3 y_t$.

解 由一阶差分的定义，有

$$\Delta y_t = [(t+1)^2 + 2(t+1)] - (t^2 + 2t) = 2t + 3.$$

由二阶差分的定义及差分的性质，有

$$\Delta^2 y_t = \Delta(\Delta y_t) = \Delta(2t+3) = 2\Delta(t) + \Delta(3) = 2 \times 1 = 2.$$

由三阶差分的定义，有

$$\Delta^3 y_t = \Delta(\Delta^2 y_t) = \Delta(2) = 0.$$

注 若 $f(t)$ 为 n 次多项式，则 $\Delta^n f(t)$ 为常数，且 $\Delta^m f(t) = 0$ $(m > n)$.

例 9 设函数 $y_t = a^t (a > 0$ 且 $a \neq 1)$，求 $\Delta^2 y_t, \Delta^3 y_t$.

解 例 4 已经得到 $\Delta y_t = a^t(a-1)$，于是

$$\Delta^2 y_t = \Delta[a^t(a-1)] = a^{t+1}(a-1) - a^t(a-1)$$

$$= a^t(a-1)^2,$$

$$\Delta^3 y_t = a^{t+1}(a-1)^2 - a^t(a-1)^2 = a^t(a-1)^3.$$

由此可见

$$\Delta^n a^t = a^t(a-1)^n \quad (n \text{ 是正整数}).$$

11.6.2　差分方程的概念

定义 3　含有未知函数 y_t 的差分的方程称为**差分方程**.

差分方程的一般形式为

$$F(t,y_t,\Delta y_t,\Delta^2 y_t,\cdots,\Delta^n y_t)=0,$$

其中 F 是 $t,y_t,\Delta y_t,\Delta^2 y_t,\cdots,\Delta^n y_t$ 的已知函数,且 $\Delta^n y_t$ 一定要在方程中出现.

由差分的定义及性质可知,任何阶的差分都可以表示为函数在不同时刻函数值的代数和. 因此,差分方程也可如下定义.

定义 3'　含有两个或两个以上函数 $y_t,y_{t+1},\cdots$ 的函数方程,称为**差分方程**. 其一般形式为

$$G(t,y_t,y_{t+1},y_{t+2},\cdots,y_{t+n})=0,$$

其中 G 是 $t,y_t,y_{t+1},y_{t+2},\cdots,y_{t+n}$ 的已知函数,且 $y_t,y_{t+1},y_{t+2},\cdots,y_{t+n}$ 中至少有两个一定要在方程中出现.未知函数的最大下标与最小下标的差称为**差分方程的阶**.

注　不能以差分方程中差分的最高阶数作为差分方程的阶.在经济模型等实际问题中,后一种定义的差分方程使用更为普通.

例 10　将差分方程 $\Delta^3 y_t+\Delta^2 y_t=0$ 表示成不含差分的形式.

解　因为

$$\Delta^2 y_t=y_{t+2}-2y_{t+1}+y_t,$$
$$\Delta^3 y_t=y_{t+3}-3y_{t+2}+3y_{t+1}-y_t,$$

代入差分方程,得

$$(y_{t+3}-3y_{t+2}+3y_{t+1}-y_t)+(y_{t+2}-2y_{t+1}+y_t)=0.$$

化简,得

$$y_{t+3}-2y_{t+2}+y_{t+1}=0.$$

因此,差分方程可改写为

$$y_{t+3}-2y_{t+2}+y_{t+1}=0.$$

例 11　指出下列等式是否为差分方程,若是,确定差分方程的阶:

(1) $y_{t+3}-y_{t-2}+y_{t-4}=0$;

(2) $5y_{t+5}+3y_{t+1}=7$;

(3) $\Delta^3 y_t+\Delta^2 y_t=0$;

(4) $-3\Delta y_t=3y_t+a^t$.

解 （1）是差分方程. 由于差分方程中未知函数下标的最大差为 7，因此阶为 7.

（2）是差分方程. 由于差分方程中未知函数下标的最大差为 4，因此阶为 4.

（3）由例 10 可知，等式是差分方程. 由于差分方程中未知函数下标的最大差为 2，因此阶为 2.

（4）将等式变形为 $-3(y_{t+1}-y_t)=3y_t+a^t$，即

$$-3y_{t+1}=a^t.$$

不符合定义 $3'$，因此等式不是差分方程.

定义 4 满足差分方程的函数称为**差分方程的解**. 如果差分方程的解中含有相互独立的任意常数的个数恰好等于差分方程的阶数，则称这个解为差分方程的**通解**.

我们往往要根据系统在初始时刻所处的状态，对差分方程附加一定的条件，这种附加条件称为**初始条件**，满足初始条件的解称为**特解**.

例 12 验证 $y_t=C+2t$ 是差分方程 $y_{t+1}-y_t=2$ 的通解.

证 将 $y_t=C+2t$ 代入差分方程的左边，得

$$y_{t+1}-y_t=[C+2(t+1)]-(C+2t)=2.$$

因此，$y_t=C+2t$ 是差分方程 $y_{t+1}-y_t=2$ 的解，且该解含有一个任意常数，而差分方程的阶为 1，故 $y_t=C+2t$ 是差分方程 $y_{t+1}-y_t=2$ 的通解.

习题 11-6

1. 求下列函数的一阶与二阶差分：

   （1）$y_t=3t^2-t^3$；　　　　　　　　（2）$y_t=e^{2t}$；

   （3）$y_t=\ln t$；　　　　　　　　　　（4）$y_t=t^2\cdot 3^t$.

2. 将差分方程 $\Delta^2 y_t+2\Delta y_t=0$ 表示成不含差分的形式.

3. 指出下列等式是否为差分方程，若是，确定差分方程的阶：

   （1）$y_{t+5}-y_{t+2}+y_{t-1}=0$；　　　（2）$\Delta^2 y_t-2y_t=t$；

   （3）$\Delta^3 y_t+y_t=1$；　　　　　　　（4）$2\Delta y_t=3t-2y_t$；

   （5）$\Delta^2 y_t=y_{t+2}-2y_{t+1}+y_t$.

4. 验证 $y_t=C(-2)^t$ 是差分方程 $y_{t+1}+2y_t=0$ 的通解.

§11.7 一阶常系数线性差分方程及其应用

一阶常系数线性差分方程的一般形式为

$$y_{t+1} - ay_t = f(t), \qquad (11\text{-}12)$$

其中 a 为非零常数，$f(t)$ 为已知函数. 如果 $f(t) \equiv 0$，则方程变为

$$y_{t+1} - ay_t = 0. \qquad (11\text{-}13)$$

方程(11-13)称为**一阶常系数齐次线性差分方程**. 相应地，当 $f(t)$ 不恒为 0 时，方程(11-12)称为**一阶常系数非齐次线性差分方程**.

 11.7.1　一阶常系数齐次线性差分方程的通解求法

对于一阶常系数齐次线性差分方程(11-13)，通常有两种求解方法.

1. 迭代法

将方程(11-13)改写为

$$y_{t+1} = ay_t.$$

若 y_0 已知，则依次得出

$$y_1 = ay_0,$$
$$y_2 = ay_1 = a^2 y_0,$$
$$y_3 = ay_2 = a^3 y_0,$$
$$\cdots\cdots$$
$$y_t = a^t y_0.$$

令 $y_0 = C$ 为任意常数，则方程(11-13)的通解为

$$y_t = Ca^t.$$

2. 特征根法

由于齐次差分方程 $y_{t+1} - ay_t = 0$ 等同于 $\Delta y_t + (1-a)y_t = 0$，可以看出 y_t 的形式一定为指数函数. 于是，设 $y_t = \lambda^t (\lambda \neq 0)$，代入差分方程，得

$$\lambda^{t+1} - a\lambda^t = 0,$$

即

$$\lambda - a = 0, \qquad (11\text{-}14)$$

得 $\lambda = a$. 因此 $y_t = a^t$ 是方程(11-13)的一个解，从而

$$y_t = Ca^t$$

是方程(11-13)的通解. 称方程(11-14)为方程(11-13)的**特征方程**，而称 $\lambda = a$ 为**特征根**(特征方程的根).

例 1 求差分方程 $y_{t+1} - 3y_t = 0$ 的通解.

解 特征方程为

$$\lambda - 3 = 0,$$

特征根为 $\lambda = 3$，于是差分方程的通解为

$$y_t = C3^t.$$

例 2 求差分方程 $2y_{t+1} + y_t = 0$ 满足初始条件 $y_0 = 3$ 的解.

解 特征方程为

$$2\lambda + 1 = 0,$$

特征根为 $\lambda = -\dfrac{1}{2}$，于是差分方程的通解为

$$y_t = C\left(-\frac{1}{2}\right)^t.$$

将初始条件 $y_0 = 3$ 代入，得出 $C = 3$，故所求解为

$$y_t = 3\left(-\frac{1}{2}\right)^t.$$

 ### 11.7.2 一阶常系数非齐次线性差分方程的通解求法

在 §11.3 中，我们知道一阶非齐次线性微分方程 $y' + P(x)y = Q(x)$ 的通解结构为

对应的齐次微分方程的通解 + 一个特解.

类似地，可得如下一阶常系数非齐次线性差分方程的结构定理.

定理 1（结构定理） 若一阶常系数非齐次线性差分方程(11-12)的一个特解为 y_t^*，Y_t 为其对应的齐次差分方程(11-13)的通解，则一阶常系数非齐次线性差分方程(11-12)的通解为

$$y_t = Y_t + y_t^*.$$

该结构定理表明，若要求一阶常系数非齐次线性差分方程的通解，则只要求出其对应的齐次差分方程的通解，再找出自己的一个特解，然后相加即可.

如前所述，对应的齐次差分方程的通解问题已经解决，因此一阶常系数非齐次线性差分方程(11-12)的解的结构为

$$y_t = Ca^t + y_t^*.$$

现讨论方程(11-12)的一个特解 y_t^* 的求法. 当差分方程 $y_{t+1} - ay_t = f(t)$ 的右端是下列特殊形式的函数时，可采用待定系数法求出 y_t^*.

1. $f(t) = k$ 型（k 为非零常数）

此时，差分方程变为

$$y_{t+1} - ay_t = k.$$

当 $a \neq 1$ 时，设 $y_t^* = A$（待定系数），代入差分方程，得 $A - aA = k$，从而

$A = \dfrac{k}{1-a}$，即 $y_t^* = \dfrac{k}{1-a}$.

当 $a = 1$ 时，设 $y_t^* = At$，代入差分方程，得 $A(t+1) - At = k$，从而 $A = k$，

即 $y_t^* = kt$.

2. $f(t) = P_n(t)$ 型 $[P_n(t)$ 为 t 的 n 次多项式$]$

此时，差分方程变为

$$y_{t+1} - ay_t = P_n(t).$$

由 $\Delta y_t = y_{t+1} - y_t$，上式可改写为

$$\Delta y_t + (1-a)y_t = P_n(t).$$

设 y_t^* 为其特解，代入上式，得

$$\Delta y_t^* + (1-a)y_t^* = P_n(t).$$

因为 $P_n(t)$ 为多项式，所以 y_t^* 也应该为多项式. 显然，当 y_t^* 为 n 次多项式

时，Δy_t^* 为 $n-1$ 次多项式. 以下分两种情况讨论.

(1) 当 $a \neq 1$ 时，则 y_t^* 必为 n 次多项式，于是可设

$$y_t^* = A_0 + A_1t + A_2t^2 + \cdots + A_nt^n,$$

代入差分方程确定系数 $A_0, A_1, A_2, \cdots, A_n$.

(2) 当 $a = 1$ 时，有 $\Delta y_t^* = P_n(t)$，则 y_t^* 必为 $n+1$ 次多项式，于是可设

$$y_t^* = t(A_0 + A_1t + A_2t^2 +, \cdots + A_nt^n),$$

代入差分方程确定系数 $A_0, A_1, A_2, \cdots, A_n$.

例3 求差分方程 $y_{t+1} - 3y_t = -4$ 的通解.

解 由于 $a = 3 \neq 1, k = -4$，令 $y_t^* = A$（待定系数），代入差分方程，得 $A - 3A = -4$，

从而 $A = 2$，即 $y_t^* = 2$，故差分方程的通解为

$$y_t = C3^t + 2.$$

例4 求差分方程 $y_{t+1} - 2y_t = t^2$ 的通解.

解 设 $y_t^* = A_0 + A_1t + A_2t^2$ 为差分方程的解，将 y_t^* 代入差分方程并整理，可得

$$(-A_0 + A_1 + A_2) + (-A_1 + 2A_2)t - A_2t^2 = t^2.$$

比较同次幂的系数，得

$$A_0 = -3, \quad A_1 = -2, \quad A_2 = -1,$$

从而
$$y_t^* = -(3 + 2t + t^2).$$

故差分方程的通解为
$$y_t = -(3 + 2t + t^2) + C2^t.$$

3. $f(t) = kb^t$ **型**（k, b 为非零常数且 $b \neq 1$）

试设 $y_t^* = Ab^t$，代入差分方程，得
$$Ab^{t+1} - aAb^t = kb^t.$$

约去 b^t，得到 $A(b-a) = k$. 因此，当 $a \neq b$ 时，令 $y_t^* = Ab^t$，解得 $A = \dfrac{k}{b-a}$，从

而 $y_t^* = \dfrac{k}{b-a}b^t$；当 $a = b$ 时，令 $y_t^* = Atb^t$，解得 $A = \dfrac{k}{b}$，从而 $y_t^* = ktb^{t-1}$.

例 5 求差分方程 $y_{t+1} - 3y_t = 3 \cdot 2^t$ 满足初始条件 $y_0 = 5$ 的特解.

解 由 $a = 3, k = 3, b = 2$，可设差分方程有一特解 $y_t^* = A2^t$，解得
$$A = \frac{3}{2-3} = -3.$$

于是差分方程的通解为
$$y_t = -3 \cdot 2^t + C3^t.$$

将 $y_0 = 5$ 代入上式，得 $C = 8$. 故所求差分方程的特解为
$$y_t = -3 \cdot 2^t + 8 \cdot 3^t.$$

4. $f(t) = t^n b^t$ **型**（n 为正整数，b 为非零常数且 $b \neq 1$）

从以上讨论易知：

当 $a \neq b$ 时，可设
$$y_t^* = (A_0 + A_1 t + A_2 t^2 + \cdots + A_n t^n)b^t,$$
代入差分方程确定系数 $A_0, A_1, A_2, \cdots, A_n$；

当 $a = b$ 时，可设
$$y_t^* = t(A_0 + A_1 t + A_2 t^2 + \cdots + A_n t^n)b^t,$$
代入差分方程确定系数 $A_0, A_1, A_2, \cdots, A_n$.

例 6 求差分方程 $y_{t+1} - 3y_t = t2^t$ 的通解.

解 显然差分方程对应的齐次差分方程的通解为 $y_t = C3^t$.

由于 $a = 3, b = 2$，可设差分方程有一特解 $y_t^* = (A_0 + A_1 t)2^t$，代入差分方程，得
$$[A_0 + A_1(t+1)]2^{t+1} - 3(A_0 + A_1 t)2^t = t2^t,$$

即

$$-A_0 + 2A_1 - A_1 t = t.$$

解得

$$A_0 = -2, \quad A_1 = -1.$$

故差分方程的通解为

$$y_t = -(2+t)2^t + C3^t.$$

注 若 $f(t)$ 是由形如以上特殊类型的函数组成的线性组合时,其特解也可由这几种相应的特解形式组合而成.

例7 求差分方程 $y_{t+1} - y_t = 3^t + 2$ 的通解.

解 由 $a = 1$ 可知,对应的齐次差分方程的通解为 $y_t = C$.

设 $f_1(t) = 3^t$,$f_2(t) = 2$,则 $f(t) = 3^t + 2 = f_1(t) + f_2(t)$.

对于 $f_1(t) = 3^t$,因 $a = 1 \neq 3$,故可令 $y_{t1}^* = A3^t$;对于 $f_2(t) = 2$,因 $a = 1$,故可令 $y_{t2}^* = Bt$. 因此,差分方程的特解可设为 $y_t^* = A3^t + Bt$,代入差分方程,得

$$A3^{t+1} + B(t+1) - A3^t - Bt = 3^t + 2,$$

即

$$2A3^t + B = 3^t + 2.$$

解得

$$A = \frac{1}{2}, \quad B = 2.$$

于是 $y_t^* = \dfrac{3^t}{2} + 2t$,故所求通解为

$$y_t = C + \frac{3^t}{2} + 2t.$$

11.7.3 差分方程在经济学中的应用

下面从几个常见的经济问题阐述差分方程的应用.

1. 存款与贷款模型

 例8 （**存款模型**） 设初始存款为 s_0(单位:元),银行的年利率为 r,又 s_t(单位:元)表示第 t 年末的存款总额,则显然有下列差分方程:

$$s_{t+1} = s_t + rs_t,$$

试求第 t 年末的本利和.

解 将差分方程 $s_{t+1} = s_t + rs_t$ 改写为

$$s_{t+1} - (1+r)s_t = 0.$$

这是一个一阶常系数齐次线性差分方程, 其特征方程为

$$\lambda - (1+r) = 0,$$

特征根为 $\lambda = 1+r$. 因此, 差分方程的通解为

$$s_t = C(1+r)^t.$$

代入初始条件 s_0, 得 $C = s_0$. 于是, 所求第 t 年末的本利和为

$$s_t = s_0(1+r)^t.$$

结果表明, 初始本金 s_0 存入银行之后, 年利率为 r, 按年复利计息, 第 t 年末的本利和为 $s_0(1+r)^t$.

例9 （贷款模型） 某人购买一套新房, 向银行申请10年期的贷款20万元, 现约定贷款的月利率为 0.4%, 试问此人需要每月还银行多少钱?

解 先对这类问题的一般情况进行分析. 设此人需要每月还银行 x 元, 贷款总额为 y_0 元, 月利率为 r, 则

第1个月后还须偿还的贷款为

$$y_1 = y_0 - x + ry_0 = (1+r)y_0 - x;$$

第2个月后还须偿还的贷款为

$$y_2 = y_1 - x + ry_1 = (1+r)y_1 - x;$$

……

第 $t+1$ 个月后还须偿还的贷款为

$$y_{t+1} = (1+r)y_t - x,$$

即

$$y_{t+1} - (1+r)y_t = -x.$$

这是一个一阶常系数非齐次线性差分方程, 其对应的齐次差分方程的特征根为 $\lambda = 1 + r \neq 1$, 则可设差分方程有特解 $y_t^* = A$. 代入差分方程, 得到 $A = \dfrac{x}{r}$, 于是有通解

$$y_t = C(1+r)^t + \frac{x}{r}.$$

代入初始条件 y_0, 得 $C = y_0 - \dfrac{x}{r}$, 于是

$$y_t = \left(y_0 - \frac{x}{r}\right)(1+r)^t + \frac{x}{r}.$$

现计划 n 年还清贷款, 故 $y_{12n} = 0$, 代入上式, 得

$$0 = \left(y_0 - \frac{x}{r}\right)(1+r)^{12n} + \frac{x}{r}.$$

从上面的等式解得

$$x = y_0 r \cdot \frac{(1+r)^{12n}}{(1+r)^{12n}-1}.$$

将例 9 的数据 $y_0 = 200\,000, r = 0.004, n = 10$ 代入，可得到 $x = 2\,101.81$，即此人需要每月还银行 2 101.81 元.

2. 价格变化模型

例 10 设某种商品在 t 时期的供给量 S_t 和需求量 Q_t 都是这一时期产品价格 P_t 的函数

$$S_t = -a + bP_t, \quad Q_t = m - nP_t,$$

其中 a, b, m, n 均为正常数. 根据实际情况知道，t 时期的价格 P_t 由 $t-1$ 时期的价格 P_{t-1} 与供给量及需求量之差 $S_{t-1} - Q_{t-1}$ 按关系

$$P_t = P_{t-1} - k(S_{t-1} - Q_{t-1})$$

确定(其中 k 为常数). 求：

(1) 供需相等时的价格 P_e(即均衡价格)；

(2) 商品的价格随时间的变化规律.

解 (1) 由 $S_t = Q_t$，即得均衡价格 $P_e = \dfrac{a+m}{b+n}$.

(2) 由已知关系式，得到

$$\begin{aligned} P_t &= P_{t-1} - k(S_{t-1} - Q_{t-1}) \\ &= P_{t-1} - k[(-a + bP_{t-1}) - (m - nP_{t-1})], \end{aligned}$$

即

$$P_t - (1 - bk - nk)P_{t-1} = k(a+m).$$

上式是一个一阶常系数非齐次线性差分方程，其对应的齐次差分方程的通解为

$$P_t = C(1 - bk - nk)^t.$$

设差分方程有特解 $P_t^* = A$，代入差分方程解得

$$A = \frac{k(a+m)}{1-(1-bk-nk)} = \frac{a+m}{b+n},$$

即差分方程的特解为

$$P_t^* = \frac{a+m}{b+n} = P_e.$$

故差分方程的通解为

$$\begin{aligned} P_t &= C(1-bk-nk)^t + \frac{a+m}{b+n} \\ &= C(1-bk-nk)^t + P_e. \end{aligned}$$

这就是商品的价格随时间的变化规律.

一般情况下，初始价格 P_0 为已知，则由 $P_0 = C + P_e$，可得

$$C = P_0 - P_e,$$

从而得到初始价格为 P_0 时，商品的价格随时间的变化规律为

$$P_t = (P_0 - P_e)(1 - bk - nk)^t + P_e.$$

在有些实际问题中，往往是 t 时期的价格 P_t 决定下一时期的供给量，同时还决定本时期的需求量，下面的例子就是这样.

例 11 在某种产品的生产中，产品 t 时期的价格 P_t 不仅决定本时期产品的需求量 Q_t，还决定生产者在下一时期愿意提供给市场的产量 S_{t+1}，即

$$Q_t = a - bP_t, \quad S_t = -m + nP_{t-1},$$

其中 a, b, m, n 均为正常数. 假定在每一个时期中，价格总是确定在市场售罄的水平上，求价格随时间变动的规律.

解 由于在每一个时期中，价格总是确定在市场售罄的水平上，即 $Q_t = S_t$，因此可得到

$$a - bP_t = -m + nP_{t-1}, \quad 即 \quad bP_t + nP_{t-1} = a + m.$$

故

$$P_t + \frac{n}{b}P_{t-1} = \frac{a+m}{b} \quad （常数 a, b, m, n > 0）.$$

这是一个一阶常系数非齐次线性差分方程，属于右端为常数的情形. 因为 $n > 0, b > 0$，所以 $-\frac{n}{b} < 0$. 显然 $-\frac{n}{b} \neq 1$，从而差分方程的特解为 $P_t^* = \frac{a+m}{b+n}$. 而对应的齐次差分方程的通解为

$$P_t = C\left(-\frac{n}{b}\right)^t,$$

故差分方程的通解为

$$P_t = \frac{a+m}{b+n} + C\left(-\frac{n}{b}\right)^t.$$

当 $t = 0$ 时，$P_t = P_0$（初始价格），代入上式，得

$$C = P_0 - \frac{a+m}{b+n},$$

即满足初始条件 $P_t = P_0 (t = 0)$ 的特解为

$$P_t = \frac{a+m}{b+n} + \left(P_0 - \frac{a+m}{b+n}\right)\left(-\frac{n}{b}\right)^t.$$

这就是价格随时间变动的规律，这一结论也说明了市场价格趋向的种种形态.

现就 $-\frac{n}{b}$ 的不同情况加以分析.

(1) 若 $\left|-\frac{n}{b}\right| < 1$，则

$$\lim_{t \to +\infty} P_t = \frac{a+m}{b+n} = P_t^*,$$

这说明市场价格趋于平衡,且特解 $P_t^* = \dfrac{a+m}{b+n}$ 是一个平衡价格.

(2) 若 $\left| -\dfrac{n}{b} \right| > 1$,则

$$\lim_{t \to +\infty} P_t = \infty,$$

这说明在此情况下,市场价格波动越来越大.

(3) 若 $\left| -\dfrac{n}{b} \right| = 1$,即 $-\dfrac{n}{b} = -1$,则

$$P_{2t} = P_0, \quad P_{2t+1} = 2P_t^* - P_0,$$

这说明市场价格呈周期变化状态.

3. 消费模型

例 12　设 C_t 为 t 时期的消费,y_t 为 t 时期的国民收入,I_t 为 t 时期的投资,根据消费理论,有关系式

$$\begin{cases} C_t = ay_t + m, \\ I_t = by_t + n, \\ y_t - y_{t-1} = k(y_{t-1} - C_{t-1} - I_{t-1}), \end{cases}$$

其中 a,b,m,n,k 均为常数,且 $0 < a,b,k < 1, 0 < a+b < 1, m \geqslant 0, n \geqslant 0$. 若基期(即初始时期) 的国民收入 y_0 为已知,试求 y_t 与 t 的函数关系式.

解　将已知关系式中的前 2 个等式代入第 3 个等式,整理得

$$y_t - [1 + k(1-a-b)]y_{t-1} = -k(m+n).$$

这是一个右端为常数的一阶常系数非齐次线性差分方程. 易求得其通解为

$$y_t = C[1 + k(1-a-b)]^t + \frac{m+n}{1-a-b}.$$

将初始条件 $y_t = y_0 (t = 0)$ 代入上式,可确定

$$C = y_0 - \frac{m+n}{1-a-b},$$

故所求函数关系式为

$$y_t = \left(y_0 - \frac{m+n}{1-a-b} \right)[1 + k(1-a-b)]^t + \frac{m+n}{1-a-b}.$$

结果表明了在 t 时期的消费和投资已知的条件下,国民收入随时间变化的规律.

习题 11-7

1. 求下列一阶常系数齐次线性差分方程的通解：

(1) $y_{t+1} - 2y_t = 0$；　　　　　　　(2) $y_{t+1} + 3y_t = 0$；

(3) $3y_{t+1} - 2y_t = 0$.

2. 求下列差分方程在给定初始条件下的特解：

(1) $y_{t+1} - 3y_t = 0$，且 $y_0 = 3$；　　(2) $y_{t+1} + y_t = 0$，且 $y_0 = -2$.

3. 求下列一阶常系数非齐次线性差分方程的通解：

(1) $y_{t+1} + 2y_t = 3$；　　　　　　(2) $y_{t+1} - y_t = -3$；

(3) $y_{t+1} - 2y_t = 3t^2$；　　　　　(4) $y_{t+1} - y_t = t + 1$；

(5) $y_{t+1} - \dfrac{1}{2}y_t = \left(\dfrac{5}{2}\right)^t$；　　(6) $y_{t+1} + 2y_t = t^2 + 4^t$.

4. 求下列差分方程在给定初始条件下的特解：

(1) $y_{t+1} - y_t = 3 + 2t$，且 $y_0 = 5$；

(2) $2y_{t+1} + y_t = 3 + t$，且 $y_0 = 1$；

(3) $y_{t+1} - y_t = 2^t - 1$，且 $y_0 = 2$.

5. 某人向银行申请 1 年期的贷款 25 000 万元，约定月利率为 $1‰$，计划用 12 个月采用每月等额的方式还清债务，试问此人每月须还银行多少钱？若记 y_t 为第 t 个月后还须偿还的债务，a 为每月的还款额，写出 y_t 所满足的差分方程及每月还款额的计算公式.

6. 设某种产品在 t 时期的价格、供给量与需求量分别为 P_t,S_t 与 $Q_t(t=0,1,2,\cdots)$，并满足以下关系：

(1) $S_t = 2P_t + 1$；　(2) $Q_t = -4P_{t-1} + 5$；　(3) $Q_t = S_t$.

求证：由(1),(2),(3)可推出差分方程 $P_{t+1} + 2P_t = 2$. 若已知 P_0，求上述差分方程的解.

7. 设 C_t 为 t 时期的消费，y_t 为 t 时期的国民收入，$I = 1$ 为投资（各期相同），设有关系式 $C_t = ay_{t-1} + b$，$y_t = C_t + 1$，其中 a,b 为正常数，且 $a < 1$. 若基期（即初始时期）的国民收入 y_0 为已知，试求 C_t,y_t（即表示为 t 的函数关系式）.

> ## 本章小结　/////////////////////

一、基本概念与一阶微分方程

1. 基本概念.

(1) 微分方程：含有未知函数的导数（或微分）的方程.

(2) 微分方程的阶：微分方程中未知函数的导数的最高阶数.

(3) 微分方程的解：满足微分方程的函数.

（4）微分方程的通解和特解：通解是含有独立的任意常数的个数与阶数相同的解，注意通解并非全部解；特解是不含任意常数的解.

（5）初始条件与初值问题：用于确定通解中常数值的条件称为初始条件；求微分方程满足初始条件的解的问题称为初值问题.

2. 可分离变量的微分方程.

（1）微分方程形式：$\psi(y)\mathrm{d}y = \varphi(x)\mathrm{d}x$ 或 $y' = f(x)g(y)$.

（2）求解步骤：

第一步，分离变量，得 $\dfrac{1}{g(y)}\mathrm{d}y = f(x)\mathrm{d}x$.

第二步，两边积分，得 $\displaystyle\int \dfrac{1}{g(y)}\mathrm{d}y = \int f(x)\mathrm{d}x$.

第三步，讨论 $g(y)=0$ 的情况，确定解和通解.

3. 可化为可分离变量的微分方程的齐次方程 $\dfrac{\mathrm{d}y}{\mathrm{d}x} = f\left(\dfrac{y}{x}\right)$.

求解方法（变量代换）：令 $u = \dfrac{y}{x}$，则 $y = xu$，$\dfrac{\mathrm{d}y}{\mathrm{d}x} = u + x\,\dfrac{\mathrm{d}u}{\mathrm{d}x}$.

4. 一阶线性微分方程.

（1）一阶齐次线性微分方程 $y' + P(x)y = 0$.

视为可分离变量的微分方程. 分离变量，得

$$\frac{\mathrm{d}y}{y} = -P(x)\mathrm{d}x.$$

（2）一阶非齐次线性微分方程 $y' + P(x)y = Q(x)$ 的常数变易法.

将其对应的齐次微分方程的通解 $y = C\mathrm{e}^{-\int P(x)\mathrm{d}x}$ 中的常数 C 换成函数 $C(x)$，代入微分方程，求出 $C(x)$.

（3）一阶非齐次线性微分方程 $y' + P(x)y = Q(x)$ 的通解公式.

$$y = \mathrm{e}^{-\int P(x)\mathrm{d}x}\left(\int Q(x)\mathrm{e}^{\int P(x)\mathrm{d}x}\,\mathrm{d}x + C\right).$$

5. 可化为一阶线性微分方程的伯努利方程 $\dfrac{\mathrm{d}y}{\mathrm{d}x} + P(x)y = Q(x)y^n$.

解法：令 $z = y^{1-n}$，可得关于 z 的一阶非齐次线性微分方程

$$\frac{\mathrm{d}z}{\mathrm{d}x} + (1-n)P(x)z = (1-n)Q(x).$$

二、可降阶的高阶微分方程

1. 类型 Ⅰ $y^{(n)} = f(x)$.

解法：相继两边积分 n 次即可求出通解.

2. 类型 Ⅱ（不显含 y 的微分方程）$y'' = f(x, y')$.

解法：令 $y' = p$，则 $y'' = \dfrac{\mathrm{d}p}{\mathrm{d}x}$，将微分方程化为关于 p 的一阶微分方程

$$p' = f(x, p).$$

3. 类型 Ⅲ（不显含 x 的微分方程）$y'' = f(y, y')$.

解法：令 $y' = p(y)$，则 $y'' = p\dfrac{\mathrm{d}p}{\mathrm{d}y}$，将微分方程化为关于 p 的一阶微分方程

$$p\frac{\mathrm{d}p}{\mathrm{d}y} = f(y, p).$$

三、二阶常系数线性微分方程

1. 二阶常系数齐次线性微分方程 $y'' + py' + qy = 0$.

根据特征方程 $r^2 + pr + q = 0$ 的特征根的 3 种不同情形，写出微分方程 $y'' + py' + qy = 0$ 的通解，详见 11.5.2 小节表 11-1.

2. 二阶常系数非齐次线性微分方程 $y'' + py' + qy = f(x)$.

通解结构为

$$y = Y + y^*,$$

其中 y^* 是微分方程的一个特解，Y 是微分方程对应的齐次微分方程的通解.

$f(x)$ 为 3 种特殊形式时，特解的求法如下.

(1) $f(x) = P_n(x)$ 的特解形式为

$$y^* = x^k Q_n(x),$$

其中 k 的取值原则是使得等式两边 x 的最高阶的幂次相同：① 当 $q \neq 0$ 时，取 $k = 0$；② 当 $q = 0$ 且 $p \neq 0$ 时，取 $k = 1$；③ 当 $q = 0$ 且 $p = 0$ 时，取 $k = 2$.

(2) $f(x) = A\mathrm{e}^{\alpha x}$ 的特解形式为

$$y^* = Bx^k \mathrm{e}^{\alpha x},$$

其中 B 为待定常数，k 的取值是当 α 不是特征方程的根、是特征方程的单根、是特征方程的重根时，分别取 $0, 1, 2$.

(3) $f(x) = \mathrm{e}^{\alpha x}(A\cos\omega x + B\sin\omega x)$ 的特解形式为

$$y^* = x^k \mathrm{e}^{\alpha x}(C\cos\omega x + D\sin\omega x),$$

其中 C, D 为待定常数，k 的取值是当 $\alpha + \mathrm{i}\omega$ 不是特征方程的根、是特征方程的根时，分别取 $0, 1$.

四、差分方程

1. 差分与差分方程的概念.

(1) 函数 $y_t = y(t)$ 的一阶差分：
$$\Delta y_t = y_{t+1} - y_t \quad \text{或} \quad \Delta y(t) = y(t+1) - y(t) \quad (t = 0, 1, 2, \cdots).$$

(2) 二阶差分：$\Delta^2 y_t = \Delta(\Delta y_t) = \Delta y_{t+1} - \Delta y_t$.

(3) n 阶差分：$\Delta^n y_t = \Delta^{n-1} y_{t+1} - \Delta^{n-1} y_t = \displaystyle\sum_{i=0}^{n} (-1)^i C_n^i y_{t+n-i}$.

2. 差分的基本运算性质.

(1) $\Delta(Cy_t) = C\Delta y_t$（$C$ 为常数）；

(2) $\Delta(y_t \pm z_t) = \Delta y_t \pm \Delta z_t$；

(3) $\Delta(y_t \cdot z_t) = z_t \Delta y_t + y_{t+1} \Delta z_t$；

(4) $\Delta\left(\dfrac{y_t}{z_t}\right) = \dfrac{z_t \Delta y_t - y_t \Delta z_t}{z_{t+1} z_t}$ （$z_t \neq 0$）.

3. 差分方程的一般形式.
$$F(t, y_t, \Delta y_t, \Delta^2 y_t, \cdots, \Delta^n y_t) = 0 \quad \text{或} \quad G(t, y_t, y_{t+1}, y_{t+2}, \cdots, y_{t+n}) = 0.$$

（1）差分方程的阶是未知函数的最大下标与最小下标的差.

（2）差分方程的解是满足差分方程的函数.

（3）差分方程的通解是差分方程的解中所含独立的任意常数的个数恰好等于差分方程阶数的解.

（4）差分方程的特解是差分方程的解中不含任意常数的解.

（5）初始条件是确定通解中任意常数的条件.

4. 一阶常系数线性差分方程.

（1）齐次差分方程 $y_{t+1} - ay_t = 0$（常数 $a \neq 0$）的通解为 $y_t = Ca^t$.

（2）非齐次差分方程 $y_{t+1} - ay_t = f(t)$（常数 $a \neq 0$）的通解结构为 $y_t = Ca^t + y_t^*$，其中 y_t^* 是差分方程的一个特解.

$f(t)$ 是 4 种特殊形式的函数时，可采用待定系数法求出 y_t^*，详见 11.7.2 小节.

5. 差分方程的简单应用.

（1）存款与贷款模型.

（2）价格变化模型.

（3）消费模型.

复习题 11

（A）

1. 通解为 $y = Ce^{-x} + x$ 的微分方程是 _____.

2. 通解为 $y = C_1 e^x + C_2 e^{2x}$ 的微分方程是 _____.

3. 微分方程 $x\mathrm{d}y - (x^2 e^{-x} + y)\mathrm{d}x = 0$ 的通解是 _____.

4. 微分方程 $xy' + y = 0$ 满足初始条件 $y(1) = 1$ 的特解是 _____.

5. 设非齐次线性微分方程 $y' + P(x)y = Q(x)$ 有两个不同的解 $y_1(x)$ 与 $y_2(x)$，C 是任意常数，则微分方程的通解是 _____.

    A. $C(y_1(x) + y_2(x))$ B. $C(y_1(x) - y_2(x))$

    C. $y_1(x) + C(y_1(x) - y_2(x))$ D. $y_1(x) + C(y_1(x) + y_2(x))$

6. 微分方程 $y'' + 4y = \sin 2x$ 的一个特解形式是 _____.

    A. $C\cos 2x + D\sin 2x$ B. $D\sin 2x$

    C. $x(C\cos 2x + D\sin 2x)$ D. $x \cdot D\sin 2x$

7. 解下列一阶微分方程：

    （1）$(1 + y^2)\mathrm{d}x = xy(x + 1)\mathrm{d}y$;   （2）$x(y' + 1) + \sin(x + y) = 0$;

    （3）$\left(x + y\cos\dfrac{y}{x}\right)\mathrm{d}x = x\cos\dfrac{y}{x}\mathrm{d}y$;   （4）$xy' + 2y = \sin x$;

    （5）$\tan y\mathrm{d}x = (\sin y - x)\mathrm{d}y$;   （6）$(y - 2xy^2)\mathrm{d}x = x\mathrm{d}y$.

8. 解下列二阶微分方程：

    （1）$(1 + x)y'' + y' = \ln(1 + x)$;   （2）$y'' + 3y' + 2y = 2x^2 + x + 1$;

    （3）$y'' + 2y' - 3y = 2e^x$;   （4）$y'' + y = x + \cos x$.

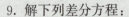
9. 解下列差分方程：

(1) $y_{t+1} + 4y_t = 2t^2 + t - 1$；

(2) $y_{t+1} - y_t = t2^t + 3$.

(B)

1. 差分方程 $\Delta y_t = t$ 的通解为 $y_t =$ _____.

2. 设 n 为正整数，$y = y_n(x)$ 是微分方程 $xy' - (n+1)y = 0$ 满足条件 $y_n(1) = \dfrac{1}{n(n+1)}$ 的解.

   (1) 求 $y_n(x)$.

   (2) 求级数 $\sum\limits_{n=1}^{\infty} y_n(x)$ 的收敛域及和函数.

3. 设函数 $y = f(x)$ 满足 $y'' + 2y' + 5y = 0$，且 $f(0) = 1, f'(0) = -1$.

   (1) 求 $f(x)$ 的表达式.

   (2) 设 $a_n = \displaystyle\int_{n\pi}^{+\infty} f(x)\mathrm{d}x$，求 $\sum\limits_{n=1}^{\infty} a_n$.

4. 已知微分方程 $y'' + ay' + by = ce^x$ 的通解为 $y = (C_1 + C_2 x)e^{-x} + e^x$，则 a, b, c 依次为 _____.

   A. $1, 0, 1$ B. $1, 0, 2$

   C. $2, 1, 3$ D. $2, 1, 4$

5. 设函数 $y(x)$ 是微分方程 $y' - xy = \dfrac{1}{2\sqrt{x}}e^{\frac{x^2}{2}}$ 满足条件 $y(1) = \sqrt{e}$ 的特解.

   (1) 求 $y(x)$.

   (2) 设平面区域 $D = \{(x, y) \mid 1 \leqslant x \leqslant 2, 0 \leqslant y \leqslant y(x)\}$，求 D 绕 x 轴旋转所得旋转体的体积.

6. 差分方程 $\Delta^2 y_x - y_x = 5$ 的通解是 _____.

7. 设函数 $f(x)$ 满足 $f(x + \Delta x) - f(x) = 2xf(x)\Delta x + o(\Delta x)(\Delta x \to 0)$，且 $f(0) = 2$，则 $f(1) =$ _____.

8. 设函数 $y(x)$ 是微分方程 $y' + \dfrac{1}{2\sqrt{x}}y = 2 + \sqrt{x}$ 的满足 $y(1) = 3$ 的解，求曲线 $y = y(x)$ 的渐近线.

9. 验证函数

$$y = 1 + \frac{x^3}{3!} + \frac{x^6}{6!} + \frac{x^9}{9!} + \cdots + \frac{x^{3n}}{(3n)!} + \cdots \quad (-\infty < x < +\infty)$$

满足微分方程 $y'' + y' + y = e^x$；利用所得结果求幂级数 $\sum\limits_{n=0}^{\infty} \dfrac{x^{3n}}{(3n)!}$ 的和函数.

附录 I   习题参考答案

习题 7 - 1

1. 点 A : V 卦限, 点 B : Ⅳ 卦限, 点 C : Ⅱ 卦限, 点 D : Ⅷ 卦限.

2. 点 A 在 xOy 面上, 点 B 在 yOz 面上, 点 C 在 x 轴上, 点 D 在 y 轴上.

3. 关于原点的对称点的坐标为 $(1, -2, -3)$;

   关于 x 轴的对称点的坐标为 $(-1, -2, -3)$, 关于 y 轴的对称点的坐标为 $(1, 2, -3)$, 关于 z 轴的对称点的坐标为 $(1, -2, 3)$;

   关于 xOy 面的对称点的坐标为 $(-1, 2, -3)$, 关于 yOz 面的对称点的坐标为 $(1, 2, 3)$, 关于 zOx 面的对称点的坐标为 $(-1, -2, 3)$.

4. x 轴: $\sqrt{41}$, y 轴: $\sqrt{34}$, z 轴: 5.

5. $M\left(0, 0, \dfrac{14}{9}\right)$.   6. 证略.

习题 7 - 2

1. $2x + 3y - z - 1 = 0$.   2. $x - 2y + 3z = 0$.

3. $\dfrac{x}{2} - \dfrac{y}{3} + \dfrac{z}{5} = 1, 15x - 10y + 6z - 30 = 0$.   4. $\dfrac{x}{1} + \dfrac{y}{3} + \dfrac{z}{2} = 1$, 图略.

5. $y - 3z = 0$.   6. $x + z - 1 = 0$.

7. 点 A 不在直线 L 上, 点 B 不在直线 L 上, 点 C 在直线 L 上.

习题 7 - 3

1. (1) 球心为 $(1, -2, 0)$、半径为 $R = \sqrt{5}$;   (2) 球心为 $\left(-2, 1, -\dfrac{1}{2}\right)$、半径为 $R = 2$.

2. (1) 球心为原点、半径为 1 的上半球面;   (2) 球心为原点、半径为 2 的下半球面.

3. (1) 直线, 平面;   (2) 圆, 圆柱面;

   (3) 椭圆, 椭圆柱面;   (4) 抛物线, 抛物柱面.

复习题 7

1. x 轴: $(1, 0, 0)$, y 轴: $(0, 2, 0)$, z 轴: $(0, 0, 3)$;

   xOy 面: $(1, 2, 0)$, yOz 面: $(0, 2, 3)$, zOx 面: $(1, 0, 3)$.

2. 证略.   3. $(1, -1, 3)$.

4. $\dfrac{x}{4} + \dfrac{y}{4} + \dfrac{z}{2} = 1$.   5. $x^2 + y^2 + z^2 - 2x + 4y - 9z = 0$.

习题 8−1

1. (1) $x^2 + y^2 - xy$；   (2) $x^2 + 2y^2$.

2. (1) $\{(x,y) \mid x^2 + y^2 \neq 1\}$；   (2) $\{(x,y) \mid |x| \leqslant 1, |y| \geqslant 1\}$；

   (3) $\{(x,y) \mid y < x \leqslant 1\}$；   (4) $\{(x,y) \mid 2 \leqslant x^2 + y^2 \leqslant 4, x > y^2\}$.

3. 证略.

4. (1) 2；   (2) 3；   (3) 0；   (4) $\dfrac{1}{4}$.

5. (1) 全平面连续；   (2) 除原点外连续.

6. (1) 直线 $y = x$ 或 $y = -x$；   (2) $x^2 + y^2 \geqslant 1$.

习题 8−2

1. (1) $z_x = 3x^2 + 3y, z_y = 3x + 3y^2$；   (2) $z_x = -\dfrac{\sin y^2}{x^2}, z_y = \dfrac{2y\cos y^2}{x}$；

   (3) $z_x = \dfrac{1}{x - 3y}, z_y = -\dfrac{3}{x - 3y}$；   (4) $z_x = x^{-1}(yx^y + 1), z_y = x^y \ln x + y^{-1}$；

   (5) $u_x = \dfrac{z}{y} x^{\frac{z}{y}-1}, u_y = -\dfrac{z}{y^2} x^{\frac{z}{y}} \ln x, u_z = \dfrac{1}{y} x^{\frac{z}{y}} \ln x$；

   (6) $u_x = -2x\sin(x^2 - y^2 + e^{-z}), u_y = 2y\sin(x^2 - y^2 + e^{-z}), u_z = e^{-z}\sin(x^2 - y^2 + e^{-z})$.

2. (1) $0, 3$；   (2) $\dfrac{1}{2}$；

   (3) $\dfrac{2}{5}$；   (4) $\dfrac{1}{2}, -\dfrac{1}{2}, 0$.

3. 证略.

4. (1) $\dfrac{\partial^2 z}{\partial x^2} = 24x + 6y, \dfrac{\partial^2 z}{\partial y^2} = -6x, \dfrac{\partial^2 z}{\partial y \partial x} = 6x - 6y$；

   (2) $\dfrac{\partial^2 z}{\partial x^2} = \dfrac{x + 2y}{(x + y)^2}, \dfrac{\partial^2 z}{\partial y^2} = -\dfrac{x}{(x + y)^2}, \dfrac{\partial^2 z}{\partial y \partial x} = \dfrac{y}{(x + y)^2}$.

5. $C_x = 270, C_y = 160$，如果 B 种标号水泥日产量不变而 A 种标号水泥的日产量增加 1 t，则总成本大约增加 270 元；如果 A 种标号水泥日产量不变而 B 种标号水泥的日产量增加 1 t，则总成本大约增加 160 元.

6. $-0.1, 0.3$，解释略.

习题 8−3

1. (1) $\mathrm{d}z = (4y^3 + 10xy^6)\mathrm{d}x + (12xy^2 + 30x^2y^5)\mathrm{d}y$；

   (2) $\mathrm{d}z = \dfrac{-x}{\sqrt{1 - x^2 - y^2}}\mathrm{d}x + \dfrac{-y}{\sqrt{1 - x^2 - y^2}}\mathrm{d}y$；

   (3) $\mathrm{d}u = \dfrac{1}{x - yz}\mathrm{d}x + \dfrac{-z}{x - yz}\mathrm{d}y + \dfrac{-y}{x - yz}\mathrm{d}z$；

   (4) $\mathrm{d}u = \mathrm{d}x + \left(\dfrac{1}{2}\cos\dfrac{y}{2} + z\mathrm{e}^{yz}\right)\mathrm{d}y + y\mathrm{e}^{yz}\mathrm{d}z$.

2. $\mathrm{d}z = \mathrm{d}x + 3\ln 3\mathrm{d}y$.   3. $0.72, 0.7$.

4. 1.08.   5. $17.6\pi \ \mathrm{cm}^3$.

1. (1) $e^{3t^2+2\cos t}(6t-2\sin t)$；
   (2) $\dfrac{3-12x^2}{1+(3x-4x^3)^2}$；

   (3) $e^t(\cos t-\sin t)+\cos t$.

2. (1) $\dfrac{\partial z}{\partial x}=3x^2\sin y\cos y(\sin y-\cos y)$，

   $\dfrac{\partial z}{\partial y}=x^3(2\sin y\cos^2 y-\sin^3 y-\cos^3 y+2\sin^2 y\cos y)$；

   (2) $\dfrac{\partial z}{\partial x}=6x(4x+2y)(3x^2+y^2)^{4x+2y-1}+4(3x^2+y^2)^{4x+2y}\ln(3x^2+y^2)$，

   $\dfrac{\partial z}{\partial y}=2y(4x+2y)(3x^2+y^2)^{4x+2y-1}+2(3x^2+y^2)^{4x+2y}\ln(3x^2+y^2)$；

   (3) $\dfrac{\partial u}{\partial x}=(1+6x\cos y)e^{x+2y+3z}$，$\dfrac{\partial u}{\partial y}=(2-3x^2\sin y)e^{x+2y+3z}$；

   (4) $\dfrac{\partial w}{\partial x}=f_1+2xyf_2+y^2zf_3$，$\dfrac{\partial w}{\partial y}=x^2f_2+2xyzf_3$，$\dfrac{\partial w}{\partial z}=xy^2f_3$.

3. $\dfrac{\mathrm{d}x}{1+x^2}+\dfrac{\mathrm{d}y}{1+y^2}$.
   4. $\dfrac{\partial z}{\partial x}=\dfrac{y\cos xy}{2-e^z}$，$\dfrac{\partial z}{\partial y}=\dfrac{x\cos xy}{2-e^z}$.

5. 证略.

6. (1) $\dfrac{\partial^2 z}{\partial x^2}=\dfrac{-2x}{(1+x^2)^2}$，$\dfrac{\partial^2 z}{\partial x\partial y}=0$，$\dfrac{\partial^2 z}{\partial y^2}=\dfrac{-2y}{(1+y^2)^2}$；

   (2) $\dfrac{\partial^2 z}{\partial x^2}=\dfrac{\ln y}{x^2}(\ln y-1)y^{\ln x}$，$\dfrac{\partial^2 z}{\partial x\partial y}=\dfrac{1}{xy}(1+\ln x\cdot\ln y)y^{\ln x}$，$\dfrac{\partial^2 z}{\partial y^2}=\dfrac{\ln x}{y^2}(\ln x-1)y^{\ln x}$；

   *(3) $\dfrac{\partial^2 z}{\partial x^2}=y^2f_{11}+4xyf_{12}+4x^2f_{22}+2f_2$，$\dfrac{\partial^2 z}{\partial x\partial y}=xyf_{11}+2(x^2-y^2)f_{12}-4xyf_{22}+f_1$，

   $\dfrac{\partial^2 z}{\partial y^2}=x^2f_{11}-4xyf_{12}+4y^2f_{22}-2f_2$.

7. (1) $\dfrac{\partial z}{\partial x}=\dfrac{x}{2-z}$，$\dfrac{\partial z}{\partial y}=\dfrac{y}{2-z}$；
   (2) $\dfrac{\partial z}{\partial x}=\dfrac{yz}{z^2-xy}$，$\dfrac{\partial z}{\partial y}=\dfrac{xz}{z^2-xy}$.

*8. (1) $\dfrac{\partial u}{\partial x}=\dfrac{vy-ux}{x^2-y^2}$，$\dfrac{\partial v}{\partial x}=\dfrac{uy-vx}{x^2-y^2}$；

   (2) $\dfrac{\partial u}{\partial x}=\dfrac{x+3v^3}{xy-9u^2v^2}$，$\dfrac{\partial v}{\partial x}=-\dfrac{3u^2+yv}{xy-9u^2v^2}$，$\dfrac{\partial u}{\partial y}=-\dfrac{3v^2+xu}{xy-9u^2v^2}$，$\dfrac{\partial v}{\partial y}=\dfrac{y+3u^3}{xy-9u^2v^2}$.

1. (1) 极小值 $f(6,5)=-90$；
   (2) 极大值 $f(1,1)=2$.

2. 最大值 $f(3,0)=9$，最小值 $f(0,0)=f(2,2)=0$.

3. $f(4,0)=-16$.

4. (1) 最大值 $z\left(\dfrac{1}{2},\dfrac{1}{2}\right)=\dfrac{1}{4}$；

   (2) 最小值 $z\left(-\dfrac{1}{3},\dfrac{2}{3},-\dfrac{2}{3}\right)=-3$，最大值 $z\left(\dfrac{1}{3},-\dfrac{2}{3},\dfrac{2}{3}\right)=3$.

5. 长、宽、高相等，均为 2 m.
   6. $C(25,17)=9\,043$(元).

7. (1) $x=1.5,y=1$；
   (2) $x=0.75,y=1.25$.

$*8. \dfrac{c_0 - k\ln M + \dfrac{1}{a} - k}{1 - ak}.$

复习题 8

(A)

1. $x^3 + 3x^2 + 3x, \sqrt{y} + x - 1.$ 2. $1, 0.$

3. $\dfrac{x\,\mathrm{d}y - y\,\mathrm{d}x}{x^2 + y^2}.$ 4. D.

5. D. 6. D.

7. (1) 0；(2) $\dfrac{1}{6}.$

8. $\dfrac{\partial z}{\partial x} = -\dfrac{y+z}{x+y}, \dfrac{\partial^2 z}{\partial x^2} = \dfrac{2(y+z)}{(x+y)^2}, \dfrac{\partial^2 z}{\partial x \partial y} = \dfrac{2z}{(x+y)^2}.$

9. 证略. 10. 极小值 $f\left(0, \dfrac{1}{e}\right) = -\dfrac{1}{e}.$

11. $x = \dfrac{63}{2}, y = 14.$ 12. 磁盘 25 张，磁带 20 盒.

(B)

1. C.

2. 极小值为 $f(-1, 0) = 2$ 和 $f\left(\dfrac{1}{2}, 0\right) = -2\ln 2 + \dfrac{1}{2}.$

3. $(\pi - 1)\mathrm{d}x - \mathrm{d}y.$ 4. 极小值为 $f\left(\dfrac{1}{6}, \dfrac{1}{12}\right) = -\dfrac{1}{216}.$

5. $\dfrac{\partial^2 g}{\partial x^2} + \dfrac{\partial^2 g}{\partial x \partial y} + \dfrac{\partial^2 g}{\partial y^2} = 1 - 3f_{11} - f_{22}.$

6. 当圆形的周长为 $\dfrac{2\pi}{\pi + 3\sqrt{3} + 4}$ m，正三角形的周长为 $\dfrac{6\sqrt{3}\pi}{\pi + 3\sqrt{3} + 4}$ m，正方形的周长为 $\dfrac{8}{\pi + 3\sqrt{3} + 4}$ m 时，

面积和最小为 $\dfrac{1}{\pi + 3\sqrt{3} + 4}$ m².

7. C.

8. 当 $x = 256, y = 64$ 时，利润最大，产量 $Q = 384.$

习题 9-1

1. $\iint\limits_{D} \mu(x, y)\,\mathrm{d}\sigma.$ 2. $3\pi.$

3. $\pi.$

4. (1) $\iint\limits_{D} (x+y)^2\,\mathrm{d}\sigma > \iint\limits_{D} (x+y)^3\,\mathrm{d}\sigma;$ (2) $\iint\limits_{D} \ln(x+y)\,\mathrm{d}\sigma > \iint\limits_{D} [\ln(x+y)]^2\,\mathrm{d}\sigma.$

习题 9 - 2

1. (1) 0;　　　　　(2) $\dfrac{20}{3}$;　　　　　(3) $\dfrac{13}{6}$;　　　　　(4) 0;

　(5) 8;　　　　　(6) $\dfrac{9}{64}$;　　　　　(7) $-\dfrac{1}{2}(e^{-1}-1)$.

2. (1) $\displaystyle\int_0^1 \mathrm{d}x\int_0^x f(x,y)\mathrm{d}y+\int_1^2\mathrm{d}x\int_0^{2-x}f(x,y)\mathrm{d}y=\int_0^1\mathrm{d}y\int_y^{2-y}f(x,y)\mathrm{d}x$;

　(2) $\displaystyle\int_1^2\mathrm{d}x\int_{\frac1x}^x f(x,y)\mathrm{d}y=\int_{\frac12}^1\mathrm{d}y\int_{\frac1y}^2 f(x,y)\mathrm{d}x+\int_1^2\mathrm{d}y\int_y^2 f(x,y)\mathrm{d}x$;

　(3) $\displaystyle\int_{-1}^1\mathrm{d}x\int_{x^2}^1 f(x,y)\mathrm{d}y=\int_0^1\mathrm{d}y\int_{-\sqrt{y}}^{\sqrt{y}}f(x,y)\mathrm{d}x$.

3. (1) $\displaystyle\int_0^1\mathrm{d}x\int_x^1 f(x,y)\mathrm{d}y$;　　　　(2) $\displaystyle\int_0^4\mathrm{d}x\int_{\frac x2}^{\sqrt x}f(x,y)\mathrm{d}y$;

　(3) $\displaystyle\int_0^1\mathrm{d}y\int_{e^y}^e f(x,y)\mathrm{d}x$;　　　　(4) $\displaystyle\int_0^2\mathrm{d}x\int_{\frac x2}^{3-x}f(x,y)\mathrm{d}y$;

　(5) $\displaystyle\int_0^1\mathrm{d}y\int_{-\sqrt y}^{\sqrt y}f(x,y)\mathrm{d}x$;　　　(6) $\displaystyle\int_0^1\mathrm{d}x\int_x^{2x}f(x,y)\mathrm{d}y+\int_1^2\mathrm{d}x\int_x^2 f(x,y)\mathrm{d}y$.

4. $\dfrac{7}{2}$.　　　　　　　　　　　5. $\dfrac{17}{6}$.

习题 9 - 3

1. (1) $\displaystyle\int_0^{2\pi}\mathrm{d}\theta\int_0^a f(r\cos\theta,r\sin\theta)r\mathrm{d}r$;　　(2) $\displaystyle\int_{-\frac{\pi}{2}}^{\frac{\pi}{2}}\mathrm{d}\theta\int_0^{2\cos\theta}f(r\cos\theta,r\sin\theta)r\mathrm{d}r$;

　(3) $\displaystyle\int_0^{2\pi}\mathrm{d}\theta\int_1^2 f(r\cos\theta,r\sin\theta)r\mathrm{d}r$;　　(4) $\displaystyle\int_0^{\frac{\pi}{2}}\mathrm{d}\theta\int_0^{(\cos\theta+\sin\theta)^{-1}}f(r\cos\theta,r\sin\theta)r\mathrm{d}r$.

2. (1) $\dfrac{1}{8}\pi a^4$;　　　　　　　　(2) $\dfrac{2}{45}(\sqrt2+1)$.

3. (1) $\pi(e-1)$;　　(2) $\dfrac{\pi}{4}(2\ln 2-1)$;　　(3) $\dfrac{3}{64}\pi^2$;

　(4) $\dfrac{3\pi}{2}$;　　　　(5) $\dfrac{1}{3}\pi R^3$.

4. $\dfrac{\pi}{6}$.

习题 9 - 4

1. $\dfrac{1}{2}$.　　　　　　　　　　　2. π.

复习题 9

(A)

1. (1) $\displaystyle\int_{-1}^1\mathrm{d}x\int_{-2}^2 f(x,y)\mathrm{d}y=\int_{-2}^2\mathrm{d}y\int_{-1}^1 f(x,y)\mathrm{d}x$;

　(2) $\displaystyle\int_0^4\mathrm{d}x\int_x^{2\sqrt x}f(x,y)\mathrm{d}y=\int_0^4\mathrm{d}y\int_{\frac14 y^2}^y f(x,y)\mathrm{d}x$.

2. (1) $\int_0^1 dx \int_{x^2}^x f(x,y)dy$;   (2) $\int_0^a dy \int_{a-\sqrt{a^2-y^2}}^{a+\sqrt{a^2-y^2}} f(x,y)dx$;   (3) $\int_0^1 dy \int_y^{2-y} f(x,y)dx$.

3. (1) $\left(e-\dfrac{1}{e}\right)^2$;   (2) $\dfrac{29}{15}$;   (3) $-\dfrac{1}{2}$;   (4) $\dfrac{2}{3}$;   (5) $1-\dfrac{2}{\pi}$;   (6) $4\pi R^2$.

4. $\dfrac{5}{144}$.   5. $\sqrt{\pi}$.

6. 8π.   7. (1) $\dfrac{e}{2}-1$;   (2) $\dfrac{1}{2}e^2-\dfrac{1}{2}-e$.

（B）

1. $\dfrac{(e-1)^2}{8}$.   2. $\dfrac{3\pi^2}{128}$.

3. $\dfrac{\sqrt{3}(\pi-2)}{32}$.   4. $(e-1)^2$.

5. $3\pi-2$.   6. $\dfrac{1}{2}(e^4-1)$.

7. 证略.

习题 10－1

1. (1) 发散；   (2) 发散；   (3) 发散；   (4) 发散；   (5) 发散；   (6) 发散.

2. (1) 收敛，$s=\dfrac{3}{2}$；   (2) 收敛，$s=\dfrac{1}{4}$；   (3) 发散；   (4) 发散.

习题 10－2

1. (1) 收敛；   (2) 收敛；   (3) 当 $0<a\leqslant 1$ 时发散，当 $a>1$ 时收敛；

   (4) 收敛；   (5) 发散；   (6) 发散；   (7) 收敛；   (8) 收敛；

   (9) 收敛；   (10) 收敛；   (11) 收敛；   (12) 收敛.

习题 10－3

1. (1) 条件收敛；(2) 绝对收敛；(3) 绝对收敛；(4) 绝对收敛；(5) 绝对收敛；

   (6) 当 x 为负整数时，级数显然无意义，当 x 不为负整数时，条件收敛；

   (7) 绝对收敛；(8) 条件收敛.

2. 证略.

习题 10－4

1. (1) $(-1,1)$；   (2) $(-e,e)$；

   (3) $[-2,2]$；   (4) $[-1,1]$；

   (5) $[-4,0)$；   (6) $\left[\dfrac{1}{2},\dfrac{3}{2}\right)$.

2. (1) $-\ln(1+x)$ $(-1<x\leqslant 1)$；   (2) $\dfrac{1+x}{(1-x)^2}$ $(-1<x<1)$.

3. (1) $\dfrac{1}{\sqrt{2}}\ln(1+\sqrt{2})$；   (2) 8.

习题 10-5

1. (1) $1+\sum_{n=1}^{\infty}(-1)^n\dfrac{x^{2n}}{2(2n)!}$ $(-\infty<x<+\infty)$;

(2) $\sum_{n=0}^{\infty}(-1)^n\dfrac{1}{(2n+1)!}\left(\dfrac{x}{2}\right)^{2n+1}$ $(-\infty<x<+\infty)$;

(3) $\sum_{n=0}^{\infty}(-1)^n\dfrac{1}{n!}x^{2n+1}$ $(-\infty<x<+\infty)$;

(4) $\sum_{n=0}^{\infty}x^{2n}$ $(-1<x<1)$;

(5) $\sum_{n=0}^{\infty}\dfrac{x^{2n+1}}{(2n+1)!}$ $(-\infty<x<+\infty)$;

(6) $x+\sum_{n=1}^{\infty}\dfrac{2(2n)!}{(n!)^2(2n+1)}\left(\dfrac{x}{2}\right)^{2n+1}$ $(-1\leqslant x\leqslant 1)$.

2. (1) $\sum_{n=0}^{\infty}\dfrac{(x-1)^n}{2^{n+1}}$ $(-1<x<3)$;

(2) $\dfrac{1}{2}\sum_{n=0}^{\infty}(-1)^n\left[\dfrac{1}{(2n)!}\left(x-\dfrac{\pi}{3}\right)^{2n}+\dfrac{\sqrt{3}}{(2n+1)!}\left(x-\dfrac{\pi}{3}\right)^{2n+1}\right]$ $(-\infty<x<+\infty)$;

(3) $\sum_{n=0}^{\infty}(-1)^n\left(\dfrac{1}{2^{n+2}}-\dfrac{1}{2^{2n+3}}\right)(x-1)^n$ $(-1<x<3)$;

(4) $\sum_{n=0}^{\infty}\dfrac{(-1)^n(n+1)}{3^{n+2}}(x-3)^n$ $(0<x<6)$.

习题 10-6

1. (1) 2.992 6;　(2) 1.098 6;　(3) 0.156 43.

2. 0.946 1.　　　　　　　　　　　3. 6 300 万元.

复习题 10
(A)

1. (1) 发散;　　　(2) 发散;　　　(3) 收敛;　　　(4) 收敛.

2. 证略.

3. (1) 条件收敛;　(2) 绝对收敛;　(3) 发散;　　　(4) 绝对收敛.

4. (1) $\{0\}$;　　　　(2) $(-\infty,+\infty)$;　　　(3) $\left[-\dfrac{1}{5},\dfrac{1}{5}\right)$;

(4) $[-5,-3]$;　　(5) $\left(\dfrac{9}{10},\dfrac{11}{10}\right)$;　　(6) $[2,4]$.

5. (1) $(-1,1),\dfrac{1+x}{(1-x)^3}$;　　　　　　　(2) $(-1,1),\dfrac{x}{(1-x)^2}$;

(3) $(-2,2),\dfrac{4}{2-x}$;

(4) $[-1,1],\begin{cases}1, & x=1,\\ (1-x)\ln(1-x)+x, & -1\leqslant x<1.\end{cases}$

6. (1) $\sum\limits_{n=0}^{\infty}\dfrac{\ln^n 3}{n!}x^n \quad (-\infty < x < +\infty);$

(2) $\sum\limits_{n=0}^{\infty}(-1)^n x^{2n+2} \quad (-1 < x < 1);$

(3) $\sum\limits_{n=1}^{\infty}\dfrac{(-1)^{n-1}2^n-1}{n}x^n \quad \left(-\dfrac{1}{2} < x \leqslant \dfrac{1}{2}\right);$

(4) $\sum\limits_{n=0}^{\infty}\left(1-\dfrac{1}{2^{n+1}}\right)x^n \quad (-1 < x < 1);$

(5) $\sum\limits_{n=0}^{\infty}\dfrac{(-1)^n x^{2n+1}}{(2n+1)(2n+1)!} \quad (-\infty < x < +\infty);$

(6) $\sum\limits_{n=0}^{\infty}\dfrac{x^{2n+1}}{(2n+1)n!} \quad (-\infty < x < +\infty).$

7. (1) $\sum\limits_{n=0}^{\infty}\dfrac{e}{n!}(x-1)^n \quad (-\infty < x < +\infty);$

(2) $\dfrac{1}{2}\sum\limits_{n=0}^{\infty}\dfrac{(-1)^n}{2^n}(x-2)^n \quad (0 < x < 4).$

（B）

1. B.   2. B.

3. $a_n=\begin{cases} n+1, & n=1,3,5,\cdots, \\ \dfrac{(-1)^{\frac{n}{2}}}{n!}2^n-n-1, & n=0,2,4,\cdots. \end{cases}$

4. 收敛域为$[-1,1]$，$S(x)=\begin{cases} 2, & x=0, \\ \dfrac{1}{x}\left(\arctan x + \ln\dfrac{2+x}{2-x}\right), & -1 \leqslant x \leqslant 1 \text{ 且 } x \neq 0. \end{cases}$

5. $f(x)=\dfrac{\pi}{4}+\sum\limits_{n=0}^{\infty}\dfrac{(-1)^n}{(2n+1)}x^{2n+1} \quad (-1 < x < 1).$

6. (1) $\dfrac{5}{8}-\dfrac{3}{4}\ln 2;$ (2) $-\dfrac{32}{125}.$ 7. 证略.   8. 证略.

习题 11-1

1. (1) 三阶;   (2) 二阶;   (3) 一阶;   (4) 一阶.
2. (1) 是;   (2) 否;   (3) 是;   (4) 是.
3. 证略.   4. $x = 2\cos kt.$

习题 11-2

1. (1) $\dfrac{1}{3}(y+1)^3+\dfrac{1}{4}x^4=C;$ (2) $2^x+2^{-y}=C;$

(3) $\sin y = C\sin x;$ (4) $y^2-1=C(x-1)^2;$

(5) $\ln|y|=\dfrac{y}{x}+C;$ (6) $x^2-2xy-y^2=C;$

(7) $e^{-\frac{y}{x}}=Cy;$ (8) $y=\dfrac{x}{2}+C-\dfrac{1}{4}\sin(2x+4y).$

2. (1) $-\dfrac{1}{2y^2} = -\cos x + \dfrac{1}{2}$;   (2) $\arctan y = \dfrac{1}{2}\left(1 - \dfrac{1}{1+x^2}\right)$;

(3) $\sin\dfrac{y}{x} = \dfrac{1}{2}x$;   *(4) $(y-x)^2 = y(y-2x)^3$.

3. $xy = 2$.   4. $T = 20 + 80\mathrm{e}^{-kt}$.

习题 11－3

1. (1) $y = \mathrm{e}^{\cos x}(x + C)$;   (2) $y = \mathrm{e}^{\frac{x}{2}}(\mathrm{e}^{\frac{x}{2}} + C)$;

(3) $y = \dfrac{\mathrm{e}^x}{x}(\mathrm{e}^x + C)$;   (4) $x = Cy^2\mathrm{e}^{\frac{1}{y}} + y^2$;

(5) $x = \mathrm{e}^y(C - y)$;   (6) $y^2 = C(x-1) + 3(x-1)^2$.

2. (1) $y = x^2\mathrm{e}^{\frac{1}{x}}$;   (2) $y = \dfrac{1}{x}(-\cos x + \pi - 1)$;

(3) $x = -y^2 + 3y$;   (4) $y^{-4} = \dfrac{1}{4} - x + \dfrac{3}{4}\mathrm{e}^{-4x}$.

3. (1) $(x-y)^2 + 2x = C$;   (2) $y = x^4\left(\dfrac{x}{2} + C\right)^2$ (提示:令 $z = \sqrt{y}$).

4. 微分方程 $y' = 2x + y$,曲线 $y = 2(\mathrm{e}^x - x - 1)$.

习题 11－4

1. (1) $y = -\sin x - \dfrac{x^3}{3} + C_1 x + C_2$;   (2) $y = \dfrac{1}{8}\mathrm{e}^{2x} + \sin x + C_1 x^2 + C_2 x + C_3$;

(3) $y = C_1 x^3 + C_2$;   (4) $y = x^2 + C_1\ln|x| + C_2$;

(5) $\mathrm{e}^{-2y} = C_1 x + C_2$;   (6) $C_1 y^2 = (C_1 x + C_2)^2 + 1$.

2. (1) $y = -\sin x + \dfrac{1}{2}x^4 + \dfrac{1}{2}x^2 + 2x - 1$;

(2) $y = \ln x + \dfrac{1}{2}\ln^2 x$;

(3) $y = \mathrm{e}^x$.

3. $(x - C_1)^2 + (y - C_2)^2 = R^2\left(R = \dfrac{1}{K}\right)$.

习题 11－5

1. (1),(2),(4) 是线性无关的.   2. $y = C_1 x + C_2\mathrm{e}^x$.

3. (1) $y = C_1\mathrm{e}^{-x} + C_2\mathrm{e}^{3x}$;   (2) $y = C_1\mathrm{e}^{-2x} + C_2\mathrm{e}^{4x}$;

(3) $y = (C_1 + C_2 x)\mathrm{e}^{-2x}$;   (4) $y = (C_1 + C_2 x)\mathrm{e}^{3x}$;

(5) $y = \mathrm{e}^{-x}(C_1\cos 2x + C_2\sin 2x)$;   (6) $y = C_1\cos 4x + C_2\sin 4x$;

(7) $y = C_1\cos x + C_2\sin x + x + \dfrac{1}{2}\mathrm{e}^x$;   (8) $y = C_1\cos x + C_2\sin x - 2x\cos x$.

4. (1) $y = (4 + 2x)\mathrm{e}^{-x}$;   (2) $y = \mathrm{e}^x$.

5. (1) $-x+\dfrac{1}{3}$;　　　　　　　　　　　　　(2) $x\left(\dfrac{1}{18}x-\dfrac{37}{81}\right)$;

(3) $\dfrac{1}{2}x^2\mathrm{e}^x$;　　　　　　　　　　　　　(4) $\dfrac{2}{9}x+\dfrac{1}{9}+\dfrac{1}{8}\cos x$.

习题 11–6

1. (1) $\Delta y_t=2+3t-3t^2,\ \Delta^2 y_t=-6t$;　　(2) $\Delta y_t=\mathrm{e}^{2t}(\mathrm{e}^2-1),\ \Delta^2 y_t=\mathrm{e}^{2t}(\mathrm{e}^2-1)^2$;

(3) $\Delta y_t=\ln\left(1+\dfrac{1}{t}\right),\ \Delta^2 y_t=\ln\dfrac{t(t+2)}{(t+1)^2}$;

(4) $\Delta y_t=3^t(2t^2+6t+3),\ \Delta^2 y_t=3^t(4t^2+24t+30)$.

2. $y_{t+2}-y_t=0$.

3. (1) 6 阶;　　　(2) 2 阶;　　　(3) 2 阶;　　　(4) 不是;　　　(5) 不是.

4. 证略.

习题 11–7

1. (1) $y_t=C2^t$;　　　　　　　　　　　　(2) $y_t=C(-3)^t$;

(3) $y_t=C\left(\dfrac{2}{3}\right)^t$.

2. (1) $y_t=3^{t+1}$;　　　　　　　　　　　(2) $y_t=2(-1)^{t+1}$.

3. (1) $y_t=C(-2)^t+1$;　　　　　　　　　(2) $y_t=C-3t$;

(3) $y_t=C2^t-9-6t-3t^2$;　　　　　　(4) $y_t=C+\dfrac{1}{2}t^2+\dfrac{1}{2}t$;

(5) $y_t=C\left(\dfrac{1}{2}\right)^t+\dfrac{1}{2}\left(\dfrac{5}{2}\right)^t$;　　　(6) $y_t=C(-2)^t-\dfrac{1}{27}-\dfrac{2}{9}t+\dfrac{1}{3}t^2+\dfrac{1}{6}4^t$.

4. (1) $y_t=5+2t+t^2$;　　　　　　　　　(2) $y_t=\dfrac{2}{9}\left(-\dfrac{1}{2}\right)^t+\dfrac{1}{3}t+\dfrac{7}{9}$;

(3) $y_t=2^t-t+1$.

5. $a=2\,221.22(万元),\ y_{t+1}=(1+1\%)y_t-a,\ a=250\cdot\dfrac{(1+1\%)^{12}}{(1+1\%)^{12}-1}$.

6. 证略, $P_t=\dfrac{2}{3}+\left(P_0-\dfrac{2}{3}\right)(-2)^t$.

7. $C_t=\left(y_0-\dfrac{1+b}{1-a}\right)a^t+\dfrac{a+b}{1-a},\ y_t=\left(y_0-\dfrac{1+b}{1-a}\right)a^t+\dfrac{1+b}{1-a}$.

复习题 11

(A)

1. $y'=x-y+1$.　　　　　　　　　　2. $y''-3y'+2y=0$.

3. $y=-x\mathrm{e}^{-x}+Cx$.　　　　　　　4. $y=\dfrac{1}{x}$.

5. C.　　　　　　　　　　　　　　6. C.

7. (1) $C(1+y^2) = \left(\dfrac{x}{x+1}\right)^2$;

(2) $\dfrac{1-\cos(x+y)}{\sin(x+y)} = \dfrac{C}{x}$;

(3) $\sin\dfrac{y}{x} - \ln x = C$;

(4) $y = \dfrac{1}{x^2}(\sin x - x\cos x + C)$;

(5) $x = \dfrac{1}{\sin y}\left(\dfrac{1}{2}\sin^2 y + C\right)$;

(6) $x^2 y - x = Cy$(提示:令 $z = y^{-1}$).

8. (1) $y = (x+C_1)\ln(1+x) - 2x + C_2$;

(2) $y = C_1 e^{-x} + C_2 e^{-2x} + x^2 - \dfrac{5}{2}x + \dfrac{13}{4}$;

(3) $y = C_1 e^{-3x} + C_2 e^x + \dfrac{1}{2}x e^x$;

(4) $y = C_1\cos x + C_2\sin x + x + \dfrac{1}{2}x\sin x$.

9. (1) $y_t = -\dfrac{36}{125} + \dfrac{1}{25}t + \dfrac{2}{5}t^2 + C(-4)^t$;

(2) $y_t = C + (-2+t)2^t + 3t$.

(B)

1. $C + \dfrac{1}{2}(t^2 - t)$.

2. (1) $y_n(x) = \dfrac{x^{n+1}}{n(n+1)}$;

(2) $S(x) = \begin{cases} 1, & x = 1, \\ (1-x)\ln(1-x) + x, & -1 \leqslant x < 1. \end{cases}$

3. (1) $f(x) = e^{-x}\cos 2x$;

(2) $\displaystyle\sum_{n=1}^{\infty} a_n = \dfrac{1}{5(e^\pi - 1)}$.

4. D.

5. (1) $y(x) = \sqrt{x}\,e^{\frac{x^2}{2}}$;

(2) $V = \dfrac{\pi}{2}(e^4 - e)$.

6. $y_x = C2^x - 5$.

7. 2e.

8. 斜渐近线为 $y = 2x$.

9. 证略,$\dfrac{2}{3}e^{-\frac{x}{2}}\cos\dfrac{\sqrt{3}}{2}x + \dfrac{1}{3}e^x$.

附录 II
数学实验与数学模型简介

历年考研真题